中高职衔接一体化规划教材

电路分析与实践

王长江　程　静　主　编
刘俊勇　何　军　主　审

電子工業出版社
Publishing House of Electronics Industry
北京 • BEIJING

内容简介

本书是根据教育部《关于推进中等和高等职业教育协调发展的指导意见》文件精神，致力于探索实践系统培养、中高职衔接，贯通人才培养通道，结合中高职衔接应用电子技术专业人才培养目标，对接国家职业技术标准，经过系统化设计，按照“项目导向、任务驱动” 原则，遵循“教学做合一”教学理念，为高等职业院校编写的专业教材。

本书共有六个学习项目，三十二个学习任务，十二个技能训练，涵盖了电路基本物理量和基本定律、电路基本分析方法、单相交流电路、三相交流电路、互感电路、线性动态电路等内容，实现了知识、能力和素质的有机融合。“学习指南”引导学生明确学习目标；“特别提示”“想一想”“练一练”环节，激发学生学习兴趣，使学生易学、想学、会学；“学习总结”“自我评价”环节，学生可以自我测评学习效果，查找学习中存在的问题，并及时解决，有助于提高学习质量，完成学习目标。

本书体系新颖，突出实用，简明扼要，图文并茂，“学、做、练、评、思”一体化。可作为高职和中高职衔接的应用电子技术、电子信息工程技术、电气自动化、机电一体化等专业的教材和教学参考书，也可供相关领域的工程技术人员参考使用。

图书在版编目（CIP）数据

电路分析与实践 / 王长江，程静主编. —北京：电子工业出版社，2016.10

ISBN 978-7-121-29975-9

Ⅰ. ①电… Ⅱ. ①王… ②程… Ⅲ. ①电路分析—高等学校—教材 Ⅳ. ①TM133

中国版本图书馆 CIP 数据核字（2016）第 232845 号

策划编辑：王昭松
责任编辑：郝黎明
印　　刷：北京盛通商印快线网络科技有限公司
装　　订：北京盛通商印快线网络科技有限公司
出版发行：电子工业出版社
　　　　　北京市海淀区万寿路 173 信箱　邮编　100036
开　　本：787×1 092　1/16　印张：13.25　字数：339.2 千字
版　　次：2016 年 10 月第 1 版
印　　次：2021 年 3 月第 4 次印刷
定　　价：34.00 元

凡所购买电子工业出版社图书有缺损问题，请向购买书店调换。若书店售缺，请与本社发行部联系，联系及邮购电话：（010）88254888，88258888。

质量投诉请发邮件至 zlts@phei.com.cn，盗版侵权举报请发邮件至 dbqq@phei.com.cn。

本书咨询联系方式：（010）88254015　wangzs@phei.com.cn　QQ：83169290。

序

自2010年国家在《中长期教育改革和发展规划纲要（2010—2020)》中明确将中等和高等职业教育协调发展作为建设现代职业教育体系的重要任务之后，党和国家一直高度重视现代职教体系的建立工作。党的十八大吹响了“加快发展现代职业教育”的进军号角，国务院做出了《关于加快发展现代职业教育的决定》，明确提出了“到2020年，形成适应发展需求、产教深度融合、中职高职衔接、职业教育与普通教育相互沟通，体现终身教育理念，具有中国特色、世界水平的现代职业教育体系”的目标任务。教育部为此先后制发了《关于推进中等和高等职业教育协调发展的指导意见》、《高等职业教育创新行动计划》等一系列重要文件，为中高职衔接、现代职教体系建设制定了任务书、时间表和路线图，做出了明确的部署要求。因此，走中高职衔接一体化办学之路，构建现代职业教育体系，既是党和国家的大政方针政策，又是时代社会发展的必然要求，更是广大人民群众的热切期盼和职业教育发展的必然趋势。

为了满足适应上述要求，四川职业技术学院于2011年申报获准了“构建终身教育体系与人才培养立交桥，全面提升职业院校社会服务能力”的四川省教育体制改革试点项目，以消除各自为阵、重复交叉培养培训、打混仗、搞抵耗、目标方向不明、质量不高、效益不好、恶性循环竞争等诸多弊端，构建终身学习教育体系和职业教育立交桥，构建职业院校社会服务体系，提升社会服务能力为目的，先后在应用电子技术、数控技术两个重点建设专业和遂宁市三县两区的五所国家或省级示范、重点职高中开展从人才培养方案到课程、教材、队伍、基地建设，实训实习、教育教学环节过程管理、考试考核、质量监控测评、招生就业等十余个环节，从中职到高职专科、本科的立体化全方位衔接，中高职院校一起来整体打造、分段实施，在取得区域试点经验的基础上逐步拓展扩大，积极稳妥地推进试点工作。由于地方教育行政主管部门的高度重视，合作院校的默契配合与共同努力，整个项目成效显著、顺利推进，于2014年的省级评审中得到专家和领导们的充分肯定与一致好评，成为了8个顺利转段的项目之一，并于2014年10月开始了“基于终身教育背景下的现代职业教育体系建设”的新一阶段改革试点工作，继续以一体化办学为模式，以构建现代职教体系为目标，以开办中高职衔接一体化试点班为载体，将试点范围扩大到了社会需求旺盛的8个专业和包括广巴甘凉等老少边穷地区在内的十余个市州的近30所学校，共3000多名学生，呈现出蓬勃向上的良好发展势头，进一步巩固扩大了试点成果和效应，正向着更高的目标奋力推进。

探索的实践使我们深切感受认识到，中高职衔接不是做样子、喊口号、走过场，也不是相互借光搞生源，更不是一时兴趣、追名逐利的功利之举，而是一种改革创新、一种教育体制机制改革、一种全新教育体系的建立，更是一场教育教学思想理念、人才培养模式、办学思路手法的大变革、大更新，必须首先更新意识观念，在教育行政主管部门、中高职院校领导和师生员工及家长中凝聚共识，统一思想和行动，必须从办学思想理念、人才培养方案、人才培养目标规格、思路做法、内容方式等涉及人才培养质量的现实的重大基本问题的研究解决做起，必须俯下身子，脚踏实地干，来不得半点虚妄和草率，教材建设就是这众多重点建设工作之一。

教材之所以重要，是因为教材是教人之材，是人才培养的基本依据和指南。教材编写的指导思想、思路做法、内容体例、难易程度，直接体现着教育教学改革的思想理念和相应成效，直接决定着教材与人才培养的质量，决定着教育教学改革的成败，决定着教材自身和教育教学改革的生命力。因此，教材编写殊非易事。教材编写很难，编写新教材更难，编写改革创新性的教材，特别是中职、高职专科、应用型本科三大层面的老师们汇聚一起，要打破各自为阵、不相往来的传统格局，以全新的理念思路和目标要求来编写中高职一体化整体打造、分段实施、适应特定需求的好教材更是难上加难。没有强烈的事业心、高度的责任感、巨大的勇气和改革创新精神，没有非凡的视野与胆识，没有高超的艺术与水平，没有高尚的情操和吃苦耐劳的品质，是很难担当胜任这一繁难、开创性的工作的。更何况中职、高职专科、本科院校强强联合组建编写团队的事情本身就是中高职衔接和现代职教体系建设的最佳体现。然而，我们的编者们，在主编的率领、大家的共同努力、相关方面的支持下，历时数载，召开了无数次研讨会，数易其稿，历尽艰辛地做到了，而且是高标准、严要求地做得很好，为中高职衔接、为现代职教体系的建立、为高素质高技能应用型人才的培养付出了艰辛的劳动，做出了巨大的贡献。值得欢呼、值得庆幸、值得赞赏！

这是一套开创性的系列教材，先期包括了应用电子技术、数控技术专业，是为最早试点的专业编写的，是破冰之举。一花迎来万花开，紧随其后将有逐步加入试点行列的其他专业的课程教材。纵观已经编出的 9 册蓝本，发现除去专业、行业特色难以尽述之外，尚有以下三个突出的特点：

一是满足岗位需求，贯通知识与技能。针对岗位需求，教材编写者调研、分析了中职、高职乃至应用型本科各段对应的典型工作任务、岗位能力需求，构建了应用电子技术、数控技术专业衔接一体化课程体系，以岗位能力需求为指引，按分段培养、能力递增、贯通衔接课程各段知识与技能的原则编撰而成，具有很强的针对性。

二是满足质量升学，贯通标准与测评。在理清典型岗位工作任务的基础上，编者们分别制定了中高职衔接课程标准和专业能力标准，并将知识点、技能点、测试点融入相应衔接教材中，全程贯通按课程标准一体化培养、按能力标准一体化测试，确保人才培养质量，实现质量升学要求，具有很强的科学性。

三是满足职业要求，贯通能力与素养。本套教材编入了大量实用的工作经验和常见的工作案例，引用了很多典型工作任务的解决方法和示例，以期实现在提高专业能力的同时，提升专业素养，适应从业要求，满足职业要求的目的，具有很强的实用性。

当然，这毕竟是一种开创性、探索性很强的工作，尽管价值意义和巨大成效不可低估，却仍然存在还没涵盖所有课程，还需要进一步升华提炼，也与众多新事物一样，尚需接受实践的检验，有待进一步优化和完善等问题。但瑕不掩瑜，作为中高职衔接的奠基之作，不失为一套值得肯定、赞赏、推广、借鉴的好教材。

是以为序。

四川职业技术学院党委书记　王金星

四川省教改试点项目组组长

2016 年　初夏

应用电子技术专业中高职衔接教材编写委员会

为了深入贯彻《国家中长期教育改革和发展规划纲要》、教育部《关于全面提高高等职业教育教学质量的若干意见》（教高〔2006〕16 号）、《高等职业教育“十二五”改革和发展规划》和《教育部、财政部关于进一步推进“国家示范性高等职业院校建设计划”实施工作的通知》（教高〔2010〕8 号）文件精神，深入开展中高职立交桥的试点探索工作，按照《构建终身教育体系与人才培养立交桥，全面提升职业院校社会服务能力》省级项目的建设方案，决定成立遂宁市应用电子技术专业中高职衔接教材编写委员会，负责组织和落实应用电子技术专业中高职教材编写工作。

一、编写原则

按示范建设的总体要求，教材编写必须把握以下原则：

1．针对性

全面分析遂宁及成渝经济区电子企业的岗位能力要求，引入相应的技能标准，教材内容一定要满足遂宁及成渝经济区电子企业的知识要求，技能训练一定要针对遂宁及成渝经济区电子企业典型工作岗位技能要求。

2．职业性

要体现电子行业的职业需求，体现电子行业的职业特点和特性。教材编写时，要设计教与学的过程中能融入专业素质、职业素质和能力素质的培养，将素质教育贯穿到教学的始终。

3．科学性

教材的内容要反映事物的本质和规律，要求概念准确，观点正确，事实可信，数据可靠。对基本知识、基本技能的阐述求真尚实。要理论联系实际，注重理论在实践中的应用；要突出区域内电子企业的适用技术和技能；要满足学生从业要求。

4．贯通性

中高职教材在知识体系上要有机衔接，分段提高；在技能目标上要夯实基本，分层提升；在职业素养、职业能力上要持续培养，和谐统一。原则上中职教材以中职教师为主，高职参与；高职教材以高职教师为主，中职参与；由中高职联合进行教材主审。

5．可读性

用词准确，修辞得当，逻辑严密；文字精炼，通俗易懂，图文并茂，案例丰富，可读性强。

二、应用电子技术专业教材编写委员会

三、规划编写教材

1．中职规划教材

电工技术基础与技能训练　主　编：王长江　何　军

电子技术基础与技能训练　主　编：黄世瑜　李　茂

单片机技术基础与应用　主　编：刘　宸　蒋　辉

电子产品装配与调试　主　编：邓春林　唐　林

电热电动器具原理与维修　主　编：马云丰

电气控制与 PLC 实用技术教程　主　编：何军　谢大川

2．高职规划教材

电路分析与实践　主　编：王长江　程　静

电子电路分析与实践　主　编：黄世瑜　李　茂

PLC 技术应用　主　编：郑　辉　蔡天强

四、支持企业

四川立泰电子科技有限公司

四川柏狮光电有限公司

四川南充三环电子有限公司

四川大雁电子科技有限公司

四川深北电路科技有限公司

四川雪莱特电子科技有限公司

应用电子技术专业中高职衔接教材编写委员会

前　言

本书以教育部《关于推进中等和高等职业教育协调发展的指导意见》（教职成[2011]9号）为指导思想，致力于中等职业技术教育与高等职业技术教育在课程、教材衔接上的探索与实践。根据中高职衔接应用电子技术专业课程建设的需求，结合高职学生的认知规律，对接国家职业技术标准，按照中高职衔接应用电子技术专业人才培养目标，经过系统化设计，在明确中高职课程各自教学重点后编写的高等职业院校的专业教材。

本书可以作为高职和中高职衔接的应用电子技术、电子信息工程技术、电气自动化、机电一体化等专业的教材和教学参考书。本书具有如下特点：

突出中高职衔接，设计教学内容；

参照学习指南，明确学习目标；

搭建仿真平台，激发学习热情；

融入技能训练，培养职业能力；

借助学习测评，评价学习质量；

创新结构体系，实现一书多能。

全书共有六个学习项目，项目一由四川职业技术学院王长江编写，项目二由四川职业技术学院赵国华编写，项目三由四川职业技术学院蒋从元编写，项目四由安居高级职业中学程静编写，项目五由四川职业技术学院梁彦编写，项目六蓬溪县中等职业技术学校雷玉和编写，技能训练由射洪县中等职业技术学校李建勋编写。

本书由四川职业技术学院王长江副教授、安居高级职业中学程静担任主编，王长江负责全书的总体规划和定稿统稿工作。四川大学电气信息工程学院刘俊勇教授和四川职业技术学院何军教授担任主审。

本书在编写过程中参考了大量的文献资料，谨向文献作者表示衷心的感谢。在编写过程中，遂宁市应用电子技术教育理事会成员单位给予了大力支持，四川职业技术学院电子电气工程系同行提出了很多宝贵的意见和建议，在此表示诚挚的谢意。

由于编者水平有限，书中难免有错漏与不足之处，恳请读者批评指正。

编者

2016 年 6 月

目　录

学习电路基本物理量和基本定律

学习指南

项目描述：

电路基本物理量和基本定律是探索电路奥秘必备的基本知识。电流、电压、电功率等电路基本物理量是分析电路的基础，电阻、电源等电路基本元件的性质是电路分析的前提，电路基本定律——欧姆定律和基尔霍夫定律是电路分析与计算的依据。

学习目标：

学习任务	知识目标	基本能力
建立电路模型	① 明确电路的组成及其作用； ② 理解理想元件与电路模型； ③ 了解电路分类	① 能画出实际电路的电路模型
认识电流和电压	① 明确电流与电压的实际方向； ② 理解电流与电压的参考方向； ③ 掌握电流与电压的正负； ④ 熟悉关联参考方向； ⑤ 掌握电阻元件的伏安关系	① 能根据电压正负判断电压的实际方向； ② 能根据电流正负判断电流的实际方向； ③ 会电阻元件伏安关系的应用
计算电路功率	① 掌握电功率的计算； ② 理解电能； ③ 熟悉电气设备额定值	① 会计算元件的功率； ② 能根据功率正负判断元件性质
认识电源	① 理解理想电源的特性； ② 熟悉实际电源的电路模型； ③ 理解受控源及其分类	① 会做出实际电源的电路模型； ② 会受控源电路的初步分析
探究基尔霍夫定律	① 明确电路结构基本术语； ② 掌握基尔霍夫电流定律； ③ 掌握基尔霍夫电压定律； ④ 掌握支路电流分析法	① 会列写节点电流方程； ② 会列写回路电压方程； ③ 能用支路电流法求解支路电流

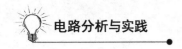

任务一　建立电路模型

学一学

一、实际电路

在电视机、音响设备、通信系统、计算机和电力网络中都可以看到各种各样的电路，尽管这些电路的特性和作用各不相同，但它们都是物理实体，称为实际电路。**实际电路**是由电气器件或设备根据功能需要，按照某种特定方式连接而形成的整体，主要用来实现能量的传输和转换，或实现信号的传递和处理。

图 1.1 是电路在两种典型场合的应用。图 1.1（a）是电力系统，发电厂的发电机把热能、水能或原子能等转换成电能，通过变压器、输电线路等中间设备输送到各用电设备，这些用电设备将电能转换为机械能、热能、光能或其他形式的能量。图 1.1（b）是接收机电路，接收天线把载有语言、音乐等信息的电磁波接收后，经过调谐、检波、放大等电路变换或处理成音频信号，驱动扬声器发出声音。

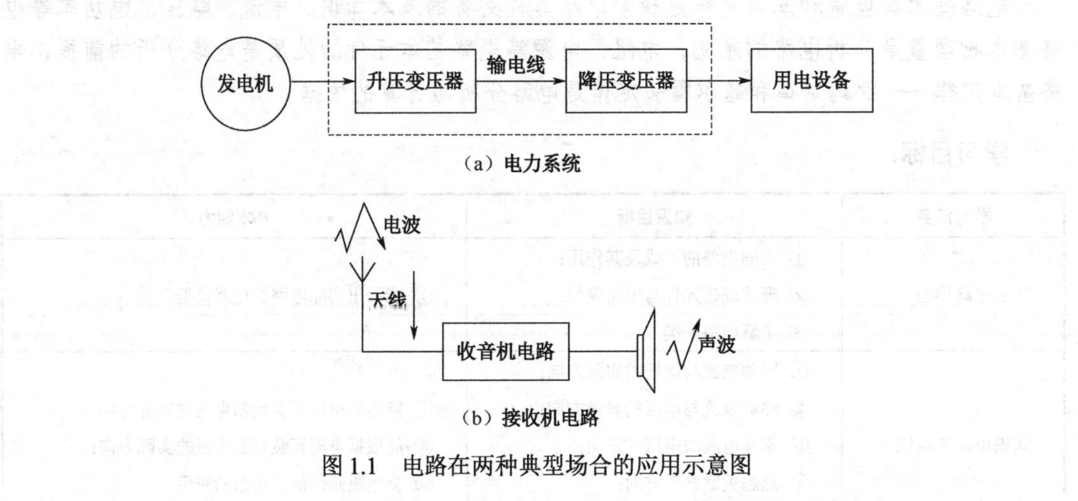

图 1.1　电路在两种典型场合的应用示意图

电路的结构形式按所实现的任务不同而多种多样，但无论是哪种电路，均离不开电源、负载和必要的中间环节这三个最基本的组成部分。

电源是提供电能的设备，如发电机、电池、信号源等。

负载就是指用电设备，如电灯、电动机、空调、冰箱等。

中间环节是用作电源与负载相连接的，通常是一些连接导线、开关、接触器等辅助设备。

无论是电能的传输和转换电路，还是信号的传递和变换电路，其中电源或信号源的电压、电流输入称为**激励**，它推动电路工作；激励在电路各部分所产生的电压和电流输出称为**响应**。分析电路，其实质就是分析激励和响应之间的关系。

二、电路模型

在电路分析中，用电流、电压、磁通等物理量来描述其工作过程。然而，实际电路是

由电工设备和器件等组成，它们的电磁性质较为复杂，难以用精确的数学方法来描述。因此，对实际电路的分析和计算，需将实际电路元件理想化（或模型化），即在一定条件下突出其主要的电磁性质，忽略次要因素，将它近似地看作**理想元件**。

如电炉通电后，会产生大量的热（电流的热效应），呈电阻性，同时由于有电流通过还要产生磁场（电流的磁效应），它又呈电感性。但其电感微小，是次要因素，可以忽略，因此可以理想化地认为电炉是一个电阻元件，用一个参数为 R 的电阻器件来表示。

对实际电路分析，就是在一定条件下将实际元器件理想化表示，即将电路中元器件看作理想元件。由理想电路元件所组成的电路称为**电路模型**，也简称为电路。这是对实际电路电磁性质的科学抽象和概括。

图 1.2（b）是实际电路图 1.2（a）的电路模型。图中，灯泡主要的电磁特性为电阻特性（消耗电能），忽略灯丝中微弱的电感特性，灯泡可用单一的电阻 R_L 模型表示，蓄电池可以用电压源 U_S 与内电阻 R_S 串联的模型表示，开关用图形符号 S 表示。

在今后学习中，我们所接触的电阻元件、电感元件、电容元件和电源元件等，若没有特殊说明，均表示为理想元件，分别由相应的参数来描述，用规定的图形符号来表示。

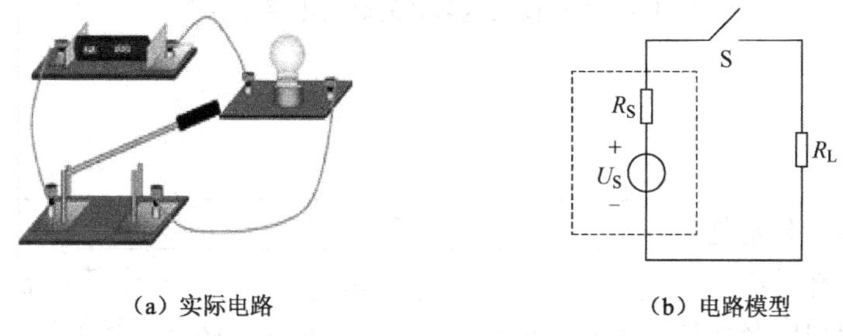

（a）实际电路　　（b）电路模型

图 1.2　简单照明电路

三、电路的分类

电路可分为集中参数电路和分布参数电路。**集中参数电路**是指电路本身的几何尺寸相对于电路的工作频率所对应的波长小得多，以至于在分析电路时可以忽略元件和电路本身几何尺寸的电路。在工频情况下，多数电路可以认为是集中参数电路。**分布参数电路**是指电路本身的几何尺寸相对于电路的工作频率所对应的波长不可忽略的电路。集中参数电路按元件参数是否为常数分为线性电路和非线性电路，本课程研究的是集中参数线性电路。

特别提示

实际电路器件的电磁现象按性质可分为提供电能、消耗电能、储存电场量和储存磁场能，假定这些电磁现象可以分别加以研究，每一种性质的电磁现象就可用一理想电路元件来表征。因此，常用的理想元件有提供电能的电源元件、消耗电能的电阻元件、储存电场能的电容元件和储存磁场能的电感元件。

具有相同的主要电磁性能的实际电路部件，可用同一模型表示；同一实际电路部件在不同条件下，其模型可以有不同的形式。

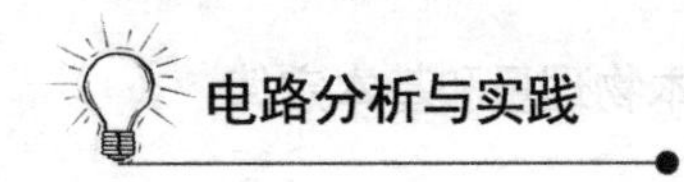

想一想

汽车仪表盘前灯的照明电路

汽车仪表盘前灯的照明电路如图 1.3 所示。图中，12V 的蓄电池作为照明电路电源，电位器作为变阻器，通过仪表盘上的刻度，控制通过灯泡的电流大小，进而控制光线的明暗，光线的明暗与灯泡的电流成正比。仪表盘照明灯的开关与用来控制前灯的开关是同一个。熔断器（保险丝）的主要作用是保护电路，防止电流过大或短路而损坏电路。

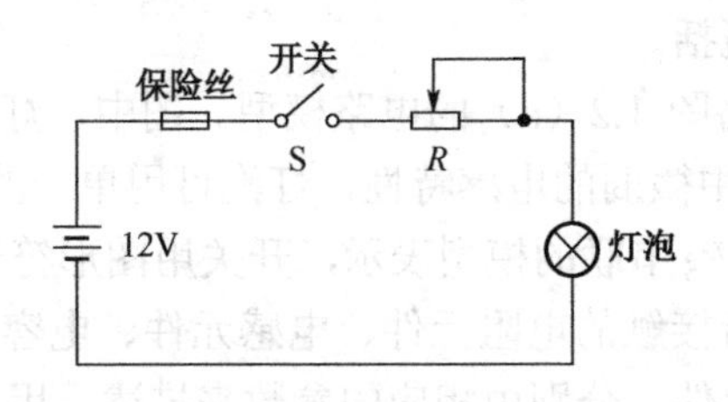

图 1.3　汽车仪表盘前灯的照明电路示意图

练一练

1．电路的作用分别是__________________和__________________。

2．任何电路都是由__________、__________和__________三个基本部分组成。

3．常用的理想电路元件有消耗电能的__________元件、储存磁场能的__________元件、储存电场能的__________和提供电能的__________元件。

4．电路分析的实质就是分析__________和__________之间的关系。

任务二　认识电流和电压

学一学

电路中有许多物理量，其中电流和电压是电路的基本物理量。

一、电流及其参考方向

电流是在电源作用下电荷的定向移动形成的，电流也是用来衡量电流强弱的物理量。这样，“电流”一词不仅代表一种物理现象，也代表一个物理量。

电流在电路中的产生通常有两个条件：一是有电源供电；二是电路必须是闭合的。

电流主要分为两类：一类是电流的大小和方向不随时间发生变化的，称为直流电流（Direct Current，DC），简称直流，用大写字母 I 表示，这时的电源为直流电源。例如，电池就是一种常见的直流电源。另一类是电流的大小和方向均随时间发生变化的，称为交变

电流（Alternating Current，AC），简称交流，用小写字母 i 表示。工业生产和生活用电大多数是交流电源。

电流的 SI 单位是 A（安[培]），有时也会用到 kA（千安）、mA（毫安）、μA（微安），它们之间的换算关系为

$$1\text{kA}=10^3\text{A}，1\text{A}=10^3\text{mA}，1\text{mA}=10^3\mu\text{A}$$

习惯上把正电荷运动方向规定为**电流的实际方向**。因此，在分析简单直流电路时，可以确定电流的实际方向是由电源的正极性端流出的。但在分析复杂的直流电流时，对于某条支路电流的实际方向往往难于判断；在分析交流电路时，由于电流的方向是随时间变化的，所以它的实际方向也就不能确定。因此，在分析电路时可以先假定电流的参考方向，并标注在电路图上。

电流的参考方向通常用带有箭头的线段表示。若电路计算结果是 $i>0$，表明电流的实际方向与参考方向一致，如图 1.4（a）所示，图中带箭头的实线段为电流参考方向，虚线段为电流实际方向（下同）；反之，若计算结果是 $i<0$，表明电流的实际方向与参考方向相反，如图 1.4（b）所示。由此可知，在电流参考方向选定后，电流就有了正值和负值之分了，电流的正负符号就反映了电流的实际方向。

（a）实际方向与参考方向一致　　（b）实际方向与参考方向相反

图 1.4　电流的参考方向

例 1.1　指出图 1.5 所示元件中电流的实际方向。

（a）　　（b）

图 1.5　例 1.1 图

解：图（a）电流为负，表明电流的实际方向与参考方向相反，即电流的实际方向是由 a 指向 b。

图（b）没有标注电流的参考方向，无法判定电流的实际方向。

二、电压及其参考方向

为了让电子定向流动形成电流，必须要有电压，电压是产生电流的根本原因。**电路中 a、b 两点的电压等于这两点之间的电位差**，即

$$u_{ab}=V_a-V_b \tag{1.1}$$

式中，V_a、V_b 分别表示 a 点、b 点的电位。

电路中某点至参考点的电压称为**电位**。理论上电位参考点的选取是任意的，工程上常选取大地、设备外壳或接地点为电位参考点。通常设**参考点的电位为零，又称零电位**，在

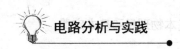

电路分析计算中，参考点一经选定，则不再改变。

电压的 SI 单位是 V（伏[特]），有时也会用到 kV（千伏）、mV（毫伏）、μV（微伏），它们之间的换算关系为

$$1\text{kV}=10^3\text{V}，1\text{V}=10^3\text{mV}，1\text{mV}=10^3\mu\text{V}$$

电压的实际方向规定为高电位指向低电位，即电位降的方向。所以，电压也称电压降，简称压降。和电流一样，电路中各电压的实际方向往往不能事先确定，在进行电路分析时，应先假定电压的参考方向。

电压的参考方向通常采用一对“＋”“－”极性符号表示，如图 1.6 所示。图中，a 点标“＋”，极性为正，称为高电位；b 点标“－”，极性为负，称为低电位。也有的用箭头表示电压参考方向，箭头的方向为高电位端指向低电位端。一旦选定了电压参考方向后，若电路计算结果是 $u>0$，则电压的实际方向与参考方向一致；若电路计算结果是 $u<0$，则电压的实际方向与参考方向相反。

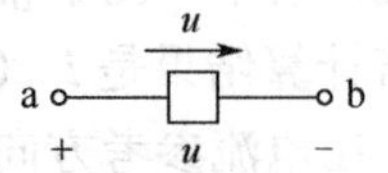

图 1.6　电压的参考方向

例 1.2　判断图 1.7 所示元件中电压的真实极性。

(a)　(b)

图 1.7　例 1.2 图

解：图（a）电压为负，表明电压的实际极性与参考极性相反，即电压的真实极性是 a 点为负，b 点为正。

图（b）没有标注电压的参考方向，无法判定电压的真实极性。

三、关联参考方向

一般来讲，同一段电路的电流和电压的参考方向可以任意选定，但为了便于分析问题，常将同一无源元件的电流参考方向和电压的参考方向选为一致，即指定电流从电压“＋”极性的一端流入元件，并从它的电压“－”极性的一端流出，这种选择方法称为电压、电流的**关联参考方向**，如图 1.8 所示。反之，称为**非关联参考方向**，如图 1.9 所示。

在图 1.8 中，u 与 i 的参考方向为关联参考方向，则电阻元件的伏安关系为

$$u=iR \tag{1.2}$$

在图 1.9 中，u 与 i 的参考方向为非关联参考方向，则电阻元件的伏安关系为

$$u=-iR \tag{1.3}$$

图 1.8　关联参考方向　　图 1.9　非关联参考方向

特别提示

本书在讲解定理或原理时，考虑到其适用范围，如果该定理或原理对直流、交流都适用，则各物理量用小写字母表示。如果特指直流电路，则各物理量用大写字母表示。

电流或电压的参考方向有时也采用双下标表示。例如，电流 i_{ab} 的参考方向由 a 点指向 b 点；a、b 两点的电压 u_{ab} 的参考方向由 a 点指向 b 点，即 a 点的参考极性为“+”，b 点的参考极性为“−”。

在计算电路的某一电流或电压时，应先标明该电流或电压的参考方向，不标出参考方向，所求得的电流或电压的正负值就没有任何意义。

想一想

电流的基本作用

电流的基本作用主要有三种，即电流的化学作用、电磁作用和电热作用。

化学作用是指电流通过导电的液体会使液体发生化学变化，产生新的物质。电流的这种作用也叫做电流的化学效应。例如，充电电池充电、电镀、电离等就属于电流化学作用的例子。

电磁作用是利用通有电流的导线在周围产生磁场的原理实现的，也称为电流的磁效应。显像管中电子的聚焦、电磁炉、电话（使用磁场中的通电导线驱动发音膜发出声音）、手机（将电能转化为电磁信号进行发射和接受）等利用的就是电磁作用。

电热作用是指电流流过导体时，会产生热量，称为焦耳热。如电灯、电炉、电暖器、电烙铁、电焊等都是电热作用的例子。

练一练

1. 如果电流的大小和方向不随时间发生变化，就称为__________，简写为__________；如果电流的大小和方向均随时间发生变化，就称为__________，简写为__________。

2. 当电流的实际方向与参考方向一致时，电流为__________值；当电流的实际方向与参考方向相反时，电流为__________值。

3. 电压是产生__________的根本原因，电压的实际方向规定为__________。

4. 参考点的电位为__________。已知 V_a=2V，说明 a 电位比参考点电位高__________。

5. 已知 A 点电位 V_A=12V，B 点电位 V_B=6V，则 A、B 两点间的电压 U_{AB} 为__________。

任务三　计算电路功率

学一学

电功率和电能也是电路中的基本物理量。

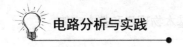

一、电功率

在电工学中，电功率简称功率。功率的 SI 单位为 W（瓦）。在电力系统中，常用 kW（千瓦）或 MW（兆瓦）为功率单位，弱电工程中，常用 mW（毫瓦）。它们之间的换算关系为

$$1\text{MW}=10^3\text{kW}，1\text{kW}=10^3\text{W}，1\text{W}=10^3\text{mW}$$

在电路分析时，不但需要**计算功率**的大小，有时需要**判断功率的性质**，即该元件是产生能量还是消耗能量。

如果元件的电流和电压取关联参考方向，如图 1.10（a）所示，则该元件吸收的功率为

$$p=iu \tag{1.4}$$

如果元件的电流和电压取非关联参考方向，如图 1.10（b）所示，则元件吸收的功率为

$$p=-iu \tag{1.5}$$

（a）关联参考方向　　（b）非关联参考方向

图 1.10　元件吸收的功率

从功率正、负值可以区分元件的性质，或是电源，或是负载。当 $p>0$ 时，说明该元件是吸收（消耗）功率，具有负载特性；当 $p<0$ 时，说明该元件发出（产生）功率，具有电源特性。

例 1.3　在如图 1.11 所示的电路中，已标出各元件电压和电流的参考方向，已知 I_1=3A，I_2=10A，I_3=−7A，U_1=−20V，U_2=20V，U_3=−20V。试计算各元件的功率，并说明是发出功率还是吸收功率。

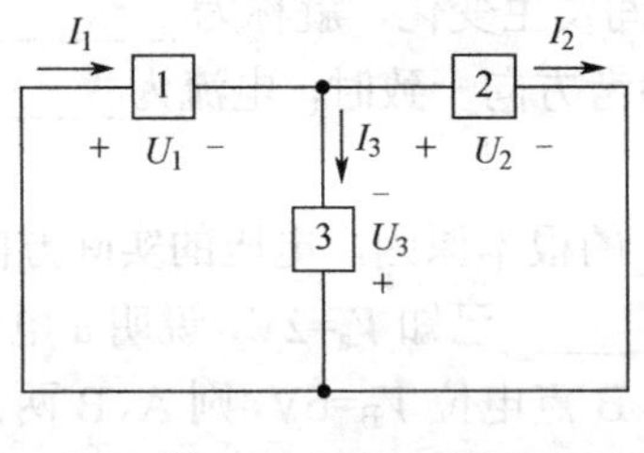

图 1.11　例 1.3 图

解：元件 1 的电压和电流为关联参考方向，$P_1=I_1U_1$=−3×20W=−60W，元件 1 发出功率。

元件 2 的电压和电流为关联参考方向，$P_2=I_2U_2$=10×20W=200W，元件 2 吸收功率。

元件 3 的电压和电流为非关联参考方向，$P_3=-I_3U_3$=−（−7）×（−20）W=−140 W，元件 3 发出功率。

二、电能

电流通过电路元件时，电能转换为热能或其他形式的能量。例如，电流通过电炉丝时将电能转换为热能，或者电流通过被充电的电池时电能转换为化学能，此时元件消耗电能。

电能的 SI 单位是 J（焦[耳]）。在工程和生活中，**电能的常用单位是** kW·h（**千瓦时**，俗称“度”）。1 kW·h **俗称 1 度电**，即 1 千瓦的用电设备在 1 小时内用的电能。

$$1\ \text{kW}\cdot\text{h}=10^3\text{W}\times3600\text{s}=3.6\times10^6\text{J}$$

当你缴纳电费时，都是以电能的千瓦时为单位计价的。例如，一个 100W 的灯泡持续照明 10h（小时），消耗的电能为 1 度电。

三、电气设备额定值

从经济性、可靠性及安全性等因素考虑，任何电气设备都规定了相应的**额定值**，如额定电压 U_N、额定电流 I_N 和额定功率 P_N。

额定值是产品在给定工作条件下保证电气设备安全运行而规定的容许值，它是指导用户正确使用电气设备的技术数据。高于额定值运行，影响设备的寿命，甚至出现事故；低于额定值运行，不仅得不到正常合理的工作状况，而且也不能充分利用设备的能力，因此，应尽量使电气设备工作在额定状态。

额定值通常标在设备的铭牌上或在说明书中给出。例如，一盏白炽灯上标有“220V、60W”，表示这盏灯的额定电压为 220V，额定功率为 60W，如电压过高、电流过大时，灯丝将烧断；电压过低、电流过小时，白炽灯的亮度将降低。

当通过电气设备的电流等于额定电流时，称为**满载**工作状态。电流小于额定电流时，称为**轻载**工作状态。超过额定电流时，称为**过载**工作状态。

特别提示

电气设备的额定值不一定等于使用时达到的实际值。例如，一盏额定电压 220V、额定功率 40W 的日光灯，在使用时接到 220V 的电源上，由于电源电压经常波动，稍高于或低于 220V，这样日光灯的实际功率就不会等于额定功率 60W 了。

为了使设备在额定状态下正常工作，应选择合适的线缆和开关：用于灯具照明的可使用单芯线 1.5mm^2；用于插座的为单芯线 2.5mm^2；3 匹空调以上用单芯线 4 mm^2；总进线（干线）选用 6 mm^2。

想一想

家用电能表的选择

供电商是按每月家庭消耗的电能来收取电费的。在美国，即使消费者没有消耗电能，仍然要付供电基本服务费，用电越多，所收取的电费越低。

家庭用电量是由用户安装的电能表来测量的。电能表也叫电度表，以 kW·h 作为计量单位，通常安装在家庭电路的干路上。一般家庭使用的是 DD 系列的电能表，如 DD862，其中 DD 表示单相电能表，数字 862 为设计序号。其主要技术数据为“220V，50Hz，5（20），

1950r/kWh”，220V、50Hz 是电能表的额定电压和工作频率，5（20）是电能表的额定电流和最大电流，括号外的 5 表示额定电流为 5A，括号内的 20 表示允许使用的最大电流为 20A。该电能表允许室内用电器的最大总功率为 $P=IU=220V\times20A=4400W$。

家用电能表选配时，要使电能表允许的最大总功率大于用户所有用电器的总功率，还应留适当的余量。例如，一个家庭用电设备的功率是电视机 65W、电冰箱 93W、洗衣机 150W、4 只白炽灯共 160W、电熨斗 300W、空调 1800W，那么，这个家庭所有用电器的总功率为 2568W，用户选用 DD862 电能表就比较合适。因为，即使所有电器同时工作，电流的最大值为 $I=P/U=2568W/220V=11.7A$，没有超过电能表的最大电流值 20A，同时还有一定的余量，因此是安全可靠的。

练一练

1．当功率 $p>0$ 时，说明该元件是__________功率；当功率 $p<0$ 时，说明该元件是__________功率。

2．一个 100W 的灯泡持续照明 20h，消耗的电能为__________度。

3．一盏日光灯上标有“220V、40W”，表示这盏灯的额定电压为__________V，额定功率为__________W。

4．当通过电气设备的电流等于额定电流时，称为__________工作状态。电流小于额定电流时，称为__________工作状态。超过额定电流时，称为__________工作状态。

任务四　认识电源

学一学

任何电路的工作都离不开电源，如电视机、电冰箱、空调、通信设备、计算机等。通常把电路中提供电能或电信号的装置称为**电源**（Source）。电源分直流电源和交流电源。常见的直流电源有干电池、蓄电池、直流发电机、直流稳压电源等。常见的交流电源有交流发电机、电力系统提供的正弦交流电、交流稳压电源以及各种信号发生器等。根据电源的作用，实际电源有电压源和电流源，电压源以电压形式向外提供电能，如个人计算机中的电源；电流源以电流形式向外提供电能，如太阳能电池。电路中能够独立向外界提供电能的电源称为独立电源，不能独立地向外提供电能的电源称为非独立电源。

一、电压源

理想电压源是由内部损耗很小，以至于可以忽略的实际电源抽象得到的理想化电路元件，电路模型如图 1.12（a）所示。**理想电压源的端电压**为

$$u(t)=u_{S}(t) \tag{1.6}$$

式中，$u_S(t)$为给定的时间函数，与流过的电流无关。当$u_S(t)=U_S$，U_S为恒定值时，称为直流电压源，如图 1.12（b）所示。

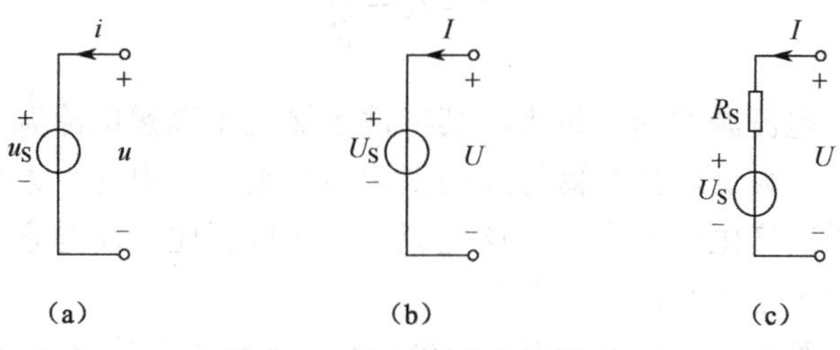

图 1.12　电压源的电路模型

理想电压源实际上是不存在的，电源内部总存在一定的内阻。例如，电池是一个实际的直流电压源。当接上负载后，电池的端电压就低于定值电压，电流越大，端电压也越低。这样，电池的端电压就不再为定值。因此，**实际电压源可以用一个理想电压源 U_S 和内阻 R_S 相串联的电路模型来表示**，如图 1.12（c）所示。

设电压和电流的参考方向如图 1.12（c）所示，则有

$$U=U_S-IR_S \tag{1.7}$$

上式说明，在外部接上负载后，实际电压源的端电压 U 将低于理想电压源的电压 U_S。实际电压源内阻越小，其特性越接近于理想电压源。工程中常用的稳压电源以及大型电网在工作时输出的电压基本不随外电路变化，都可近似看作理想电压源。

当实际电压源不接负载即开路时，其端电压 U 等于理想电压源的电压 U_S，此时端电压也称开路电压，用 U_{oc} 表示，$U_{oc}=U_S$；如果负载被短路，实际电压源处于短路状态，短路电流 $I_{sc}=U_S/R_S$。由于实际电压源的内阻一般很小，所以短路电流很大，烧毁电源。

二、电流源

理想电流源也是一个由实际电源抽象而来的理想化电路元件，电路模型如图 1.13（a）所示。**理想电流源的输出电流**为

$$i(t)=i_S(t) \tag{1.8}$$

式中，$i_S(t)$为给定的时间函数，与电流源两端电压无关。当$i_S(t)=I_S$，I_S为恒定值时，称为稳流源，如图 1.13（b）所示。

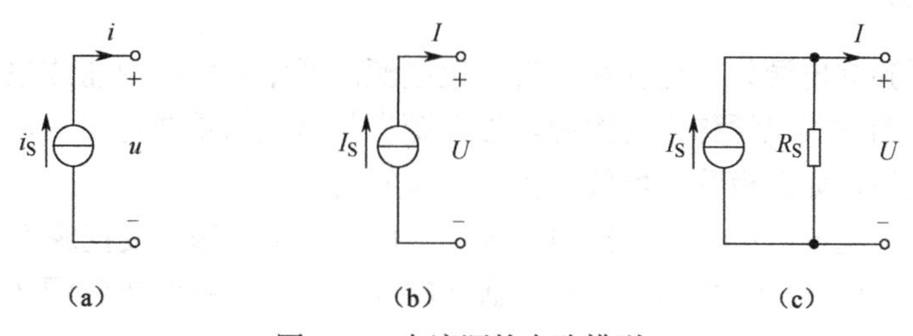

图 1.13　电流源的电路模型

理想电流源实际上是不存在的。由于电源内阻的存在，电流源的电流并不能全部输出，有一部分电流将从内阻分流掉。因此，**实际电流源可以用一个理想电流源 I_S 和内阻 R_S 相并**

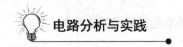

联的电路模型来表示，如图 1.13（c）所示。由如图 1.13（c）有

$$I = I_S - \frac{U}{R_S} \tag{1.9}$$

上式说明，实际电流源的内阻越大，其特性越接近于理想电流源。例如，在日常生活中，常常看到手表、计算器、热水器等采用太阳能电池作为电源。太阳能电池在一定照度的光线照射时，将激发产生一定电流，该电流与照度成正比，而与它本身的端电压无关。太阳能电池在工作时可近似看作理想电流源。

例 1.4 电路如图 1.14 所示，试计算 10V 电压源在两种情况下的功率并分析其工作状态。

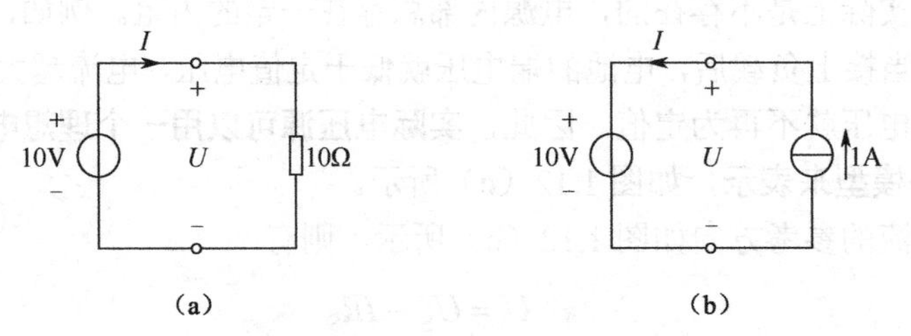

图 1.14 例 1.4 图

解： 在图 1.14（a）中，根据欧姆定律，电路中的电流为

$$I = \frac{U}{R} = \frac{10}{10}\text{A} = 1\text{A}$$

电压源的电压与电流为非关联参考方向，其功率为

$$P_{10\text{V}} = -IU = -1 \times 10\,\text{W} = -10\,\text{W}$$

式中，负号表示提供功率，即电压源向外提供功率为 10W。

在图 1.14（b）中，根据电流源的基本性质，流过电压源的电流为 1A。电压源的电压与电流为关联参考方向，其功率为

$$P_{10\text{V}} = IU = 1 \times 10\,\text{W} = 10\,\text{W}$$

式中，正号表示吸收功率，即电压源处于负载状态，吸收功率为 10W。

三、受控源

电路中除了独立电源外，还往往含有受控电源。通常把输出电压或电流受电路中某个电压或电流控制的这类电源称为受控源。受控源也是常见的重要电路元件，它实际上是有源器件的电路模型，如三极管、场效应管、运算放大器等。

根据控制量是电压或电流、受控的电源是电压源或电流源，**受控源可分为四种类型：** 电压控制电压源（VCVS）、电流控制电压源（CCVS）、电压控制电流源（VCCS）、电流控制电流源（CCCS）。

四种受控源的电路模型如图 1.15 所示。受控源有两对端钮：一对为输入端钮，输入端钮加控制电压或电流；另一对是输出端钮，输出端钮则输出受控电压或电流。为了与独立

电源的圆形符号相区别，受控源的电路符号用菱形符号表示。图中，u_1和i_1分别表示控制电压和控制电流，μ、g、r和β分别是有关的控制系数，其中μ和β是量纲为1的量，r和g分别具有电阻和电导的量纲。当这些系数为常数时，被控量与控制量成正比，这种受控源称为线性受控源。

在分析受控源电路时，原则上可将受控源当作独立电源处理，但要注意它的“控制”作用。

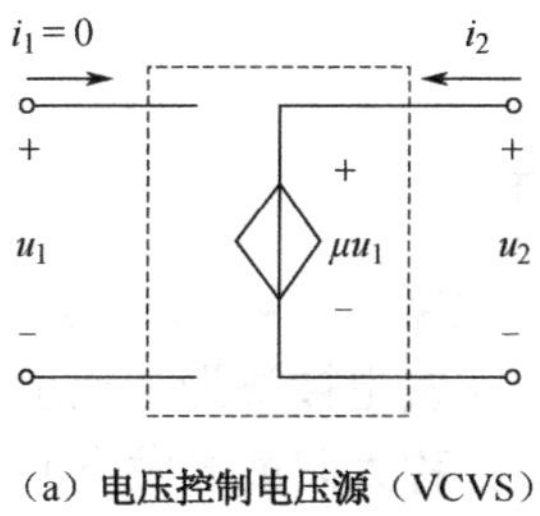

（a）电压控制电压源（VCVS）

（b）电流控制电压源（CCVS）

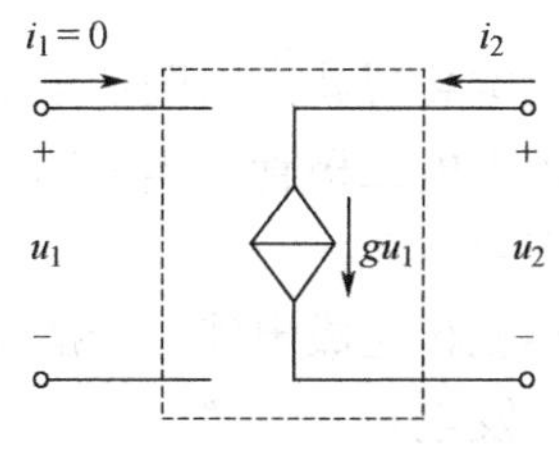

（c）电压控制电流源（VCCS）

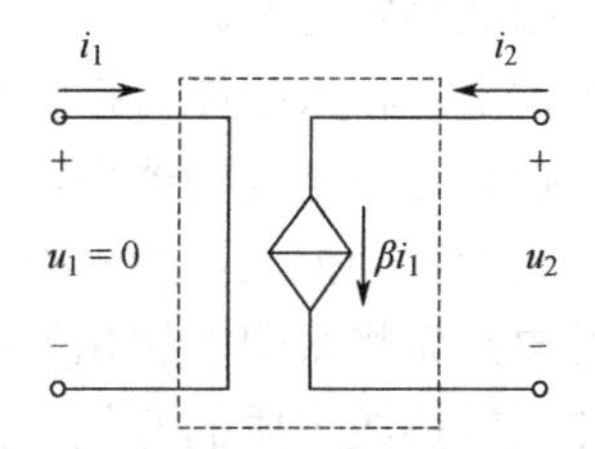

（d）电流控制电流源（CCCS）

图 1.15　受控源的四种电路模型

例 1.5　电路如图 1.16 所示，已知电流源的电流I_S=1A，$I_2=2U_1$，试求电压U_2。

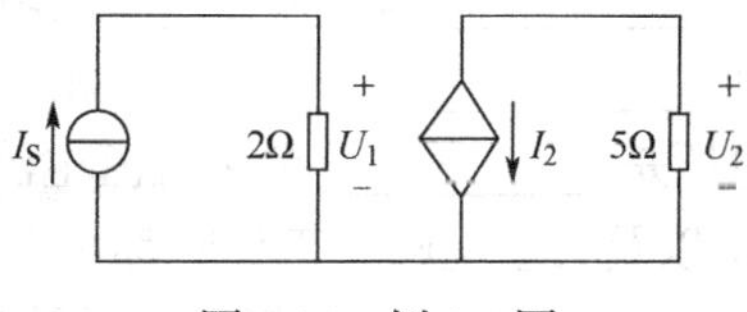

图 1.16　例 1.5 图

解：图 1.16 是电压控制电流源，其控制电压U_1为

$$U_1=2I_S=2\times1\text{V}=2\text{V}$$

受控电流源的电流I_2为

$$I_2=2U_1=2\times2\text{A}=4\text{A}$$

因 5Ω 电阻的电压U_2与电流I_2为非关联参考方向，故有

$$U_2=-5I_2=-5\times4\text{V}=-20\text{V}$$

特别提示

在实际应用中，不能将电压源短路，电流源开路。前者会因为短路电流过大，烧坏电源；后者会因为开路电压过高，损坏电源。

根据理想电压源输出电压恒定的特性，理想电压源与任何元件并联，可以用理想电压

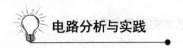

源来代替；根据理想电流源输出电流恒定的特性，理想电流源与任何元件串联，可以用理想电流源来代替。

独立电源作为电路的输入，代表外界对电路的激励，是电路能量的提供者。受控源也是一种电源，用来表征电路某处的电压或电流对另一处电压或电流的控制作用，但它不代表激励。

想一想

太阳能发电

太阳能发电就是利用光电效应将太阳能转换为电能。太阳能是真正取之不尽、用之不竭的能源，而且太阳能发电不产生公害，所以太阳能发电被誉为是理想的能源。

太阳能发电有两大类型，一类是太阳光发电（亦称太阳能光发电），另一类是太阳热发电（亦称太阳能热发电）。

太阳能光发电是将太阳能直接转变成电能，基本装置就是太阳能电池。太阳能电池是将太阳光能直接转化为电能的器件，是一个半导体光电二极管，当太阳光照到光电二极管上时，光电二极管就会把太阳的光能变成电能，产生电流。

太阳热发电是先将太阳能转化为热能，再将热能转化成电能，一般是由太阳能集热器将所吸收的热能转换成工质的蒸气，再驱动汽轮机发电。

练一练

1．实际电压源可以用一个__________和__________相串联的电路模型来表示。

2．实际电流源可以用一个__________和__________相并联的电路模型来表示。

3. 理想直流电压源的端电压是__________，理想直流电流源的输出电流是__________。

4．工程中常用的稳压电源以及大型电网在工作时都可近似看作理想__________；太阳能电池在工作时可近似看作理想__________；三极管、场效应管、运算放大器等很多电子器件可以等效为__________。

5．受控源有__________、__________、__________和__________四种类型。

任务五　探究基尔霍夫定律

学一学

基尔霍夫定律是电路分析和计算的基础，它包括基尔霍夫电流定律和基尔霍夫电压定律。基尔霍夫电流定律描述同一节点上的各支路电流的关系，基尔霍夫电压定律描述同一回路中各段电压的关系。

在阐述基尔霍夫定律之前，先介绍几个有关电路结构的基本术语。

支路：电路中流过同一电流的电路分支称为支路。含有电源的支路称为有源支路，不含电源的支路称为无源支路。支路中流过的电流称为支路电路，支路两端的电压称为支路

电压。在图 1.17 所示电路中共有三条支路，其中，adc 支路和 abc 支路为有源支路，支路电流分别为 I_1 和 I_2，ac 支路为无源支路，支路电流为 I_3。

节点：三条或三条以上支路的连接点称为节点。图 1.17 所示电路有 a、c 两个节点，而 b 点和 d 点不是节点。

回路：电路中任意闭合路径称为回路。图 1.17 所示电路有 acda、abca、abcda 三个回路。

网孔：内部不另含支路的回路称为网孔，也称独立回路。图 1.17 所示电路有 acda、abca 两个网孔。

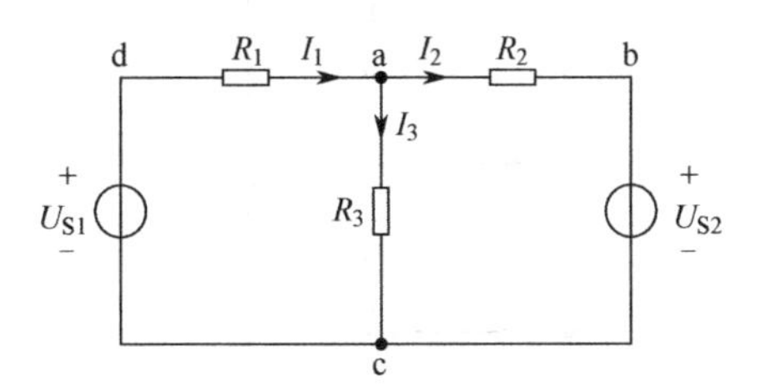

图 1.17　电路结构基本术语用图

一、基尔霍夫电流定律

基尔霍夫电流定律（Kirchhoff's Current Law）简称 KCL，其基本内容叙述为：**任一时刻在电路中的任一节点上，所有支路电流的代数和恒等于零**。即

$$\sum i = 0 \tag{1.10}$$

通常把上式方程称为**节点电流方程**或 KCL 方程。所谓电流的代数和，就是要考虑电流的正负号。若规定流入节点的电流前取“＋”号，则流出节点的电流前取“－”号；或反之。电流流入节点还是流出节点要根据电流的参考方向判断。

对于图 1.18 所示的节点 a，可以列出节点电流方程为

$$I_1 - I_2 + I_3 - I_4 - I_5 = 0$$

可以整理为

$$I_1 + I_3 = I_2 + I_4 + I_5$$

上式表明，基尔霍夫定律也可表述为：**在任一时刻，流入任一节点的支路电流之和等于流出该节点的支路电流之和**。即

$$\sum i_{\text{入}} = \sum i_{\text{出}} \tag{1.11}$$

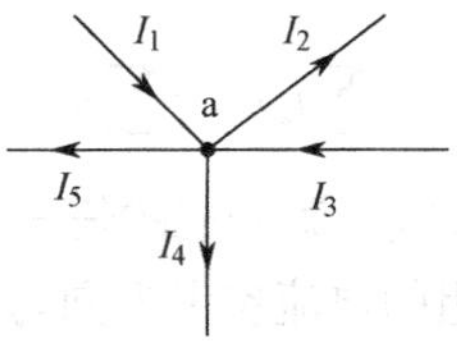

图 1.18　基尔霍夫电流定律

基尔霍夫电流定律不仅适用于电路中的任一节点，而且**也可适用于电路中任一假定的封闭面**，即流入任一封闭面的支路电流之和等于流出该封闭面的支路电流之和。电路中假定的封闭面通常也称为广义节点。

对于如图 1.19 所示电路，假定有一封闭面（如图中虚线所示），则有三条支路分别与封闭面内的电路相连接。根据 KCL 有

$$I_2=I_1+I_3$$

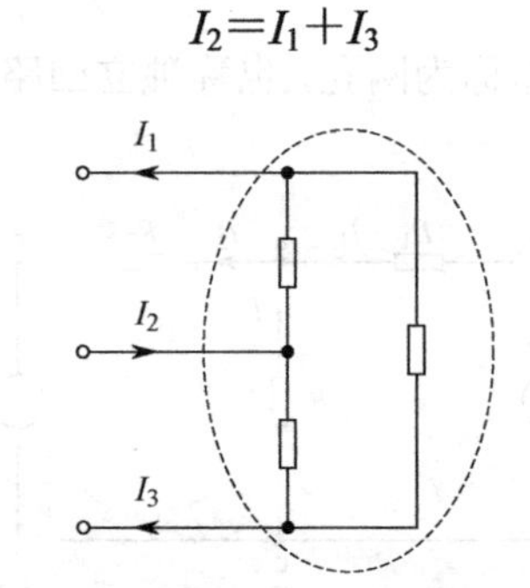

图 1.19　基尔霍夫电流定律的推广

二、基尔霍夫电压定律

基尔霍夫电压定律（Kirchhoff's Voltage Law）简称 KVL，其基本内容叙述为：**在任一时刻，沿任一回路绕行一周各段电压代数和恒等于零**。即

$$\sum u=0 \tag{1.12}$$

通常把上式方程称为**回路电压方程**或 KVL 方程。在应用基尔霍夫电压定律列出回路电压方程时，应首先选定回路绕行方向，并规定当回路内电压的参考方向与回路绕行方向一致时，该电压前取“＋”号；反之，该电压前取“－”号。

例如，图 1.20 所示的 abcda 回路，若选定回路绕行方向为顺时针方向，根据 KVL 列出回路电压方程为

$$U_1+U_2-U_{S2}+U_3-U_{S1}=0$$

根据电阻元件的伏安关系，上式变为

$$IR_1+IR_2+IR_3-U_{S2}-U_{S1}=0$$

也可以整理为

$$IR_1+IR_2+IR_3=U_{S1}+U_{S2}$$

即是

$$\sum i_k R_k=\sum u_{Sk} \tag{1.13}$$

式（1.13）表明，**对于由电阻和电压源构成的任一回路，所有电阻上电压的代数和等于所有电压源电压的代数和**。流过电阻的电流参考方向与回路绕行方向一致，电阻上电压 i_kR_k 前取“＋”号；电压源电压参考方向与回路绕行方向相反，电压源电压 u_{sk} 前取“＋”号。

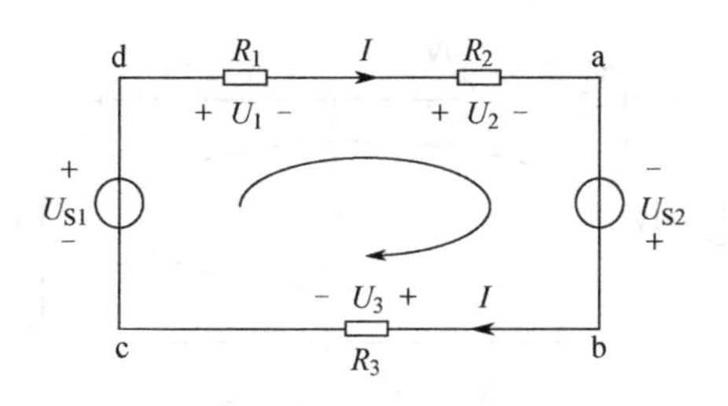

图 1.20　基尔霍夫电压定律

基尔霍夫电压定律通常用于电路中的任一闭合回路，但**也推广应用到电路中任意未闭合回路**。如果在开口处假设一开口电压，就可构成一个假象的闭合回路（通常称为广义回路），在列回路电压方程时，将开口处的电压也列入方程中。

例如，在图 1.21 所示电路中，由于 ab 处开路，acba 不构成闭合回路。如果假设在 ab 两端存在一个开口电压 U_{ab}，就可将它设想为一个闭合回路。此时，按图中实线所示顺时针绕行方向循环一周，列出回路电压方程为

$$U_1+U_2-U_3-U_{ab}=0$$

整理得到

$$U_{ab}=U_1+U_2-U_3$$

由此可知，利用 KVL 的推广应用，可以方便地求电路中任意两点间的电压。即**电路中任意 a、b 两点的电压等于 a 点到 b 点路径上各元件电压代数和**。电压降前取“＋”号，电压升前取“－”号。

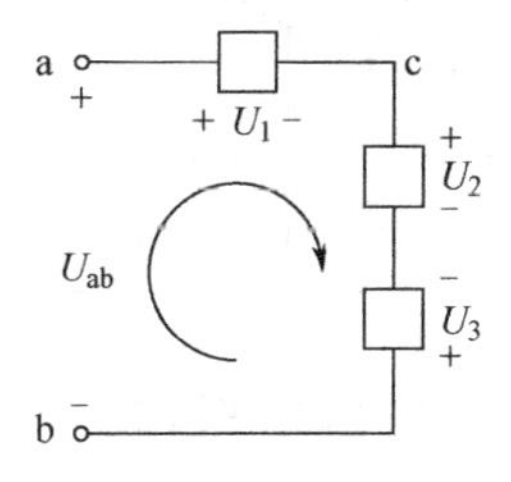

图 1.21　基尔霍夫电压定律的推广应用

例 1.6　电路如图 1.22 所示，试求电路中的电路 I 和电压 U_{ab}。

解：选定回路的绕行方向为顺时针方向，如图所示。根据 KVL，列出回路电压方程为

$$3I+5I-10+8-30=0$$

则

$$I=4\text{A}$$

以 a、b 两点右侧电路为广义回路，按顺时针绕行方向循环一周，列出回路电压方程为

$$5I+8-U_{ab}=0$$

整理得到

$$U_{ab}=5I+8=(5\times4+8)\text{V}=28\text{V}$$

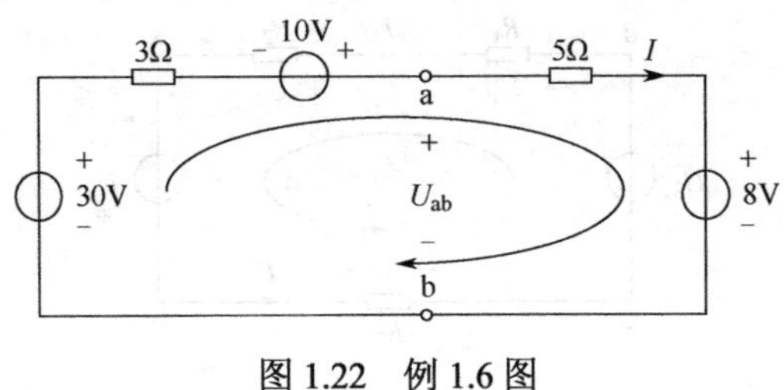

图 1.22　例 1.6 图

三、支路电流法

基尔霍夫定律是电路分析和计算的重要依据，支路电流法是基尔霍夫定律的基本应用。

支路电流法是以支路电流为电路变量，通过列写节点的 KCL 方程和回路的 KVL 方程构成方程组，从而求解各支路电流。

对于有 n 个节点、b 条支路的电路，**支路电流法求解电路的一般步骤**如下：

（1）在电路图中标出各支路电流参考方向和网孔回路的绕行方向。

（2）根据 KCL 列出（$n-1$）个独立的节点电流方程。

（3）根据 KVL 列出（$b-n+1$）个独立的回路电压方程。

（4）联立解方程组，求得各支路电流。

例 1.7　用支路电流法求图 1.23 所示电路中的支路电流。

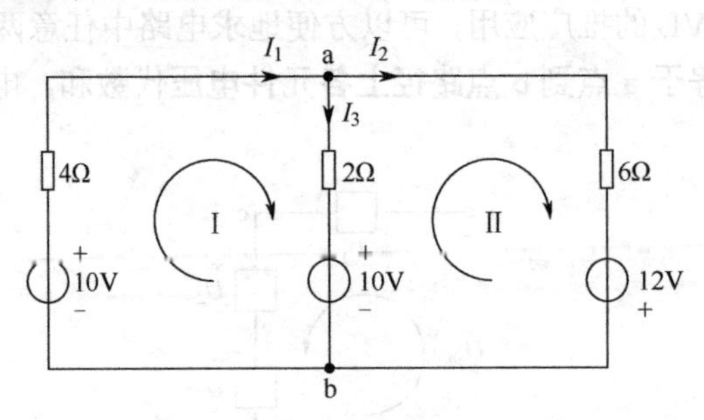

图 1.23　例 1.7 图

解：这是一个支路数 b=3、节点数 n=2 的电路。

（1）支路电流的参考方向和网孔 I 和 II 绕行方向如图 1.23 所示。

（2）应用 KCL 列出节点 a 的电流方程。

$$I_1-I_2-I_3=0$$

（3）应用 KVL 列出网孔 I 和 II 的电压方程。

网孔 I：　$4I_1+2I_3+10-10=0$，　即　$2I_1+I_3=0$

网孔 II：　$6I_2-2I_3-12-10=0$，　即　$3I_2-I_3=11$

（4）联立求解方程组求得支路电流为

$$I_1=1\text{A}，I_2=3\text{A}，I_3=-2\text{A}$$

例 1.8　电路如图 1.24 所示，用支路电流法求各支路电流。

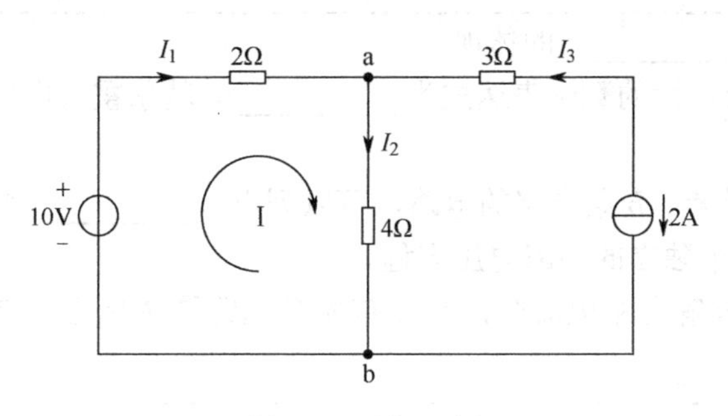

图 1.24　例 1.8 图

解： 支路电流参考方向和回路绕行方向如图 1.24 所示，根据电流源的特性可知 $I_3=-2\text{A}$。

列节点 a 的 KCL 方程　　　$I_1-I_2+I_3=0$，即 $I_1-I_2=2$

列回路 I 的 KVL 方程　　　$-10+2I_1+4I_2=0$，即 $I_1+2I_2=5$

联立解方程组得　　　$I_1=3\text{ A}$，$I_2=1\text{ A}$

特别提示

基尔霍夫定律是任何集中参数电路都适用的基本定律。基尔霍夫电流定律描述同一节点上的各支路电流的关系，应用于电路节点的分析，是电流的连续性的体现。基尔霍夫电压定律描述同一回路中各段电压的关系，应用于对电路回路的分析，是能量守恒定律的体现。

对于有 n 个节点、b 条支路的电路，应用 KCL 可以列出（$n-1$）个独立的节点电流方程，应用 KVL 可以列出（$b-n+1$）个独立的回路电压方程。

想一想

电路的基本定律

欧姆定律由德国物理学家乔治·西蒙·欧姆（Georg Simon Ohm，1787—1845）于 1826 年 4 月提出，论文发表在德国《化学和物理学杂志》上。1827 年欧姆在出版的《电路的数学研究》一书中，从理论上对定律进行了推导。欧姆定律是精密实验领域中最突出的发现。为了纪念他，人们将电阻的单位命名为欧姆，简称“欧”，以符号 Ω 表示。

基尔霍夫定律是德国物理学家古斯塔夫·罗伯特·基尔霍夫（Gustav Robert Kirchhoff，1824—1887）发现的。1845 年，21 岁时他发表了一篇论文，提出了稳恒电路网络中电流、电压、电阻之间关系的两条定律，即著名的基尔霍夫电流定律和基尔霍夫电压定律，解决了电气设计中电路方面的问题。直到现在，基尔霍夫定律仍旧是解决复杂电路问题的重要工具。基尔霍夫被称为“电路求解大师”。

练一练

1. 基尔霍夫电流定律简称为__________，是__________的体现；基尔霍夫电压定律简称为__________，是__________的体现。

2. 基尔霍夫电流定律的数学表达式为__________，基尔霍夫电压定律的数学表达式为__________。

3. 对于有 n 个节点、b 条支路的电路，可以列出__________个独立的节点电流方程，可以列出__________个独立的回路电压方程。

4. 支路电流法求解支路电流时，必须首先在电路图中标出各支路电流的__________和网孔回路的__________。

技能训练一　基尔霍夫定律的实验探究

一、训练目标

1. 加深对基尔霍夫定律的理解，实验验证基尔霍定律的正确性。
2. 学会用电流插头、插座测量支路电流的方法。

二、仪器、设备及元器件

1. MEL-06 组件（含直流数字电压表、直流数字毫安表）。
2. 恒压源（含＋6V，＋12V，0～＋30V 可调）。
3. EEL-30 组件（含实验电路）。

三、训练内容

实验电路如图 1.25 所示，图中的电源 U_{S1} 用恒压源中的＋6V 输出端，U_{S2} 用 0～＋30V 可调电压输出，并将输出电压调到＋12V（以直流数字电压表读数为准）。实验前先设定三条支路电流的电流参考方向，如图中的 I_1、I_2、I_3 所示。

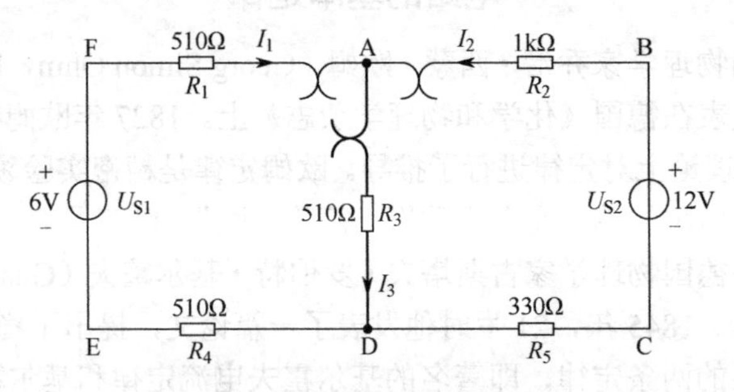

图 1.25　基尔霍夫定律实验电路

1. 将电流插头的红接线端插入数字毫伏表的红（正）接线端，电流插头的黑接线端插入数字毫伏表的黑（负）接线端。

2. 将电流插头分别插入三条支路的三个电流插座中，读出各个支路电流值。按规定：在节点 A，电流表读数为“＋”，表示电流流出节点，电流表读数为“－”，表示电流流

入节点。根据图 1.25 所示的电流参考方向，确定各支路电流的正负号，并将测量结果填入表 1.1 中。

表 1.1　支路电流数据

支路电流（mA）	I_1	I_2	I_3
测量值			
计算值			
相对误差			

3．测量元件电压。用直流数字电压表分别测量两个电源及电阻元件上的电压，将数据填入表 1.2 中。测量时电压表的红（正）接线端应插入被测电压参考方向的高电位（正端），黑（负）接线端应插入被测电压参考方向的低电位（负端）。

表 1.2　元件电压数据

元件电压（V）	U_{S1}	U_{S2}	U_{R1}	U_{R2}	U_{R3}	U_{R4}	U_{R5}
测量值							
计算值							
相对误差							

四、考核评价

学生技能训练的考核评价如表 1.3 所示。

表 1.3　技能训练一考核评价表

考核项目	评分标准	配分	扣分	得分
电路连接	元件选择正确	10		
	电路连接正确	10		
调压电源的使用	操作熟练、准确	10		
电流测量	量程选取适当	10		
	识读准确	15		
	操作规范	5		
电压测量	量程选取适当	10		
	识读准确	15		
	操作规范	5		
安全文明操作	有不文明操作行为，或违规、违纪出现安全事故，工作台上脏乱，酌情扣 3～10 分	10		
合计		100		

巩固练习一

一、填空题

1．电流在电路中的产生有两个条件：一是有__________；二是电路必须是__________。

2．当电压的实际方向与参考方向一致时，电压为__________；当电压的实际方向与参考方向相反时，电压为__________。

3．已知 V_A=－5V，V_B=4V，说明 A 电位比参考点电位__________，B 电位比参考点电位__________，A、B 两点的电压 U_{AB} 为__________。

4．常将同一无源元件的电压、电流参考方向选为一致，即指定电流从电压________极性的一端流入，并从电压________极性的一端流出，这种选择方法称为________。

5．一个“220V、60W”的白炽灯，其额定电压为__________，额定功率为__________。

6．从功率正、负值可以区分元件的性质，或是电源，或是负载。当 $p>0$ 时，说明该元件是_________功率，具有_________特性；当 $p<0$ 时，说明该元件发出_________功率，具有_________特性。

7．一个 100W 的灯泡持续照明 10h，消耗的电能为__________度。1 安培小时额定值意味着一个电池在额定电压下能够持续__________小时提供__________安培的电流。

8．理想电压源与任何元件并联，可以用__________来代替；理想电流源与任何元件串联，可以用__________来代替。

9．在实际应用中，不能将电压源__________，电流源__________（填“短路”或“开路”）。

10．KCL 描述同一节点上的各__________的关系，应用于电路__________的分析；KVL 描述同一回路中的各__________的关系，应用于对电路__________的分析。

二、单项选择题

1．电路的作用是________。

A．把机械能转变为电能　　B．把电能转换为热能、机械能、光能

C．把电信号转换为语言和音乐　　D．实现电能的传输和转换、信号的传递和处理

2．用电压表测得电路端电压为 0，这说明________。

A．外电路开路　B．外电路短路　C．电源内电阻为 0

3．电阻是________元件。

A．储存电场能　B．储存磁场能　C．耗能

4．当电流的实际方向与参考方向相反时，该电流________。

A．一定为正值　B．一定为负值　C．不能确定

5．如图 1.26 所示的方框用来泛指元件，已知 U=－2V，则电压的真实极性为________。

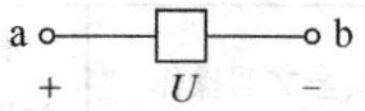

A．a 点为高电位

B．b 点为高电位

C．不能确定

a + U − b

图 1.26

6．电压和电位的相同之处是________。

A．定义相同　B．单位相同　C．都与参考点有关

7．电路中 a、b 两点，U_{ab}=10V，a 的电位 V_a=4V，则 b 点电位为________。

A．6V　B．－6V　C．14V

8．一电阻 R 上的 u、i 参考方向为非关联参考方向，令 $u=-10$V，消耗功率为 0.5W，则电阻 R 为________。

A．200Ω　　B．−200Ω　　C．±200Ω

9．一度电可供 220V、40W 的灯泡正常发光的时间是________。

A．20 小时　　B．40 小时　　C．25 小时

10．把“12V、6 W”的灯泡接到 6V 的电源上，如灯泡电阻为常数，则通过灯丝的电流为________。

A．2A　　B．1A　　C．2.5A

11．当恒流源开路时，该电流源内部________。

A．有电流，有功率

B．无电流，无功率损耗

C．有电流，无功率损耗

12．如图 1.27 所示电路，已知 U_{S1}、U_{S2} 和 I 均为正值，则发出功率的是________。

A．电压源 U_{S1}　　B．电压源 U_{S2}　　C．电压源 U_{S1} 和 U_{S2}

13．对于有 n 个节点和 b 条支路的电路，可以列出独立的 KCL 方程数为________。

A．n　　B．$b-n+1$　　C．$n-1$

14．电路如图 1.28 所示，则回路电流 I 为________。

A．2A　　B．4A　　C．−2A

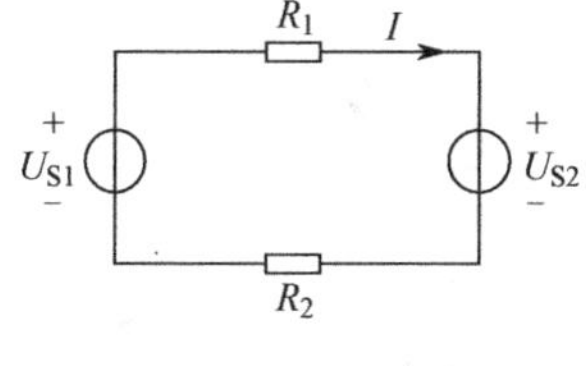

图 1.27

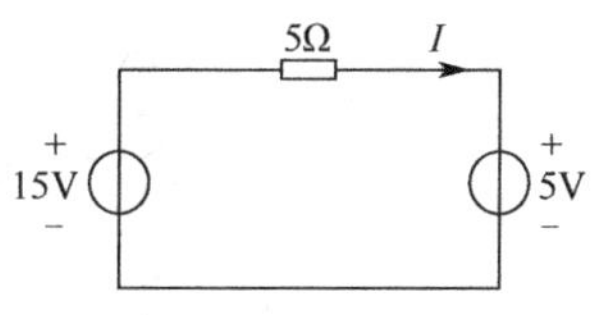

图 1.28

三、分析与计算题

1．图 1.29 中给定了电压、电流参考方向。（1）试判断 a、b 两点电位的高低；（2）试求电流 I，并指出电流的实际方向。

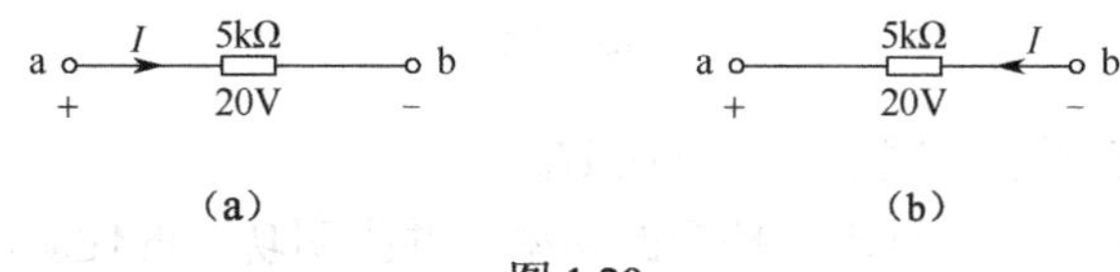

图 1.29

2．图 1.30 给定电压、电流参考方向，求出元件端电压 U。

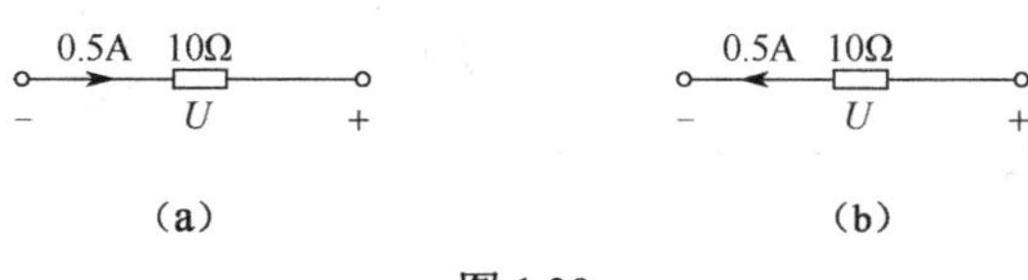

图 1.30

3．电路如图 1.31 所示，试分别求出元件 A、B、C 的功率，并指出功率的性质。

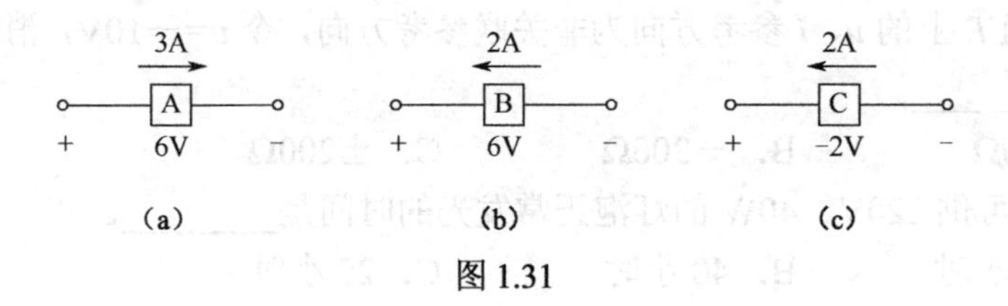

图 1.31

4．已知某实验室有“220V、60W”白炽灯 10 盏，“220V、1200W”电炉两个，同时接在电源上。试求（1）每个元件上的电流值；（2）总功率；（3）工作 3 小时消耗电能多少度。

5．电路如图 1.32 所示，试求电流 I，并计算各元件发出或吸收的功率。

6．电路如图 1.33 所示，已知 U_S=3V，I_S=2A，求 U_{AB} 和 I。

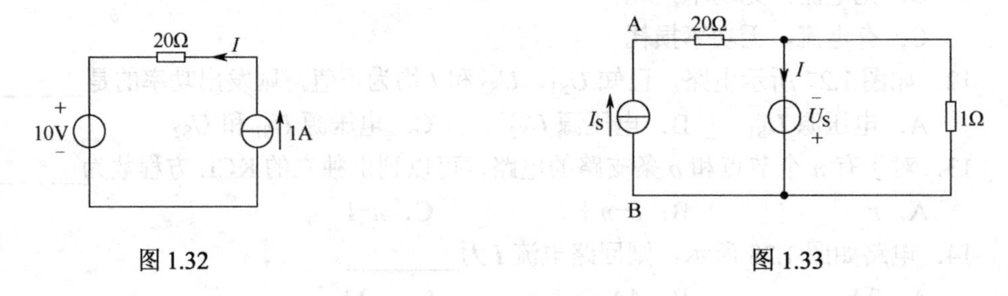

图 1.32　　　　图 1.33

7．电路如图 1.34 所示，试求电流 I_1、I_2、I_3 以及电阻 R。

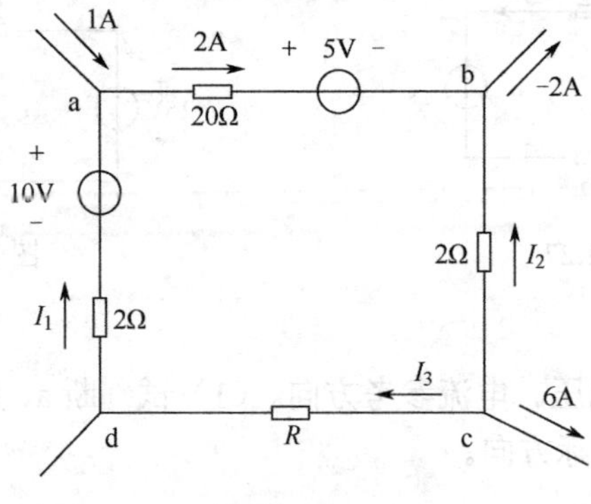

图 1.34

8．电路如图 1.35 所示，试求开路电压 U_{ab}。

9．电路如图 1.36 所示，试求受控源的功率，并指明功率的性质。

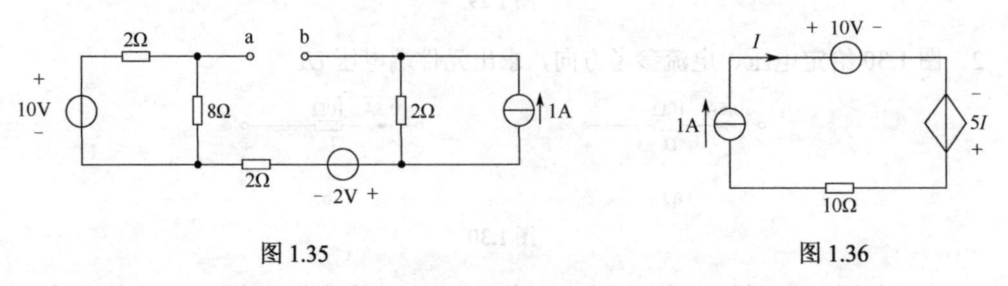

图 1.35　　　　图 1.36

10．电路如图 1.37 所示，试用支路电流法求各支路电流。

11．电路如图 1.38 所示，试用支路电流法求各支路电流。

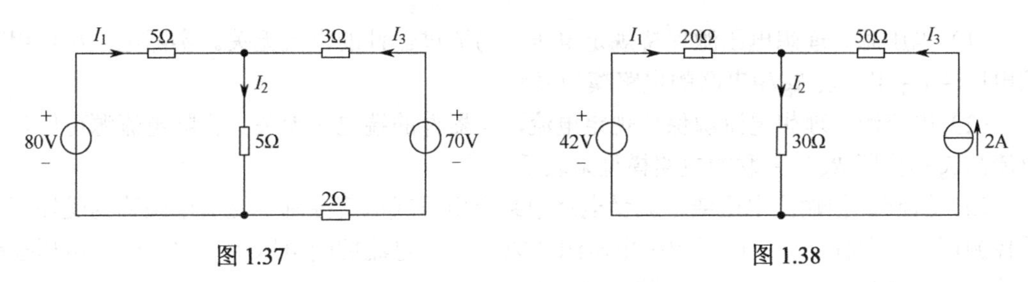

图 1.37　　　　图 1.38

学习总结

1．电路与电路模型

（1）电路组成与作用。任何一个实际电路都是由电源、负载和中间环节这三个基本部分组成。电路的作用是：能量的转换和传输，信号的传递和处理。

（2）电路模型。由理想电路元件组成的电路称为电路模型，它是对实际电路电磁性质的科学抽象和概括。电路分为集中参数电路和分布参数电路。

2．电路的基本物理量

（1）电流。电流是在电源作用下电荷的定向移动形成的。习惯上把正电荷运动方向规定为电流的实际方向。电流在电路中的产生通常有两个条件：一是有电源供电；二是电路必须是闭合的。

电流的参考方向通常用带有箭头的线段表示。当电流的实际方向与参考方向一致时，电流为正；反之，电流为负。

（2）电压与电位。电路中 a、b 两点的电压等于这两点之间的电位差，即 $u_{ab}=V_a-V_b$，电压的实际方向规定为高电位指向低电位。电路中某点至参考点的电压称为电位，参考点的电位为零，又称零电位。

电压的参考方向采用一对“＋”“－”极性符号表示，也可用箭头表示，箭头的方向为高电位端指向低电位端。若计算结果是 $u>0$，则电压的实际方向与参考方向一致；若电路计算结果是 $u<0$，则电压的实际方向与参考方向相反。

（3）关联参考方向。习惯上把电流参考方向和电压的参考方向选为一致，称它们为关联参考方向，

（4）电功率与电能。电功率简称功率。在关联参考方向下，元件吸收的功率 $p=iu$；非关联参考方向下，元件吸收的功率为 $p=-iu$。当 $p>0$ 时，说明该元件是吸收（消耗）功率，具有负载特性；当 $p<0$ 时，说明该元件发出（产生）功率，具有电源特性。

任何电气设备都规定了相应的额定值，如额定电压 U_N、额定电流 I_N 和额定功率 P_N。当通过电气设备的电流等于额定电流时，称为满载工作状态。电流小于额定电流时，称为轻载工作状态。超过额定电流时，称为过载工作状态。

在工程和生活中，电能的常用单位是千瓦时（kW・h，俗称“度”）。1 kW・h 俗称 1 度电。

3．电路的基本元件——电源元件

（1）电压源。理想电压源保持规定电压，与流过器件的电流无关。实际电压源可用理想电压源 U_S 和内阻 R_S 相串联的电路模型表示。

（2）电流源。理想电流源保持规定电流，与器件的端电压无关。实际电流源可用理想电流源 I_S 和内阻 R_S 相并联的电路模型来表示。

（3）受控源。把输出电压或电流受电路中某个电压或电流控制的这类电源称为受控源。，受控源可分为四种类型：电压控制电压源（VCVS）、电流控制电压源（CCVS）、电压控制电流源（VCCS）、电流控制电流源（CCCS）。

4．电路的基本定律——基尔霍夫定律

（1）基尔霍夫电流定律。基尔霍夫电流定律是描述同一节点上的各支路电流的关系，是电流连续性原理的体现，其数学表达式为 $\sum i=0$。

（2）基尔霍夫电压定律。基尔霍夫电压定律描述同一回路中各段电压的关系，是能量守恒定律的体现，其数学表达式为 $\sum u=0$。

（3）支路电流法。对于有 n 个节点、b 条支路的电路，支路电流法求解电路的步骤是：

①在电路图中标出各支路电流参考方向和网孔回路的绕行方向。

②根据 KCL 列出（$n-1$）个独立的节点电流方程。

③根据 KVL 列出（$b-n+1$）个独立的回路电压方程。

④联立解方程组，求得各支路电流。

自我评价

学生通过项目一的学习，按表 1.4 所示内容，实现学习过程的自我评价。

表 1.4　项目一自评表

序号	自评项目	自评标准	项目配分	项目得分	自评成绩
1	建立电路模型	电路基本组成	2		
		电路作用	2		
		理想元件	2		
		电路模型	2		
2	认识电流和电压	电流及其产生条件	2		
		电流实际方向与参考方向	4		
		电流正负	4		
		电压真实方向与参考方向	4		
		电压正负	4		
		电位及其电位参考点	4		
		关联参考方向	2		
		电阻元件伏安关系	8		

续表

序号	自评项目	自评标准	项目配分	项目得分	自评成绩
3	计算电路功率	电功率计算	8		
		功率正负	2		
		电能	2		
		电气设备额定值	2		
4	认识电源	理想电压源特性	2		
		理想电流源特性	2		
		实际电源的电路模型	2		
		受控源及其类型	2		
5	探究基尔霍夫定律	电路结构基本术语	2		
		KCL 及其应用	10		
		KVL 及其应用	10		
		支路电流法	16		
能力缺失					
弥补措施					

探究电路基本分析方法

项目描述：

本项目以直流电路为研究对象，讨论电路的几种普遍的分析、计算方法。包括等效变换、网孔电流法、节点电压法、叠加定理和戴维南定理等。这些方法可统称为网络方程法，它是以电路元件的伏安关系和基尔霍夫定律为基础的，选择适当的未知变量，建立一组独立的网络方程，并求解方程组；最后得出所需要的支路电流或支路电压或其他变量。

这些电阻电路的分析计算方法只要稍加扩展，即可用于交流电路的分析计算，所以本章是分析、计算电路的基础。

学习目标：

学习任务	知识目标	基本能力
分析求解电路的等效变换法	① 明确等效电路的概念； ② 熟悉电阻电路的等效变换； ③ 掌握实际电源两种模型的等效变换及其应用	① 会识别电阻的串并联连接方式； ② 能利用实际电源模型的等效变换求解支路电流或电压
分析求解电路的网孔电流法	① 熟悉网孔电流方程的一般形式；②熟悉网孔方程的列写规则； ③ 掌握网孔电流分析法	会用网孔电流法求解支路电流或电压
分析求解电路的节点电位法	① 熟悉节点电位方程的一般形式；②熟悉节点电位方程的列写规则； ③ 掌握节点电位分析法	会用节点电位法求解支路电流或电压
分析求解电路的叠加定理法	① 熟悉叠加定理的内容； ② 明确叠加定理的适用条件； ③ 掌握叠加定理分析法	会用叠加定理法求解支路电流或电压
分析求解电路的戴维南定理法	① 熟悉戴维南定理的内容； ② 掌握 U_{oc} 和 R_o 求取方法； ③ 掌握戴维南定理分析法	① 会求解戴维南等效电路； ② 会用戴维南定理法求解支路电流或电压

任务六　分析求解电路的等效变换法

学一学

只有两个端钮与其他电路相连接的网络，称为二端网络，如图 2.1 所示。二端网络的一对端钮也称为一个端口，因此，二端网络又称为单口网络。如果单口网络内部含有电源称为**有源单口网络**；如果单口网络内部不含有电源称为**无源单口网络**。一个单口网络的特性可用其端钮电压和电钮电流之间的关系（VCR）来表征。

一、等效电路的概念

在电路分析中，常用到等效概念。现举一个简单电路实例来说明。在图 2.1 所示中，有两个单口电路 N_1 和 N_2，在端口内两个电路不仅结构不同，而且元件的参数也不同，但端口的电流、电压关系（VCR）相同，这说明 N_1 和 N_2 电路对外电路的作用完全相同。换句话来说，当用 N_2 电路替代 N_1 电路时，外电路没有受到丝毫影响。N_2 电路称为 N_1 电路的等效电路，同样 N_1 电路也称为 N_2 电路的等效电路，二者互为等效。从上例分析得出，**等效电路的一般定义：端口外部性能完全相同的电路互为等效电路。**两个电路等效只涉及二者的外部性能，而未涉及二者内部的性能，所以两个等效电路的内部结构可完全不同，可能一个非常复杂，而另一个却是很简单的电路。总之，电路等效的概念是对外电路而言，而与内电路无关，对内电路不等效。

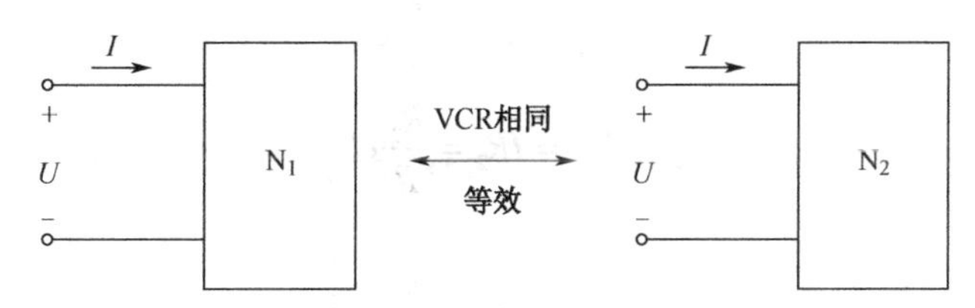

图 2.1　单口网络

由等效概念可以得到，等效电路之间可以互相置换，这种置换方式称为等效变换或等效互换。当电路中的任一部分用其等效电路置换后，电路不变部分的支路电流和电压并不因此变换而改变。利用电路的等效变换可以简化电路，并确保了电路简化后计算的电压、电流（指不变部分的）就是电路简化前的电压、电流（指不变部分的）。等效变换的方法是电路分析中简便易行的方法。用它可以简化电路，简便电路计算过程。

二、电阻电路的等效变换

1. 电阻的串联电路

在电路中，若干个电阻首尾依次相连，各电阻流过同一电流的连接方式，称为**电阻的串联**，如图 2.2（a）所示。

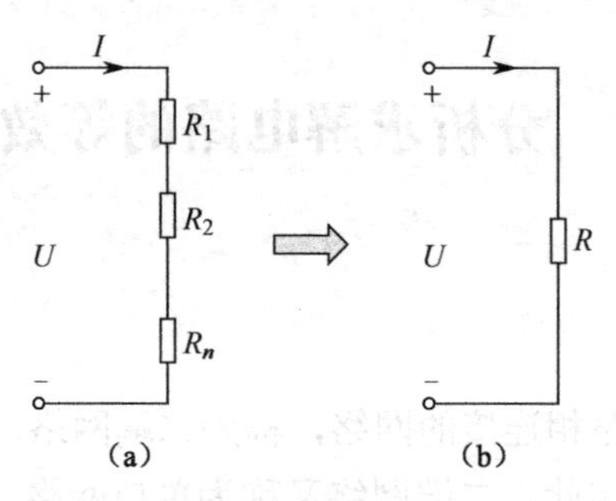

图 2.2　电阻的串联及其等效电阻

串联电阻可用一个等效电阻 R 来表示，如图 2.2（b）所示。根据 KVL 有

$$\begin{aligned}U &= U_1 + U_2 + U_3 + \cdots + U_n \\ &= IR_1 + IR_2 + IR_3 + \cdots + IR_n \\ &= I(R_1 + R_2 + R_3 + \cdots + R_n) \\ &= IR\end{aligned}$$

因此

$$R = R_1 + R_2 + R_3 + \cdots + R_n = \sum_{i=1}^{n} R_i \tag{2.1}$$

式（2.1）表明 n 个线性电阻串联的单口网络，就端口特性而言，等效于一个线性二端电阻，**串联的等效电阻等于各个串联电阻之和**。

电阻串联时，各电阻上的电压为

$$\left.\begin{aligned}U_1 &= IR_1 = \frac{R_1}{R}U \\ U_2 &= IR_2 = \frac{R_2}{R}U \\ &\vdots \\ U_n &= IR_n = \frac{R_n}{R}U\end{aligned}\right\} \tag{2.2}$$

式（2.2）说明，外加电压一定时，各个串联电阻上的电压与其电阻值成正比，即总电压按各个串联电阻值进行分配，所以，式（2.2）称为电压分配公式，简称为**分压公式**。

各电阻吸收的功率为

$$P_k = U_k I = \frac{R_k}{R}UI = R_k I^2 \tag{2.3}$$

即串联的每个电阻吸收的功率也与它们的阻值成正比。

2．电阻的并联电路

在电路中，若干个电阻首尾分别相连，各电阻处于同一电压下的连接方式，称为**电阻的并联**，如图 2.3（a）所示。

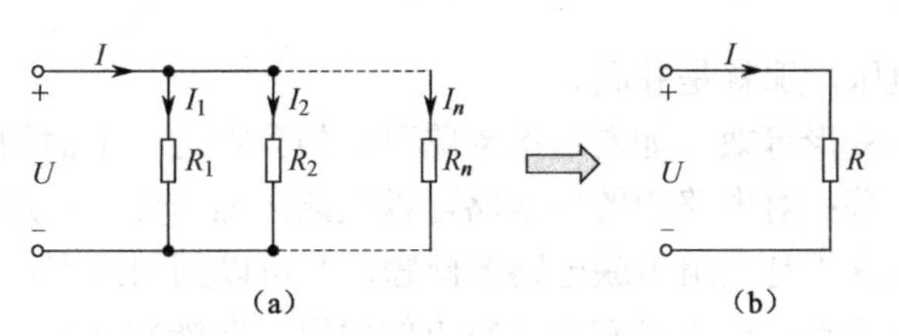

图 2.3　电阻的并联及其等效电阻

并联电阻可用一个等效电阻 R 来表示，如图 2.3（b）所示。根据 KCL 有

$$I = I_1 + I_2 + I_3 + \cdots + I_n = \frac{U_1}{R_1} + \frac{U_1}{R_2} + \frac{U_3}{R_3} + \cdots + \frac{U_n}{R_n}$$

$$= (\frac{1}{R_1} + \frac{1}{R_2} + \frac{1}{R_3} + \cdots + \frac{1}{R_n})U = \frac{U}{R}$$

其中

$$\frac{1}{R} = \frac{1}{R_1} + \frac{1}{R_2} + \frac{1}{R_3} + \cdots + \frac{1}{R_n} = \sum_{k=1}^{n} \frac{1}{R_k} \qquad (2.4)$$

式（2.4）表明，**并联等效电阻的倒数等于各个并联电阻的倒数之和**。对于两个线性电阻，也可用以下公式计算

$$R = \frac{R_1 R_2}{R_1 + R_2} \qquad (2.5)$$

电阻并联具有分流作用。对于两个电阻并联的情况，则有

$$I_1 = \frac{U}{R_1} = \frac{R_2}{R_1 + R_2} I,\quad I_2 = \frac{U}{R_2} = \frac{R_1}{R_1 + R_2} I \qquad (2.6)$$

通常把式（2.6）称为**电阻并联的分流公式**。

电阻并联时，每个电阻吸收的功率与它的电阻值成反比。电阻 R_1 吸收的功率为

$$P_1 = UI_1 = \frac{R_2}{R_1 + R_2} UI = \frac{1}{R_1} UIR = \frac{1}{R_1} U^2$$

同理电阻 R_2 吸收的功率为

$$P_2 = \frac{1}{R_2} U^2$$

3. 电阻的混联电路

电阻的混联是指一个电路中，电阻的连接方式既有串联，也有并联。但是，就端口特性而言，可以等效于一个线性二端电阻。因此，从表面上来看，一个串并联电路的支路很多，似乎很复杂，但是只要掌握了串联和并联电阻电路的分析方法，其分析并不困难。

判别电路的串并联关系的基本方法是：

（1）看电路的结构特点。若两电阻是首尾相联就是串联，是首首尾尾相联就是并联。

（2）看电压电流关系。若流经两电阻的电流是同一个电流，那就是串联；若两电阻上

承受的是同一个电压，那就是并联。

（3）对电路作变形等效。如左边的支路可以扭到右边，上面的支路可以翻到下面，弯曲的支路可以拉直等；对电路中的短线路可以任意压缩与伸长；对多点接地可以用短路线相连。一般，如果真正是电阻串联电路的问题，都可以判别出来。

（4）找出等电位点。对于具有对称特点的电路，若能判断某两点是等电位点，则根据电路等效的概念，一是可以用短接线把等电位点连起来；二是把连接等电位点的支路断开（因支路中无电流），从而得到电阻的串并联关系。

例 2.1 电路如图 2.4 所示。试求 ab 两端的等效电阻。

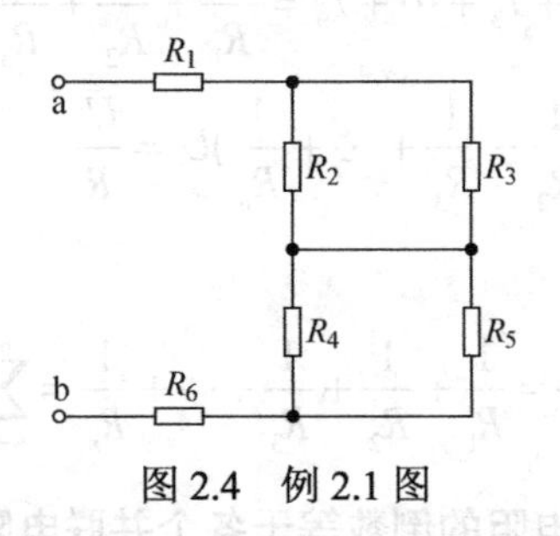

图 2.4 例 2.1 图

解： 由 a、b 端向里看，R_2 和 R_3，R_4 和 R_5 均连接在相同的两点之间，因此是并联关系，把这 4 个电阻两两并联后，电路中除了 a、b 两点不再有节点，所以它们的等效电阻与 R_1 和 R_6 相串联。所以，ab 两端的等效电阻为

$$R_{ab}= R_1+ R_6+R_2//R_3+ R_4//R_5$$

三、实际电源模型的等效变换

1. 电压源的串联等效

根据基尔霍夫电压定律，当有 n 个电压源串联时，可以用一个电压源等效替代，这时其等效电压源的端电压等于各串联电压源端电压的代数和，即

$$U_S = U_{S1} \pm U_{S2} \pm U_{S3} \pm \cdots \pm U_{Sn} \tag{2.7}$$

例如，对于图 2.5（a）所示电路，有 $U_S=U_{S1}+U_{S2}$。对于图 2.5（b）所示电路，有 $U_S=U_{S1}-U_{S2}$。

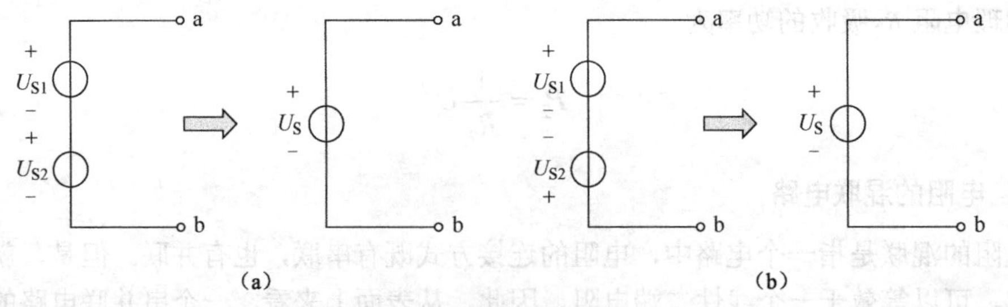

图 2.5 电压源串联等效

应当指出，只有电压值相等且极性一致的电压源才允许并联，并且并联后的等效电压源仍为原值；**任意电路或电路元件（包括电流源）与电压源并联可等效成一个电压源。**

2．电流源的并联等效

根据基尔霍夫电流定律，当有 *n* 个电流源并联时，可以用一个电流源等效替代，这时其等效电流源的电流等于各并联电流源电流的代数和，即

$$I_S = I_{S1} \pm I_{S2} \pm I_{S3} \pm \cdots \pm I_{Sn} \tag{2.8}$$

例如，对于图 2.6（a）所示电路，有 $I_S=I_{S1}+I_{S2}$。对于图 2.6（b）所示电路，有 $I_S=I_{S1}-I_{S2}$。

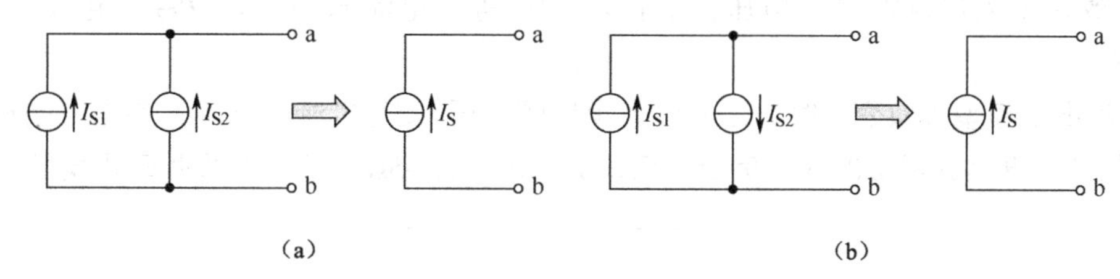

图 2.6　电流源并联等效

应当指出，只有电流值相等且输出电流方向一致的电流源才允许串联，并且串联后的等效电流源仍为原值；**任意电路或电路元件（包括电流源）与电流源串联可等效成一个电流源。**

3．两种实际电源模型的等效变换

用等效变换法来分析电路，不仅需要对负载进行等效变换，还需要对电源进行等效变换。实际电源有两种电路模型，如图 2.7 所示。下面来讨论这两种电源模型满足何种条件时对外电路等效。

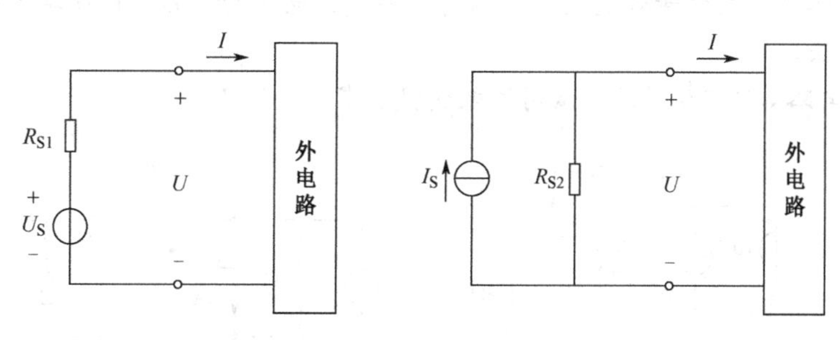

（a）电压源与电阻串联模型　　（b）电流源与电阻并联模型

图 2.7　两种实际电源模型的等效变换

对于图 2.7（a）所示的实际电压源有

$$I = \frac{U_S}{R_{S1}} - \frac{U}{R_{S1}} \tag{2.9}$$

对于图 2.7（b）所示的实际电流源有

$$I = I_S - \frac{U}{R_{S2}} \tag{2.10}$$

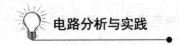

根据等效变换，比较式（2.9）和式（2.10），可得到

$$\left.\begin{aligned} R_{S1} &= R_{S2} \\ U_S &= I_S R_{S1} = I_S R_{S2} \end{aligned}\right\} \tag{2.11}$$

式（2.11）为两种**实际电压源模型等效变换关系式**。由此可以看出：当电压源等效转换为电流源时，电流源的内阻 R_{S2} 等于电压源的内阻 R_{S1}，电流源的电流 $I_S=U_S/\ R_{S1}$；当电流源等效转换为电压源时，电压源的内阻 R_{S1} 等于电流源的内阻 R_{S2}，电压源的电压 $U_S=I_S/R_{S2}$。

两种电源模型等效变换时，还应注意电压源电压 U_S 与电流源电流 I_S 参考方向相反。

例 2.2 电路如图 2.8（a）所示，已知 I_S=3A，R_{S2}=5Ω，求其等效电压源模型。

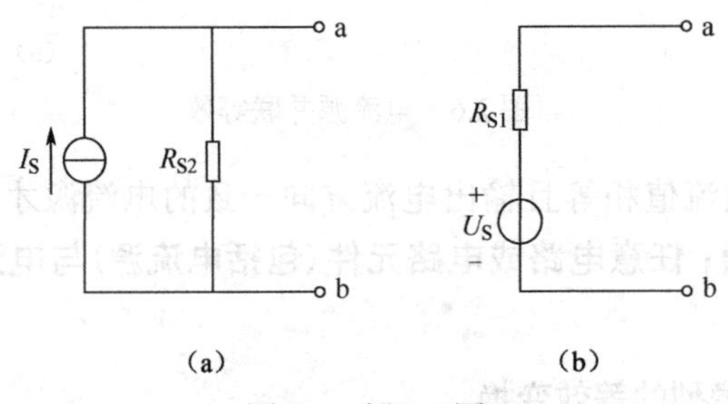

图 2.8 例 2.2 图

解：将图 2.8（a）中的 I_S 与 R_{S2} 的并联电路等效变换为 U_S 与 R_{S1} 的串联电路，如图 2.8（b）所示，其中，$U_S=I_SR_{S2}=3\times5=15$V，$R_{S1}=R_{S2}=5Ω$。

利用电源模型之间的等效变换，可以将一些复杂电路的计算变得简单，是一种很实用的电路分析方法。

例 2.3 电路如图 2.9 所示，试用等效变换法求解电流 I。

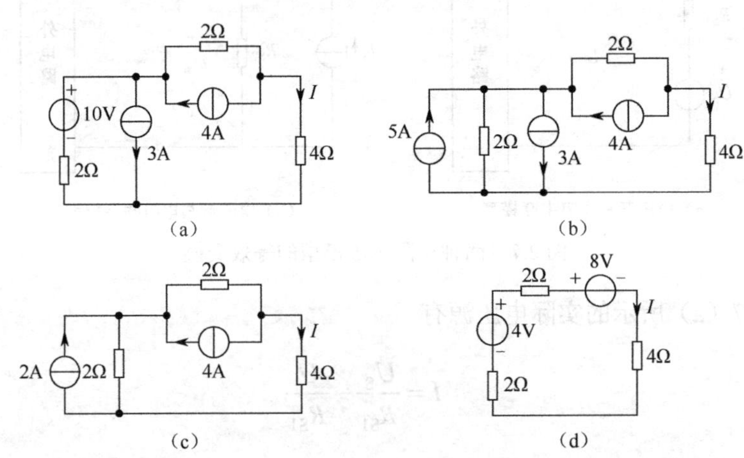

图 2.9 例 2.3 图

解：利用电源模型之间的等效变换，将图 2.9（a）中的 10V 和 2Ω 的串联电路等效变换为 5A 和 2Ω 的并联电路，如图 2.9（b）所示；将图 2.9（b）中的 5A 和 3A 电流源的并

联等效变换为 2A 电流源，如图 2.9（c）所示；再将图 2.9（c）中的 2Ω 与 4A 的并联电路和 2Ω 与 2A 的并联电路分别等效为电压源与电阻的串联电路，如图 2.9（d）所示。

由图 2.9（d）所示的等效电路，可求到电流为

$$I=\frac{4-8}{2+2+4}\text{A}=-0.5\text{ A}$$

特别提示

电源模型之间的等效变换均是对外电路而言，而对电源内部电路并不等效。不同的电压源不能并联，否则违背基尔霍夫电压定律。数值不同的电流源不能串联，否则违背基尔霍夫电流定律。理想电压源与理想电流源之间不能等效变换。

想一想

电阻的星形与三角形联结及等效变换

电阻的星形（Y 形）联结如图 2.10（a）所示，三个电阻 R_1、R_2、R_3 的一端接在一个公共点上，另一端接在三个端子上。电阻的三角形（△形）联结如图 2.10（b）所示，三个电阻 R_{12}，R_{23}，R_{31} 分别接在三个端子的每两个之间。

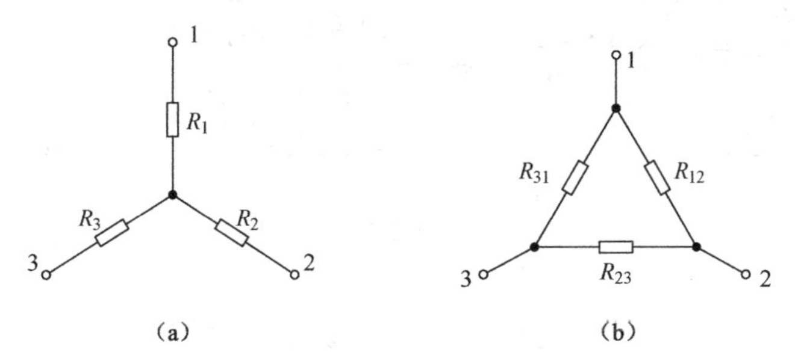

图 2.10　电阻的 Y 形联结与△形联结

在电路分析中常需要将这两种电路进行等效变换，即 Y 形联结的电阻可由△形联结的电阻等效替代。反之，也可以用△形联结电阻等效变换成 Y 形联结电阻。

Y 形联结变换为△形联结等效电阻的公式为

$$\left.\begin{aligned}R_{12}&=\frac{R_1R_2+R_2R_3+R_3R_1}{R_3}\\R_{23}&=\frac{R_1R_2+R_2R_3+R_3R_1}{R_1}\\R_{31}&=\frac{R_1R_2+R_2R_3+R_3R_1}{R_2}\end{aligned}\right\}$$

△形联结的三个电阻等效变换为 Y 形联结三个电阻的公式为

$$
\left.\begin{aligned}
R_1 &= \frac{R_{12} \cdot R_{31}}{R_{12} + R_{23} + R_{31}} \\
R_2 &= \frac{R_{12} \cdot R_{23}}{R_{12} + R_{23} + R_{31}} \\
R_3 &= \frac{R_{23} \cdot R_{31}}{R_{12} + R_{23} + R_{31}}
\end{aligned}\right\}
$$

为了便于记忆，可概括为

$$\text{三角形电阻} = \frac{\text{星形电阻两两相乘积之和}}{\text{三角形电阻对面的星形电阻}}$$

$$\text{星形电阻} = \frac{\text{与星形电阻相邻的三角形电阻之和}}{\text{三角形电阻之和}}$$

若Y形联结三个电阻相等，即 $R_1 = R_2 = R_3 = R$，则等效变换为△形联结的三个电阻也相等，其值为 $R_{12} = R_{23} = R_{31} = 3R$ 或写为 $R_{\triangle} = 3R_{Y}$。

例如，利用星形电阻和三角形电阻的等效变换关系，可求得如图 2.11 所示电路的等效电阻 R_{ab}=2.684Ω。

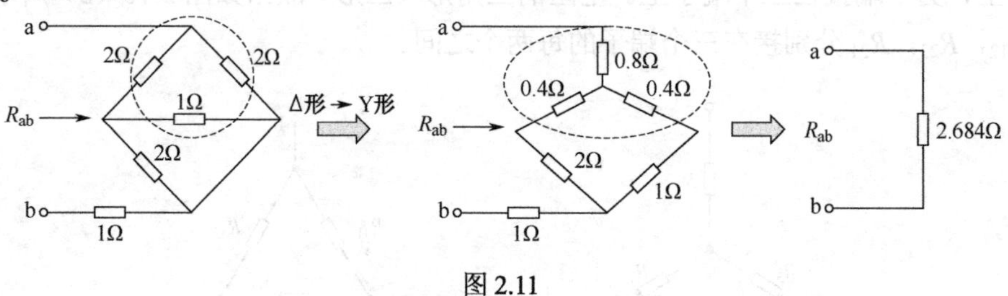

图 2.11

练一练

1．如果一个单口网络的端口电流、电源关系与另一个单口网络的端口电流、电源关系相同，则称为________电路。

2．若流经两电阻的电流是同一个电流，那就是________联；若两电阻上承受的是同一个电压，那就是________联。

3．当有 n 个电压源串联时，可以用一个________等效替代，当有 n 个电流源并联时，可以用一个________等效替代。

4．当电压源等效转换为电流源时，电流源的内阻________电压源的内阻，电压源电压与电流源电流参考方向________。

5．电路如图 2.12 所示，试用等效变换法求 6Ω 电阻上的电流 I。

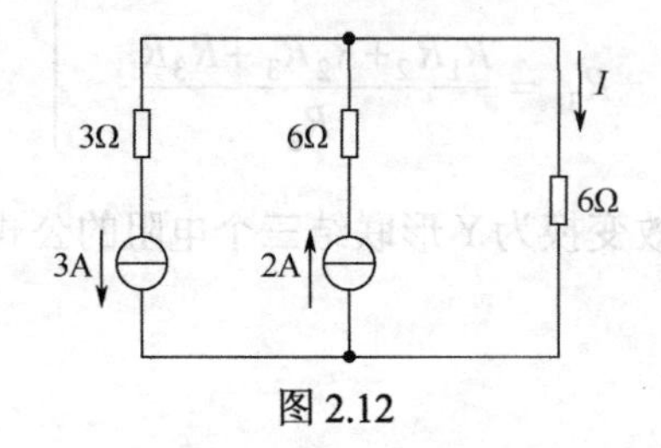

图 2.12

任务七　分析求解电路的网孔电流法

学一学

一、网孔电流方程的一般形式

网孔电流是指假想的沿着网孔边界循环流动的电流。在图 2.13 中，有两个网孔 I 和 II，假想在每个网孔有一个网孔电流，网孔 I 的网孔电流 I_{m1}，网孔 II 的网孔电流 I_{m2}，它们的参考方向如图所示。需要指出的是网孔电流 I_{m1} 和 I_{m2} 是假想的电流，电路中实际存在的电流仍然是支路电流 I_1、I_2、I_3。从图 2.13 中可以看出，网孔电流一经选定，各支路电流都可以用网孔电流来表示，当网孔电流的参考方向与支路电流参考方向相同时，网孔电流为正，否则为负。因此，两个网孔电流 I_{m1}、I_{m2} 与三个支路电流 I_1、I_2、I_3 的关系为

$$I_1=I_{m1},\ I_2=-I_{m2},\ I_3=I_{m1}-I_{m2} \tag{2.12}$$

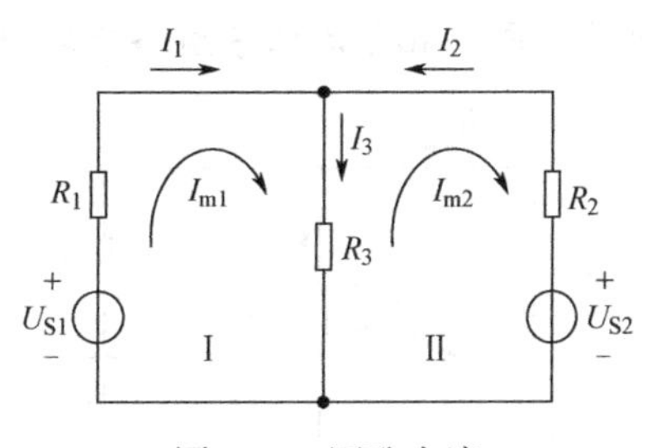

图 2.13　网孔电流

网孔电流方程实质是以网孔电流为变量的 KVL 方程。具有 *m* 个网电路的网孔电流方程的一般形式可写为

$$\left.\begin{aligned}&R_{11}I_{m1}+R_{12}I_{m2}+\cdots+R_{1m}I_{mm}=U_{S11}\\&R_{21}I_{m1}+R_{22}I_{m2}+\cdots+R_{2m}I_{mm}=U_{S22}\\&\vdots\\&R_{m1}I_{m1}+R_{m2}I_{m2}+\cdots+R_{mm}I_{mm}=U_{Smm}\end{aligned}\right\} \tag{2.13}$$

式中，I_{m1}、I_{m2}、…、I_{mm} 分别为网孔 1、网孔 2 等网孔的网孔电流。其他各项含义说明：

（1）具有相同下标的电阻如 R_{11}、R_{22} 分别称为网孔 1、2 的**自电阻**，其值等于各网孔中所有支路的电阻之和，自电阻总是为正值。

（2）具有不同下标的电阻如 R_{12}、R_{21} 分别称为网孔 1、2 之间的**互电阻**，其绝对值等于这两个网孔的公共支路的电阻。当两个网孔电流流过公共支路的参考方向相同时，互电阻取正号，否则为负号。

（3）方程右边如 U_{S11}、U_{S22} 分别称为网孔 1、2 中所有电压源电压升的代数和，当电压源电压参考方向与网孔电流方向一致时前面取负号，否则取正号。

为了便于记忆，网孔电流方程的一般形式（2.13）可概括为

$$本网孔电流\times自电阻+\Sigma（相邻网孔电流\times互电阻）=本网孔中所有电压源电压升的代数和 \quad (2.14)$$

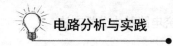

式（2.14）称为网孔电流方程的列写规则。我们就可以根据网孔电流方程的列写规则，直接由电路列出网孔电流方程。在图 2.13 所示电路中，网孔Ⅰ、Ⅱ的网孔方程分别为

$$\left.\begin{aligned}(R_1+R_3)I_{m1}-R_3I_{m2}=U_{S1}\\ -R_3I_{m1}+(R_2+R_3)I_{m2}=-U_{S2}\end{aligned}\right\} \quad (2.15)$$

二、网孔电流法的一般步骤

网孔电流法是以网孔电流为首先求解的变量，列写网孔电流方程并求解，再由解得的网孔电流来求出欲求的支路电流或电压的方法。**网孔电流法求解电路的一般步骤如下：**

（1）选取网孔电流的参考方向，并标明在电路图上。m 个网孔就有 m 个网孔电流。

（2）列写网孔电流方程。

（3）联立求解方程组，求得网孔电流。

（4）根据网孔电流与支路电流之间的关系，求得各支路电流或电压。

例 2.4 电路如图 2.14 所示，用网孔电流法求解各支路电流和电压 U。

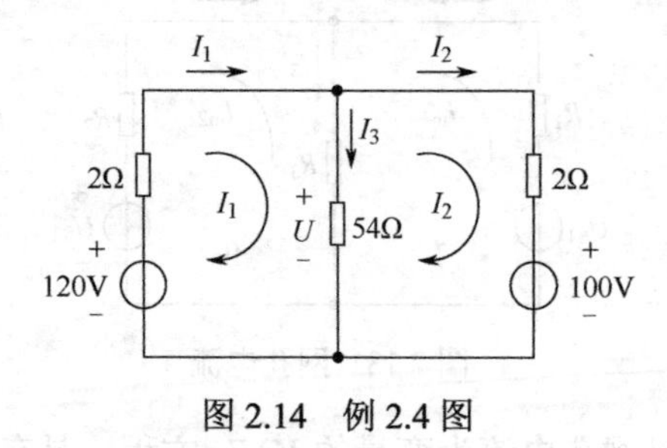

图 2.14 例 2.4 图

解：因为 I_1 和 I_2 所在支路是网孔的边界支路，它们就是所在网孔的网孔电流，所以，选网孔电流的符号及其参考方向与支路电流 I_1 和 I_2 一致，如图 2.14 所示。列网孔电流方程为

$$\left.\begin{aligned}(2+54)I_1-54I_2=120\\ -54I_1+(54+2)I_2=-100\end{aligned}\right\}$$

即

$$\left.\begin{aligned}56I_1-54I_2=120\\ -54I_1+56I_2=-100\end{aligned}\right\}$$

解得 I_1=6A，I_2=4A

因此

$$I_3=I_1-I_2=（6-4）A=2A$$

$$U=54I_3=54\times2V=108V$$

三、含电流源电路的网孔电流法

当电路中含有电流源时网孔电流方程的列写方法是：当电流源处于边界网孔的边界支

路时，此网孔电流便是已知的了，因此，该网孔电流方程可以不必列出；当电路中存在电流源与电阻相并联的支路时，可以首先把这个支路等效变换成电压源和电阻相串联的支路，再按网孔电流方程的一般形式列出网孔电流方程。

例 2.5　电路如图 2.15 所示，用网孔电流法求电流 I。

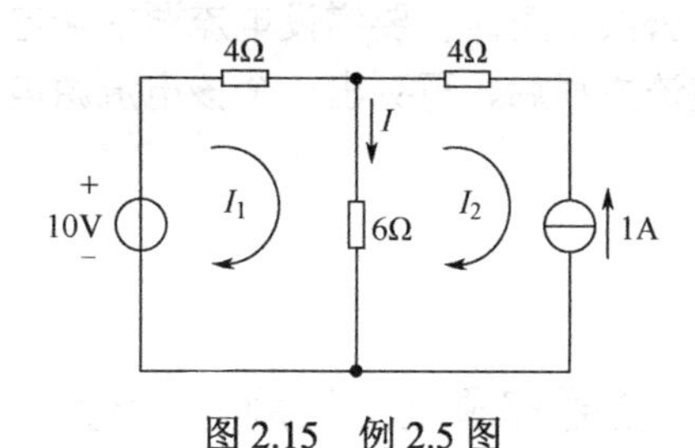

图 2.15　例 2.5 图

解：选网孔电流及其参考方向如图 2.15 所示。因本例中 1A 的电流源处于边界网孔的边界支路，所以该网孔电流就是已知，即 I_2=−1A。只需列出左边网孔电流方程为

$$(4+6)I_1-6I_2=10$$

将 I_2=−1A 代入即得

$$I_1=\frac{10+6I_2}{10}=\frac{10+6\times(-1)}{10}\text{A}=0.4\text{A}$$

$$I=I_1-I_2=[0.4-(-1)]\text{A}=1.4\text{A}$$

例 2.6　电路如图 2.16（a）所示，用网孔电流法求电流 I。

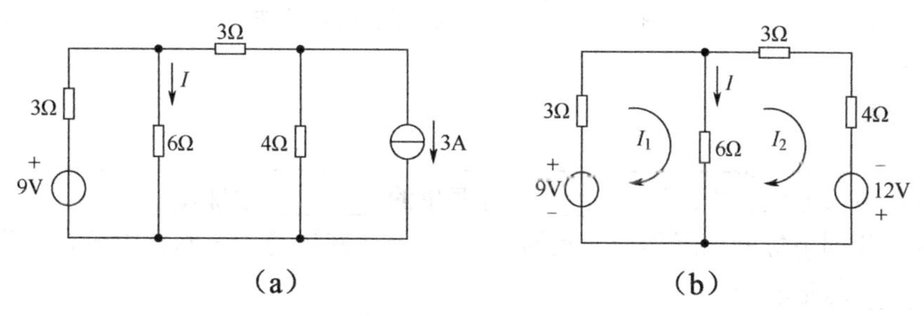

图 2.16　例 2.6 图

解：在图 2.16（a）所示电路中，4Ω 电阻与 3A 电流源相并联，在列写网孔电流方程前，先把这个电流源和电阻并联的支路等效变换为 4Ω 电阻与 12V 电压源串联的支路，如图 2.16（b）所示。若选定网孔电流及其参考方向如图 2.16（b）所示，则网孔电流方程为

$$\left.\begin{aligned}(3+6)I_1-6I_2&=9\\-6I_1+(3+4+6)I_2&=12\end{aligned}\right\}$$

解得

$$I_1=\frac{7}{3}\text{A}，\ I_2=2\text{A}$$

所以

$$I = I_1 - I_2 = (\frac{7}{3} - 2)\text{A} = \frac{1}{3}\text{A}$$

当电流源处于两网孔的公共支路时，要增设电流源的端电压为未知变量，按网孔电流方程的一般形式列出网孔电流方程后，再列出一个该电流源电流变量与相邻网孔电流关系的辅助方程。

想一想

含受控源电路的网孔电流法

在列写含受控源电路的网孔电流方程时，可将受控源作为独立源处理，还要增设受控源的控制量与网孔电流关系的辅助方程。如图 2.17 所示，图中含有电压控制电流源，其控制量为电压 U。把受控电流源当成独立电流源看待，左边网孔的网孔电流 $I_2=-U/6$，右边网孔的网孔电流方程为 $5I_1- 3I_2=8$，受控源的控制量用网孔电流表示为 $U_2=3（I_1-I_2）$。

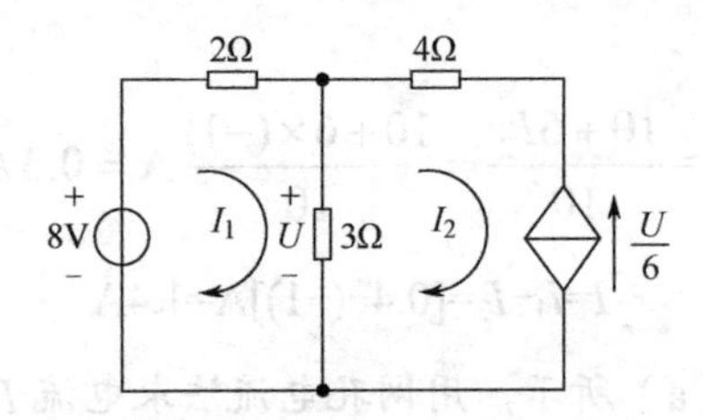

图 2.17　含受控源电路的网孔电流法

练一练

1. 网孔电流方程实质是以_________为变量的_________方程。

2. 具有相同下标的电阻称为网孔的_________，其值等于各网孔中所有支路的电阻之和，_________总是取正值。

3. 具有不同下标的电阻称为网孔之间的_________，其绝对值等于这两个网孔的公共支路的电阻。当两个网孔电流流过公共支路的参考方向相同时，_________取正值。

4. 本网孔电流×_________＋Σ（相邻网孔电流×_________）＝本网孔中所有_________的代数和。

5. 试用网孔电流法求图 2.18 所示电路的各支路电流。

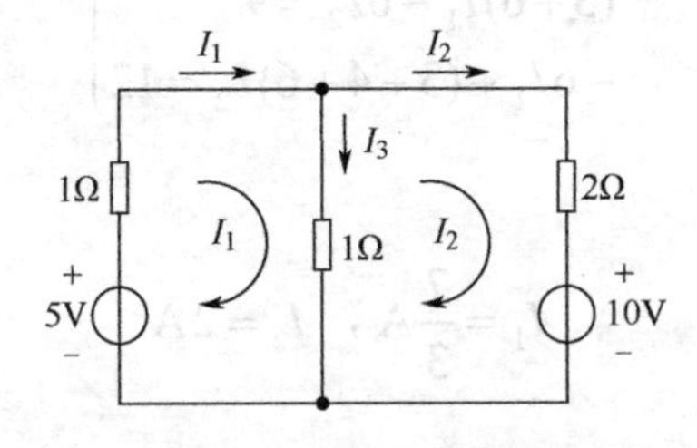

图 2.18　网孔电流法

任务八　分析求解电路的节点电位法

学一学

一、节点电位方程的一般形式

对于具有n个节点的电路，如果任选一个节点作为参考节点（零电位），则其余（n−1）个独立节点与参考节点之间的电压称为**节点电位**。在如图2.19所示电路中，共有四个节点。将四个节点中任意一个节点（如节点4）选为参考节点，其余三个独立节点1、2、3与参考节点之间的电压就称为节点电位，分别用V_1、V_2、V_3表示。一旦选定节点电位后，各支路电压均可用节点电位表示。连接在独立节点与参考节点之间的支路电压等于相应的节点电位，如图2.19中，$U_{14}=V_1$，$U_{24}=V_2$，$U_{34}=V_3$；连接在两独立节点之间的支路电压等于两节点电位之差，如图2.19中，$U_{12}=V_1-V_2$，$U_{23}=V_2-V_3$，$U_{13}=V_1-V_3$。

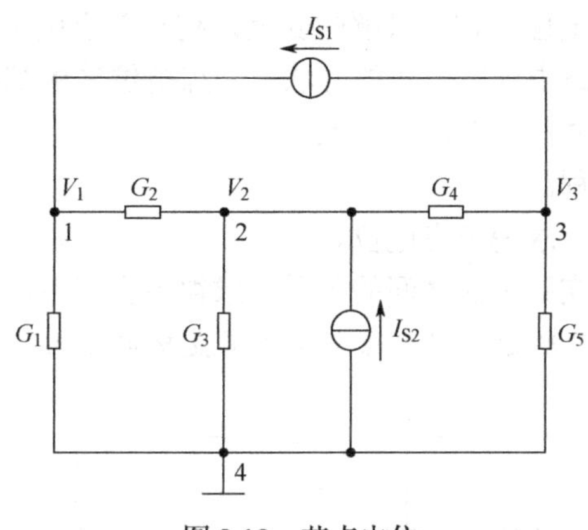

图 2.19　节点电位

节点电位方程实质是以节点电位为变量的 KCL 方程。具有 n 个独立节点的节点电位方程的一般形式可写为

$$\left.\begin{aligned}&G_{11}V_1+G_{12}V_2+\cdots+G_{1(n-1)}V_{n-1}=I_{S11}\\&G_{21}V_1+G_{22}V_2+\cdots+G_{2(n-1)}V_{n-1}=I_{S22}\\&\vdots\\&G_{(n-1)1}V_1+G_{(n-1)2}V_2+\cdots+G_{(n-1)(n-1)}V_{n-1}=I_{S(n-1)(n-1)}\end{aligned}\right\}\qquad(2.16)$$

式中，V_1、V_2、…、$V_{(n-1)}$分别为节点 1、节点 2、…、节点（n−1）的节点电位，其他各项含义说明：

（1）具有相同下标的电导如 G_{11}、G_{22} 分别称为节点 1、节点 2 的**自电导**，其数值等于各独立节点所连接的各支路的电导之和，自电导总取正值。

（2）具有不同下标的电导如 G_{12}、G_{21} 分别称为节点 1、2 之间的**互电导**，其数值等于两节点之间的各支路的电导之和，互导总取负值。

（3）方程右边如I_{S11}、I_{S22}分别表示流入节点1、节点2的电流源电流的代数和，电流源电流流入节点取正号，否则取负号。

为了便于记忆，节点电位方程的一般形式（2.6）可概括为：

本节点电压×自电导+Σ(相邻节点电压×互电导)
=流入本节点的所有电流源电流的代数和 （2.17）

式（2.17）称为节点电位方程的列写规则。今后我们就可以根据节点电位方程的列写规则，直接由电路列出节点电位方程。在图 2.19 所示电路中，节点 1、2、3 的节点电位方程分别为

$$\left.\begin{aligned}(G_1+G_2)V_1-G_2V_2&=I_{S1}\\-G_2V_1+(G_2+G_3+G_4)V_2-G_4V_3&=I_{S2}\\-G_4V_2+(G_4+G_5)V_3&=-I_{S1}\end{aligned}\right\}$$

二、节点电位法的一般步骤

节点电位法是以节点电位为首先求解的变量，列写节点电位方程并求解，再由解得的节点电位来求出欲求的支路电流或电压的方法。**节点电位法求解电路的一般步骤如下：**

（1）选取参考节点，并标注在电路图上。

（2）列写节点电位方程。

（3）联立求解方程组，求得节点电位。

（4）根据节点电位与支路电流之间的关系，求得各支路电流或电压。

例 2.7 电路如图 2.20 所示，用节点电位法求支路电流 I。

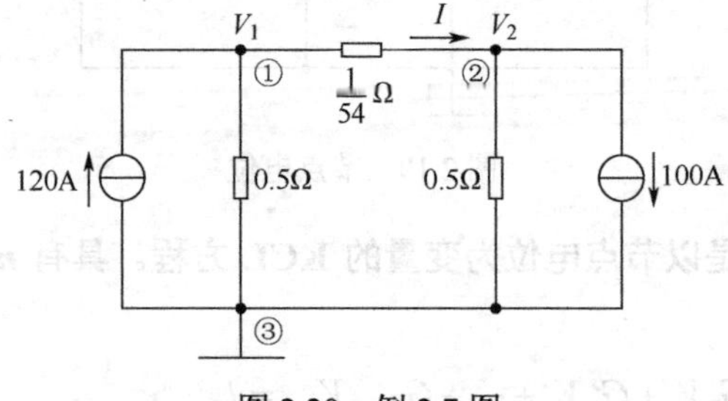

图 2.20 例 2.7 图

解：标注的参考节点和节点电位如图 2.20 所示，列写节点①、②的节点电位方程为

$$\left.\begin{aligned}(\frac{1}{0.5}+\frac{1}{1/54})V_1-\frac{1}{1/54}V_2&=120\\-\frac{1}{1/54}V_1+(\frac{1}{0.5}+\frac{1}{1/54})V_2&=-100\end{aligned}\right\}$$

即是

$$\left.\begin{aligned}(2+54)V_1-54V_2&=120\\-54V_1+(2+54)V_2&=-100\end{aligned}\right\}$$

联立方程组解得节点电压为

$$V_1=6\text{V},\ V_2=4\text{V}$$

因此，所求支路电流I为

$$I=54U_{12}=54\times(V_1-V_2)=54\times(6-4)\text{A}=108\text{A}$$

三、含电压源电路的节点电位法

当电路中含有电压源时节点电位方程的列写方法是：当电压源的一端与参考节点相连，另一端与某一节点相连时，该节点电压已知，因此，该节点电位方程可以不必列出；当电路中的两节点间含有电压源与电阻串联的支路时，可将该支路等效变换为电流源与电阻并联的支路，再按节点电位方程的一般形式列写节点电位方程。

例 2.8　电路如图 2.21 所示，用节点电位法求支路电流I。

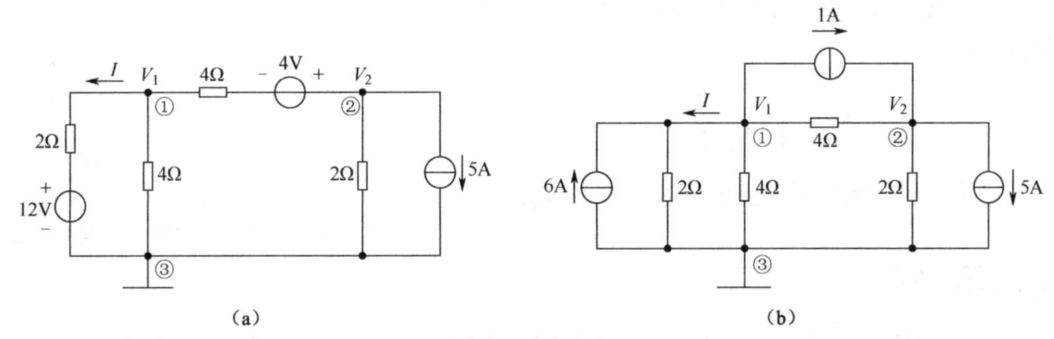

图 2.21　例 2.8 图

解：将图 2.21（a）中的电压源与电阻串联的支路等效变换为电流源与电阻并联的支路，如图 2.21（b）所示，选节点③作为参考节点，节点①、②的节点电位方程为

$$\left.\begin{aligned}(\frac{1}{2}+\frac{1}{4}+\frac{1}{4})V_1-\frac{1}{4}V_2&=6-1\\-\frac{1}{4}V_1+(\frac{1}{4}+\frac{1}{2})V_2&=1-5\end{aligned}\right\}$$

化简得

$$\left.\begin{aligned}V_1-\frac{1}{4}V_2&=5\\-\frac{1}{4}V_1+\frac{3}{4}V_2&=-4\end{aligned}\right\}$$

解方程组得

$$V_1=4\text{V}，V_2=-4\text{V}$$

所以，支路电流为

$$I=\frac{V_1-12}{2}=\frac{4-12}{2}=-4\text{A}$$

特别提示

当电压源两端不与参考节点相连时，要增设电压源的电流为未知变量，按节点电位方

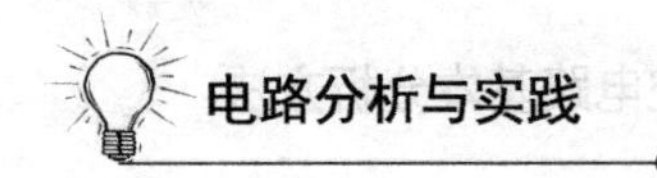

程的一般形式列出节点电位方程后，再列出一个该电压源电压与相邻节点电位关系的辅助方程。

想一想

含受控源电路的节点电位法

在列写含受控源电路的节点电位方程时，可将受控源作为独立源处理，还要增设受控源的控制量与节点电位关系的辅助方程。如图 2.22 所示，图中含有电压控制电流源，其控制量为电压 U_2。把受控电流源当成独立电流源看待。节点 a 的节点电位方程为

$$(\frac{1}{2}+\frac{1}{3})V_a=\frac{8}{2}+\frac{U}{6}$$

受控源的控制量用节点电位表示为 $U=V_a$。

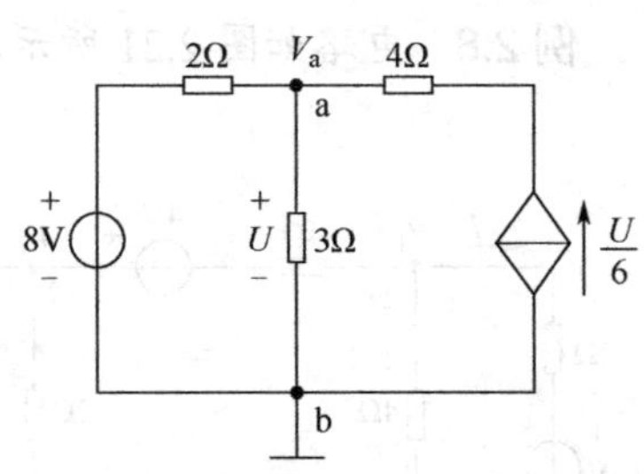

图 2.22　含受控源电路的节点电位法

练一练

1．节点电位方程实质是以_________为变量的_________方程。

2．具有相同下标的电导称为_________，其数值等于各独立节点所连接的各支路的电导之和，_________总取正值。

3．具有不同下标的电导称为_________，其数值等于两节点之间的各支路的电导之和，_________总取负值。

4．本节点电压×在线性电路中，如果有多个独立源共同作用时，任一支路电流或电压等于电路中各个独立电源单独作用时在该支路产生的电流或电压的代数和（叠加）。+Σ(相邻节点电压×_________)＝流入本节点的所有电流源电流的_________。

5．试用节点电位法求图2.23所示电路中的支路电流I_1、I_2、I_3。

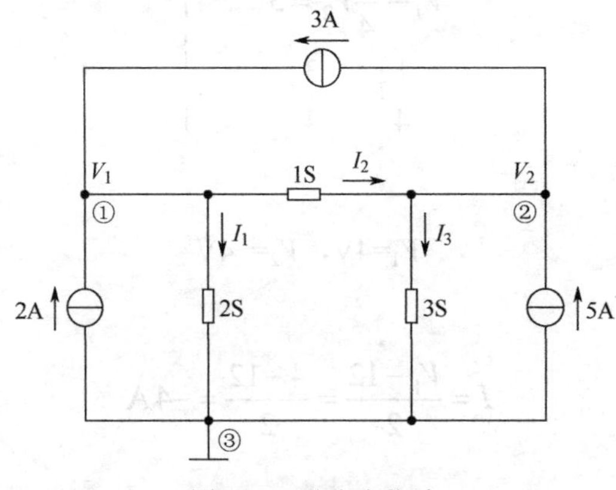

图 2.23　节点电位法

任务九　分析求解电路的叠加定理法

学一学

由线性元件及独立源组成的网络为线性网络。在一个线性网络中，任何一处的响应与引起该响应的激励成正比。叠加定理则是这一线性规律在多激励源作用的线性网络中的反映。

一、叠加定理的内容

叠加定理的内容是：**在线性电路中，如果有多个独立源共同作用时，任一支路电流或电压等于电路中各个独立电源单独作用时在该支路产生的电流或电压的代数和（叠加）。**

所谓某个独立源单独作用是指电路中其他独立源不起作用。所谓独立源不起作用是指独立源应置零（其电流或电压值为零），如果是独立电压源置零，即用短路线代替，如果是独立电流源置零，即用开路代替。

如图 2.24（a）所示的线性电路，在电压源和电流源共同作用时电阻 R_2 支路电流为

$$I=\frac{U_S}{R_1+R_2}+\frac{R_1}{R_1+R_2}I_S=I'+I'' \tag{2.18}$$

式（2.18）中，I' 是电压源单独作用时在电阻 R_2 支路产生的电流，如图 2.24（b）所示；I'' 是电流源单独作用时在电阻 R_2 支路产生的电流，如图 2.24（c）所示；I 是 I' 和 I'' 的代数和，符合叠加定理。

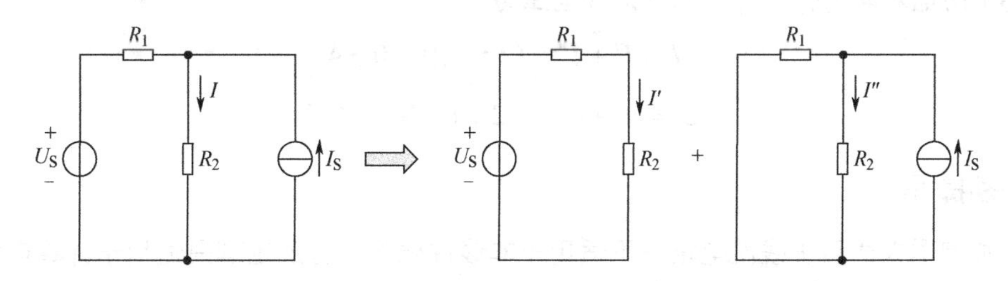

图 2.24　叠加定理的图示

二、叠加定理法的一般步骤

叠加定理法是指利用叠加定理分析求解线性电路的支路电流或电压的方法。**叠加定理法求解电路的一般步骤是：**先求分量，再求总量。所谓分量是指各独立源单独作用时产出的量，所谓总量是指所有独立源共同作用时产生的量。

例 2.9　电路如图 2.25（a）所示，已知 U_S=12V，I_S=13A，R_1=4Ω，R_2=R_4=2Ω，R_3=1Ω。试用叠加定理求 I 和 U。

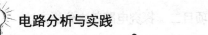

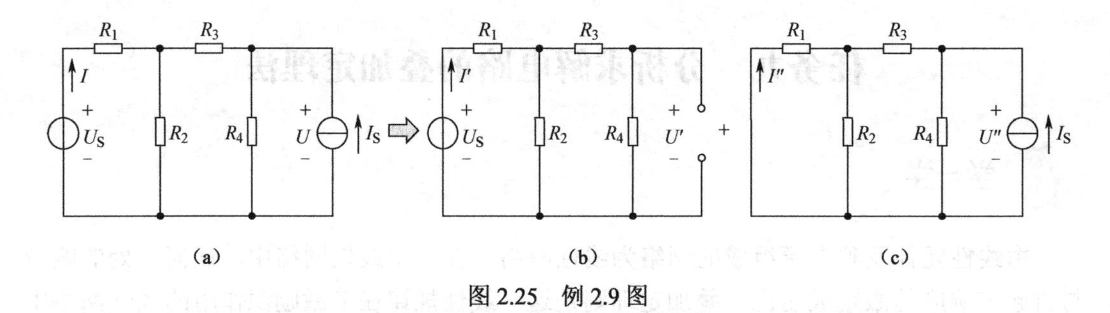

图 2.25　例 2.9 图

解：（1）当电压源 U_S 单独作用时：将电流源 I_S 开路，如图 2.25（b）所示。

$$I'=\frac{U_S}{R_1+\frac{R_2(R_3+R_4)}{R_2+R_3+R_4}}=\frac{12}{4+\frac{2(1+2)}{2+1+2}}\text{A}=2.5\text{A}$$

$$U'=I'\times\frac{R_2}{R_2+R_3+R_4}\times R_4=2.5\times\frac{2\times2}{2+1+2}\text{V}=2\text{V}$$

（2）当电流源 I_S 单独作用时：将电压源 U_S 短路，如图 2.25（c）所示。

$$I''=-\frac{R_4I_S}{\frac{R_1R_2}{R_1+R_2}+R_3+R_4}\times\frac{R_2}{R_1+R_2}=-\frac{2\times13}{\frac{4\times2}{4+2}+1+2}\times\frac{2}{4+2}\text{A}=-2\text{A}$$

$$U''=\frac{R_3R_4I_S}{\frac{R_1R_2}{R_1+R_2}+R_3+R_4}-I''R_1=(\frac{1\times2\times13}{\frac{4\times2}{4+2}+1+2}+2\times4)\text{V}=14\text{V}$$

（3）两电源共同作用时，总电流和电压为

$$I=I'+I''=(2.5-2)=0.5\text{A}$$

$$U=U'+U''=(2+14)\text{V}=16\text{V}$$

特别提示

叠加定理仅适用于线性电路，不适用于非线性电路；叠加定理只适用于计算电路的电流或电压，而不能直接用于计算电路的功率，因为功率是电压或电流的二次函数。

想一想

替代定理

在一个电路中，能否将某一电路元件用其他形式的电路元件来替代，而整个电路其余各部分的工作状态不改变？若能替换，那么所用的替换元件与被替换元件之间应遵循什么规则，这是替代定理要阐述的内容。

替代定理可表述为：在任一电路中，第 k 条支路的电压和电流为已知的 U_k 和 I_k，则不管该支路原来为什么元件，总可以用以下三种元件中任一元件替代，替代前后，电路各处

电流电压不变。

（1）电压值为 U_k 且方向与原支路电压方向一致的理想电压源。

（2）电流值为 I_k 且方向与原支路电流方向一致的理想电流源。

（3）电阻值为 $R=U_k/I_k$ 的电阻元件。

由于替代前后，电路各处的 KCL、KVL 方程保持不变，故替代前后，电路各处的电流、电压不变。替代定理的实质来源于解的唯一性定理。使用替代定理时，并不要求电路一定是线性电路。

练一练

1．在线性电路中，如果有多个独立源共同作用时，任一支路电流或电压等于电路中各个独立电源________时在该支路产生的电流或电压的________。

2．独立电压源置零，即用________线代替，独立电流源置零，即用________代替。

3．叠加定理法求解电路的一般步骤是：先求________，再求________。

4．叠加定理只适用于计算电路的_______，而不能直接用于计算电路_______。

5．试用叠加定理求图 2.26 所示电路中的电流 I。

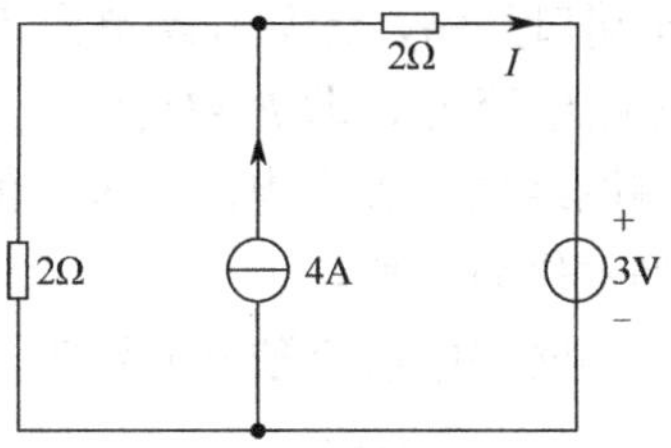

图 2.26

任务十 分析求解电路的戴维南定理法

学一学

一、戴维南定理的内容

戴维南定理是由法国电报工程师 Léon Charles Thévenin（1857—1926）于 1883 年提出的。

戴维南定理可表述为：任一线性含源二端网络，对外电路而言，总可以用一个电压源与电阻相串联的电路模型来等效代替。其电压源的电压等于该有源二端网络的开路电压 U_{oc}，串联电阻 R_0 等于该有源二端网络中所有独立源置零（即电压源短路，电流源开路）时的等效电阻。

戴维南定理示意图如图 2.27 所示。图中，电压源与电阻相串联的电路模型称为二端网络的戴维南等效电路，U_{oc} 为有源二端网络的开路电压，R_0 为戴维南等效电阻。

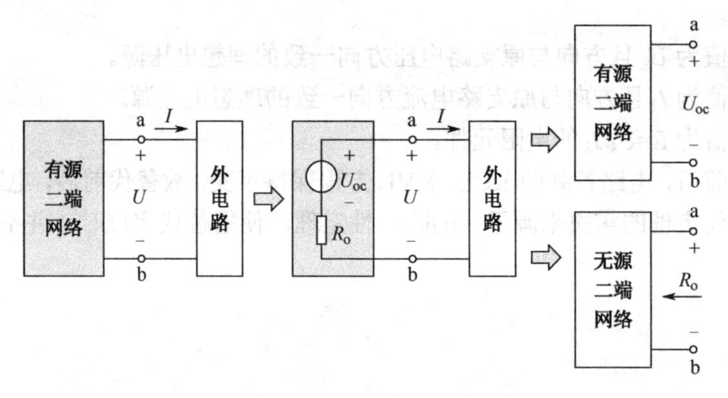

图 2.27　戴维南定理示意图

求有源二端网络戴维南等效电路的关键是求解开路电压 U_{oc} 和等效电阻 R_o 这两个参数。

U_{oc} 的求取方法一般有两种：一是将外电路去掉，端口 ab 处开路，计算二端网络的开路电压；二是将端口 ab 处开路，实验测量开路处的电压。

R_o 的求取方法有三种：

一是开路/短路法。先将 ab 端口开路，计算开路电压 U_{oc}，再将 ab 端口短接，求得短路电流 I_{sc}。开路电压 U_{oc} 除以短路电流 I_{sc}，即 $R_o=U_{oc}/I_{sc}$。

二是电阻等效法。有源二端网络内部独立电源置零后的无源二端网络只是由串、并、混联电阻组成，可以通过电阻等效化简求解。

三是外加电源法。将有源二端网络中所有独立源置零（受控源保留），在 ab 端口处，外加一个电压 U，计算端口电流 I，即 $R_o=U/I$。

二、戴维南定理法的一般步骤

戴维南定理法是指利用戴维南定理分析求解电路的支路电流或电压的方法。**戴维南定理法求解电路的一般步骤是：**

将电路中待求支路移开，以剩下的二端网络作为研究对象。注意含受控源电路，控制量支路不能断开。

（1）求开路电压 U_{oc}。

（2）求戴维南等效电阻 R_o。

（3）画出戴维南等效电路，接上待求支路，求解待求量。

例 2.10　试用戴维南定理求图 2.28（a）所示电路中的电流 I。

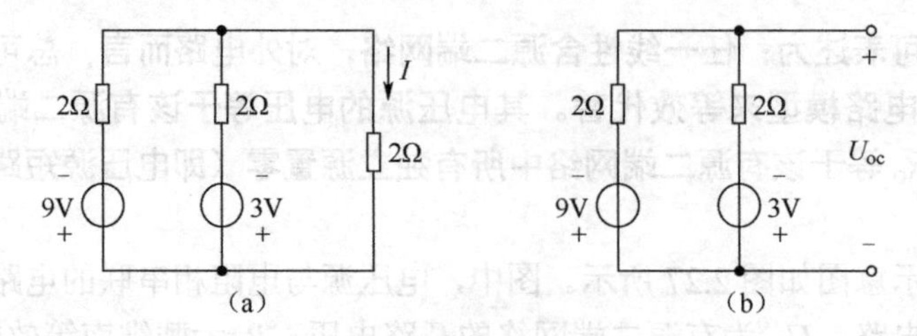

图 2.28　例 2.10 图

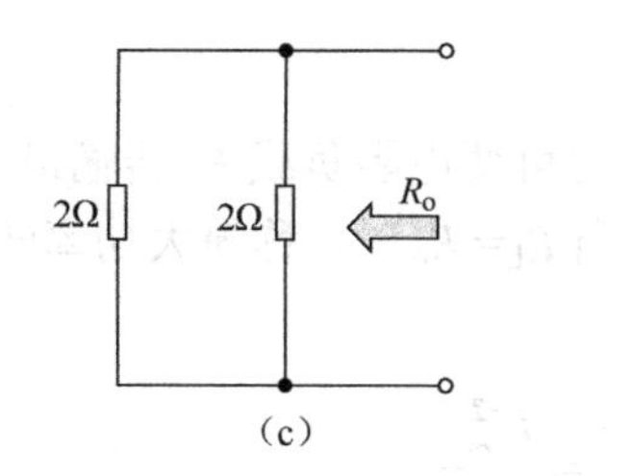

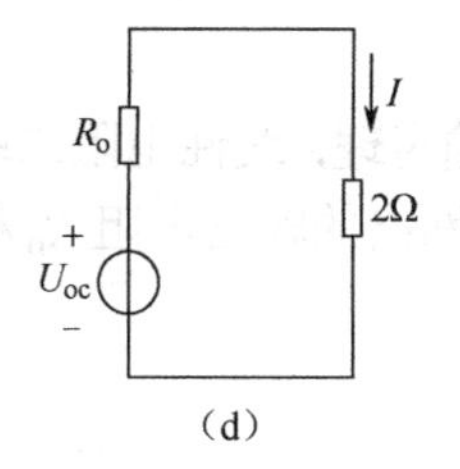

图 2.28　例 2.10 图（续）

解：（1）求 U_{oc}。将待求支路移开，如图 2.28（b）所示。

由节点电位法有

$$(\frac{1}{2}+\frac{1}{2})U_{oc}=-\frac{9}{2}-\frac{3}{2}$$

即

$$U_{oc}=-\frac{\frac{9}{2}+\frac{3}{2}}{\frac{1}{2}+\frac{1}{2}}\text{V}=-6\text{V}$$

（2）求 R_o。将电压源短路代替，如图 2.28（c）所示。

$$R_o=2//2=1\Omega$$

（3）求支路电流。画出戴维南等效电路，接上待求支路，如图 2.28（d）所示。

$$I=\frac{U_{oc}}{2+R_o}=\frac{-6}{2+1}\text{A}=-2\text{A}$$

特别提示

一个线性有源二端网络，除了用电压源和电阻串联的模型等效外，还可以用一个电流源和电阻并联的模型代替，这个结论称为诺顿定理。

应用戴维南定理分析受控源电路时，受控源应看作一个电路元件保留在所在支路中，不能像独立源那样处理。

想一想

最大功率传输定理

在测量、电子和信息工程的电子设备设计中，常常遇到电阻负载如何从电路获得最大功率的问题。这类电路可以抽象为图 2.29（a）所示的电路模型来分析网络。

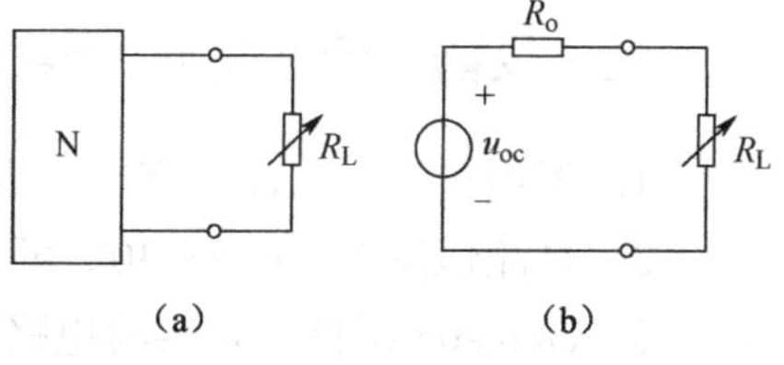

图 2.29　例 3.10 图

N 表示供给电阻负载能量的含源线性电阻二端网络，它可用戴维宁等效电路来代替，如图 2.29（b）所示。电阻 R_L 表示获得能量的负载。理论及实践分析得：当 $R_L=R_o$ 时，负载电阻 R_L 从二端网络获得最大功率。

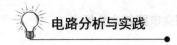

最大功率传输定理：线性电阻二端网络向可变电阻负载R_L传输最大功率的条件是：负载电阻R_L与单口网络的输出电阻R_o相等。当$R_L=R_o$时，称最大功率匹配。负载R_L获得的最大功率为

$$P_{\text{Lmax}}=\frac{U_{\text{oc}}^2}{4R_{\text{o}}}$$

还需要说明的是：满足最大功率匹配条件（$R_L=R_o$）时，R_o吸收功率与R_L吸收功率相等，对电压源U_{oc}而言，功率传输效率为η=50%。对单口网络N中的独立源而言，效率可能更低。电力系统要求尽可能提高效率，以便更充分地利用能源，不能采用功率匹配条件。但是在测量、电子与信息工程中，常常着眼于从微弱信号中获得最大功率，而不看重效率的高低。

练一练

1．任一线性含源二端网络，对外电路而言，总可以用一个________与________相串联的电路模型来等效代替。

2．戴维南等效电路的两个参数是________和________。

3．戴维南等效电阻R_o的求取方法有________、________和________三种。

4．电路如图2.30所示，试用戴维南定理求电流I。

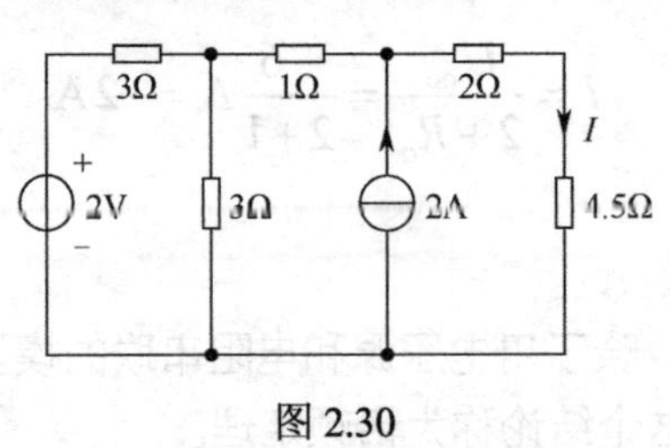

图2.30

技能训练二　叠加定理的实验探究

一、训练目标

1．加深对线性电路的叠加定理的认识和理解。

2．实验验证线性电路叠加定理的正确性。

二、仪器、设备与元器件

1．万用电表，直流数字电压表，直流数字毫安表。

2．直流恒压源（0～+30V可调）。

3．DGL-03组件（含实验电路）。

三、训练内容

实验线路如图 2.31 所示，图中的电源 U_{S1} 用恒压源中的＋6V 输出端，U_{S2} 用 0～＋30V 可调电压输出，并将输出电压调到＋12V（以直流数字电压表读数为准）。实验前先设定三条支路电流的电流参考方向，如图中的 I_1、I_2、I_3 所示。

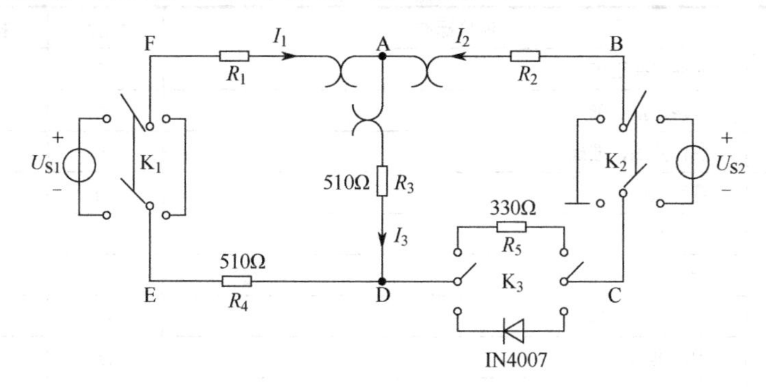

图 2.31　叠加定理实验电路

1．用稳压源分别输出电压：U_{S1}=6V，U_{S2}=12V。

2．令 U_{S1} 电源单独作用（将开关 K_1 投向 U_{S1} 侧，开关 K_2 投向短路侧）。用直流数字电压表和毫安表（节点流插头）测量各支路电流及各电阻元件两端的电压，将测量数据填入表 2.1 中。

3．令 U_{S2} 电源单独作用（将开关 K_1 投向短路侧，开关 K_2 投向 U_{S2} 侧），重复试验步骤 2 的测量和记录，将测量数据填入表 2.1 中。

4．令 U_{S1} 和 U_{S2} 共同作用（开关 K_1 和 K_2 分别投向 U_{S1} 和 U_{S2} 侧），重复上述的测量和记录，将测量数据填入表 2.1 中。

表 2.1　测量数据

测量项目	U_1	U_2	I_1	I_2	I_3	U_{AB}	U_{CD}	U_{AD}	U_{DE}	U_{EA}
U_{S1} 单独作用										
U_{S2} 单独作用										
U_{S1}、U_{S2} 共同作用										

5．将 R_5（330Ω）换成二极管 1N4007（即将开关 K_3 投向二极管 IN4007 侧），重复 1~3 的测量过程，将测量数据填入表 2.2 中。

表 2.2　测量数据

测量项目	U_1	U_2	I_1	I_2	I_3	U_{AB}	U_{CD}	U_{AD}	U_{DE}	U_{EA}
U_{S1} 单独作用										
U_{S2} 单独作用										
U_{S1}、U_{S2} 共同作用										

四、考核评价

学生技能训练的考核评价如表 2.3 所示。

表 2.3　技能训练二考核评价表

考核项目	评分标准	配分	扣分	得分
电路连接	元件选择正确	10		
	电路连接正确	10		
调压电源的使用	操作熟练、准确	10		
电流测量	量程选取适当	10		
	识读准确	15		
	操作规范	5		
电压测量	量程选取适当	10		
	识读准确	15		
	操作规范	5		
安全文明操作	有不文明操作行为，或违规、违纪出现安全事故，工作台上脏乱，酌情扣 3～10 分	10		
合计		100		

技能训练三　戴维南定理的实验探究

一、训练目标

1．验证戴维南定理和诺顿定理的正确性，加深对该定理的理解。

2．掌握测量有源二端网络等效参数的一般方法。

二、仪器、设备与元器件

1．万用电表，直流数字电压表，直流数字毫安表。

2．直流恒压源（0～＋30V 可调），直流恒流源（0～500mV 可调）。

3．可调电阻箱（0～99999.9Ω），电位器（1kΩ、2kΩ）。

4．DGL-03 组件（含实验电路）。

三、训练内容

本实验线路如图 2.32（a）所示，戴维南等效电路如图 2.32（b）所示。图中，稳压电源 U_S=12V 和恒流源 I_S=10mA。

1．按图 2.32（a）中所示，接入稳压电源 U_S=12V 和恒流源 I_S=10mA。

2．用开路电压、短路电流法测定戴维南等效电路参数。不接入负载 R_L。分别测出开路电压 U_{oc} 和短路电流 I_{sc}，将测量数据填入表 2.4 中，计算出 R_o。（测 U_{oc} 时，不接入毫安表。）

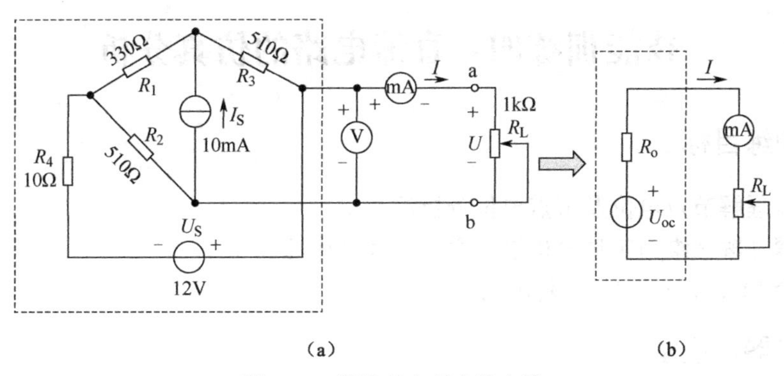

图 2.32　戴维南定理实验电路

表 2.4　测定戴维南等效电路参数

测量值	U_{oc}(V)	I_{sc}(mA)
计算 R_o	$R_o=U_{oc}/I_{sc}$	

3．按图 2.32（a）所示接入负载 R_L。改变 R_L 阻值，测量有源二端网络的外特性曲线，将测量数据填入表 2.5 中

表 2.5　测量有源二端网络外特性

U(V)									
I(mA)									

4．验证戴维南定理。从电阻箱上取得按步骤“2”所得等效电阻 R_o 的值，然后令其与直流稳压电源（调到步骤“2”时所测得的开路电压 U_{oc} 的值）相串联，如图 2.32（b）所示，对戴维南定理进行验证。

四、考核评价

学生技能训练的考核评价如表 2.6 所示。

表 2.6　技能训练三考核评价表

考核项目	评分标准	配分	扣分	得分
戴维南定理	电路连接准确可靠	15		
	量程选择正确	10		
	读数准确	10		
	结论正确	15		
有源二端网络的外特性	电路连接准确可靠	10		
	量程选择正确	10		
	读数准确	10		
	结论正确	10		
安全文明操作	有不文明操作行为，或违规、违纪出现安全事故，工作台上脏乱，酌情扣 3～10 分	10		
合计		100		

技能训练四　直流电路的仿真分析

一、训练目标

1．加深理解节点电位及节点电位分析法。
2．加深理解戴维南定理分析法和叠加定理分析法。
3．学会 Multisim 软件的使用方法。

二、仪器、设备

Multisim 虚拟仿真实训平台

三、训练内容

1．节点电位分析法

（1）利用 Multisim 11 软件创建出如图 2.33 所示的仿真电路，并设置好元件参数。

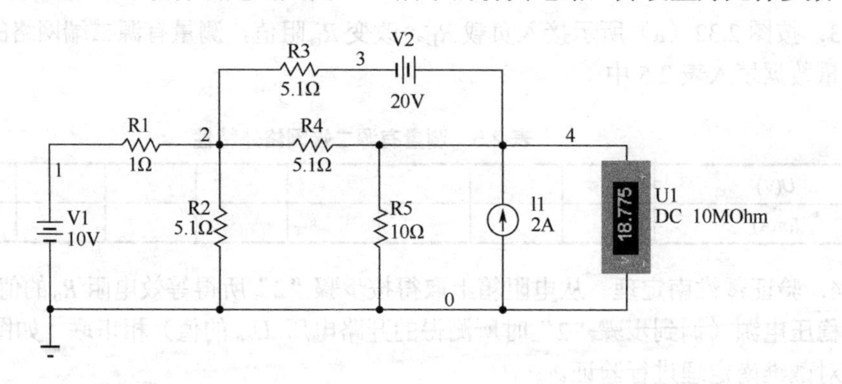

图 2.33　节点电位法

（2）运行仿真开关，读出电压表测量的节点 4 的电压。

（3）单击 Simulate/Analyses/DC Operating Point Analyses，把节点 1、2、3、4 全部列为输出节点，点击 Simulate，可以得到图中所有节点的节点电压。

2．戴维南等效电路

（1）利用 Multisim 11 软件创建出如图 2.34 所示的仿真电路。图中，通过按 A 和 B 键使 J1 和 J2 开关切换可让电压源不起作用（即相当于短路），通过按 C 和 D 键使 J3 和 J4 开关切换可接上电压表和万用表（设置测量电阻）。

（2）切换 J3 开关接上直流电压表，运行仿真开关，电压表读数即为开路电压 U_{oc}。

（3）按 A 和 B 键使 J1 和 J2 开关切换让电压源不起作用，切换 J3 开关断开电压表，切换 J4 开关接上万用表，选择电阻按钮，运行仿真开关，测量出端口的输入电阻 R_o。

3．叠加定理分析法

（1）利用 Multisim 11 软件创建出如图 2.35 所示的仿真电路，并设置好元器件参数。图中，电压表测量电阻 R_2 电压。

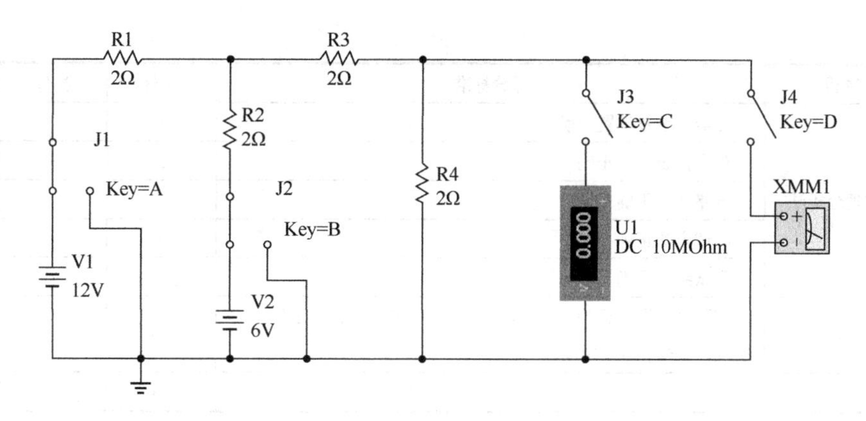

图 2.34　戴维南等效电路

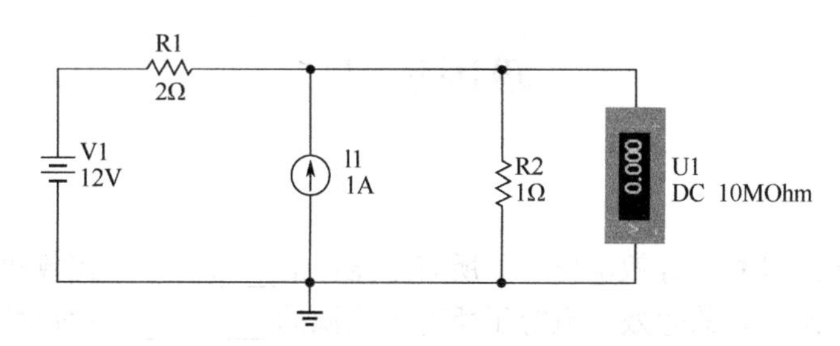

图 2.35　叠加定理分析法

（2）运行仿真开关，记下电压表读数 U。

（3）双击电压源图标，将电压源设置为短路，运行仿真开关，记下电压表读数 U_1。

（4）双击电流源图标，将电流源设置为开路，运行仿真开关，记下电压表读数 U_2。

（5）分析电压 U 与 U_1、U_2 的关系，并得出结论。

四、考核评价

学生技能训练的考核评价如表 2.7 所示。

表 2.7　技能训练四考核评价表

考核项目	评分标准	配分	扣分	得分
节点电位分析法	元器件参数设置正确	5		
	仿真仪表选择正确	2		
	电路连接正确	3		
	测试方法正确	5		
	测试结果正确	5		
戴维南等效电路	元器件参数设置正确	6		
	仿真仪表选择正确	6		
	电路连接正确	8		
	测试方法正确	10		
	测试结果正确	10		

续表

考核项目	评分标准	配分	扣分	得分
叠加定理分析法	元器件参数设置正确	5		
	仿真仪表选择正确	5		
	电路连接正确	6		
	测试方法正确	6		
	测试结果正确	8		
安全文明操作	有不文明操作行为，或违规、违纪出现安全事故，工作台上脏乱，酌情扣3～10分	10		
合计		100		

巩固练习二

一、填空题

1. 几个电压源串联的等效电压等于所有电压源的__________代数和。
2. 几个电流源并联的等效电流等于所有电流源的__________代数和。
3. 某元件与理想电压源并联，其等效关系为__________。
4. 某元件与理想电流源串联，其等效关系为__________。
5. 两个电路的等效是指对外部而言，即保证端口的__________关系相同。
6. 平面图的回路内再无任何支路的闭合回路称为__________。
7. 在网孔电流分析法中，若在非公共支路有已知电流源，可作为_______________。
8. 在节点电位法中，若已知电压源接地，可作为_______________。
9. 叠加定理只适用______________电路的分析。

10. 在应用叠加定理分析时，各个独立电源单独作用时，而其他独立电源为零，即其他电压源______________，而电流源______________。

11. 戴维宁定理说明任何一个线性有源二端网络N，都可以用一个等效电压源即N二端子的__________和__________串联来代替。

二、单项选择题

1. 图2.36（a）所示电路中端电压 U 为________。图2.36（b）中 U 为________。

A．8V　　B．−2V　　C．2V　　D．−4V

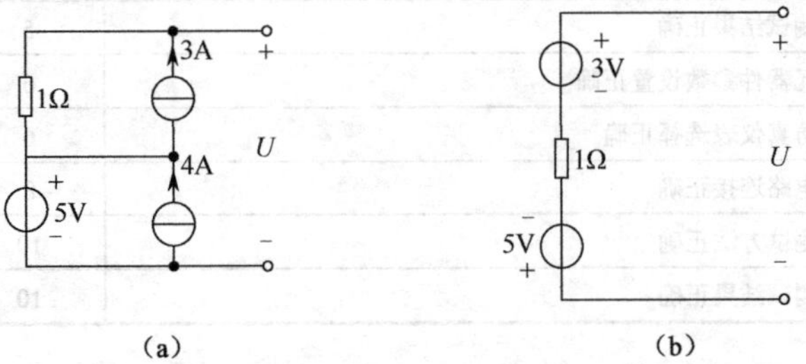

1Ω 3A 4A 5V + − U

3V 1Ω 5V + − U

（a）　　（b）

图2.36

2．图 2.37 所示电路，电阻 R 等于________。

A．5Ω　　B．11Ω　　C．15Ω　　D．20Ω

3．图 2.38 所示电路中节点 a 的节点电压方程为________。

A．$8U_a-2U_b=2$　　B．$1.7U_a-0.5U_b=2$

C．$1.7U_a+0.5U_b=2$　　D．$1.7U_a-0.5U_b=-2$

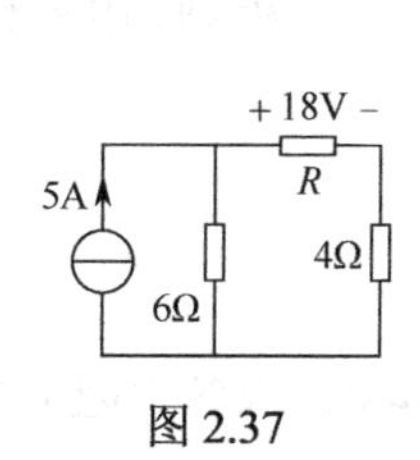

图 2.37

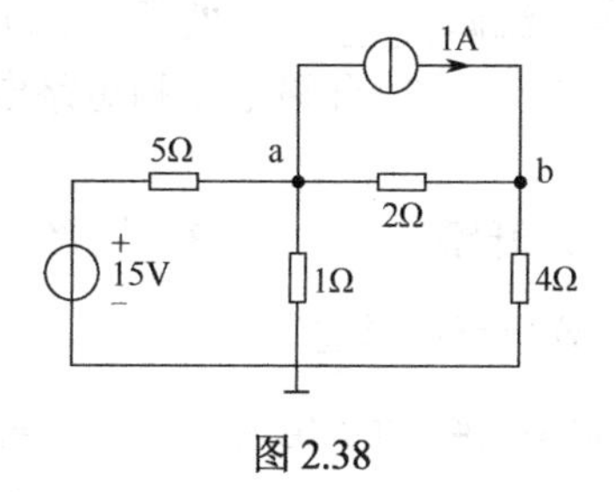

图 2.38

4．图 2.39 所示电路中网孔 1 的网孔电流方程为________。

A．$11I_{m1}-3I_{m2}=5$　　B．$11I_{m1}+3I_{m2}=5$

C．$11I_{m1}+3I_{m2}=-5$　　D．$11I_{m1}-3I_{m2}=-5$

5．应用叠加定理求某支路电压、电流时，当某独立电源作用时，其他独立电源，如电压源应________，电流源应________。

A．开路　　B．短路　　C．保留

6．图 2.40 所示电路中，$I_S=0$ 时，$I=2$A，则当 $I_S=8$ A 时，I 为________。(提示：$I_S=0$ 时，该支路断开，由叠加原理考虑)

A．4 A　　B．6 A　　C．8 A　　D．8.4 A

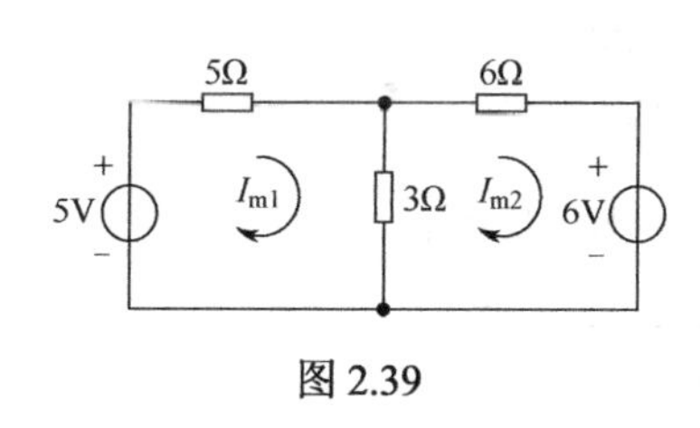

图 2.39

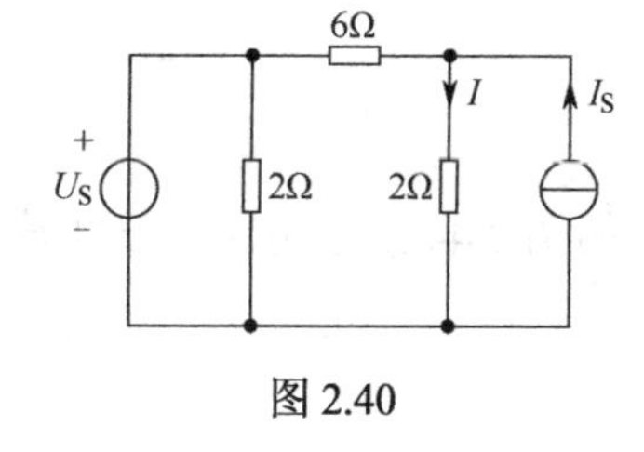

图 2.40

7. 戴维宁定理说明一个线性有源二端网络可等效为________和内阻________连接来表示。

A．短路电流 I_{sc}　　B．开路电压 U_{oc}　　C．串联　　D．并联

8．如图 2.41 所示电路的戴维南等效电路是________。

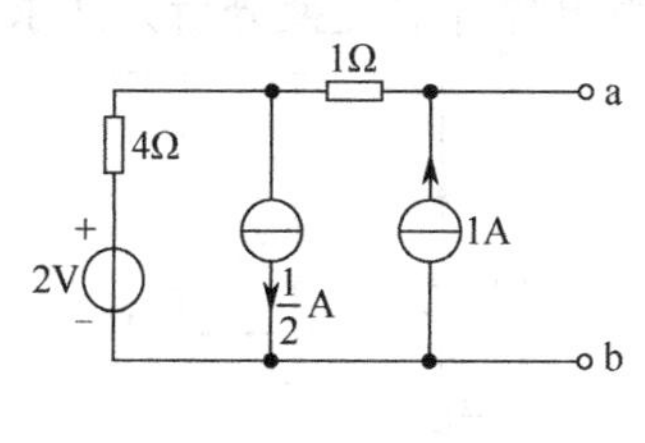

图 2.41

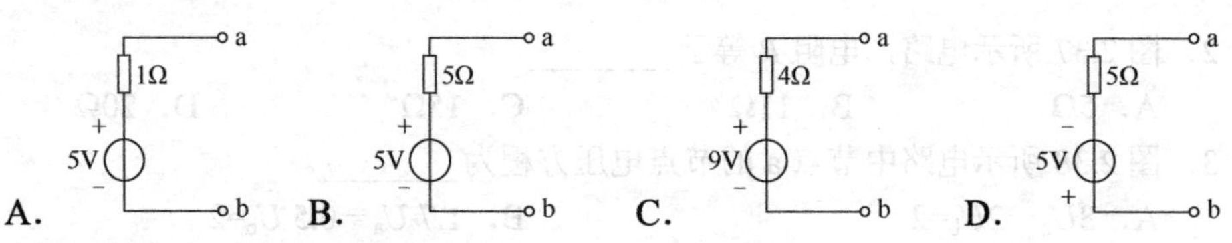

9．求线性有源二端网络内阻时：（1）无源网络的等效电阻法，应将电压源________处理，将电流源________处理；（2）外加电源法，应将电压源________处理，电流源________处理；(3)开路电压和短路电流法，应将电压源________处理，电流源________处理。

A．开路　　　　B．短路　　　　C．保留

三、分析与计算题

1．如图 2.42 所示电路，（1）求等效电阻 R；（2）若 U=14V，求各电阻的电流。

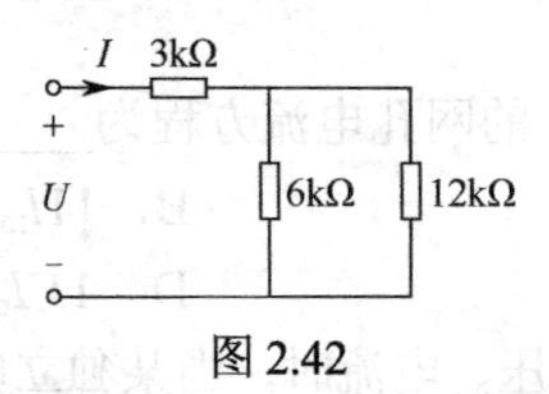

图 2.42

2．如图 2.43 所示电路中，求 U 和 I。

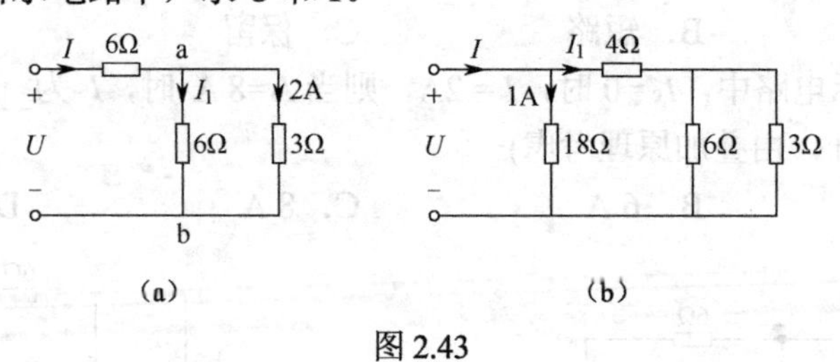

图 2.43

3．如图 2.44 所示电路，已知输入电压 U_S = 32V，求电压 U_o。

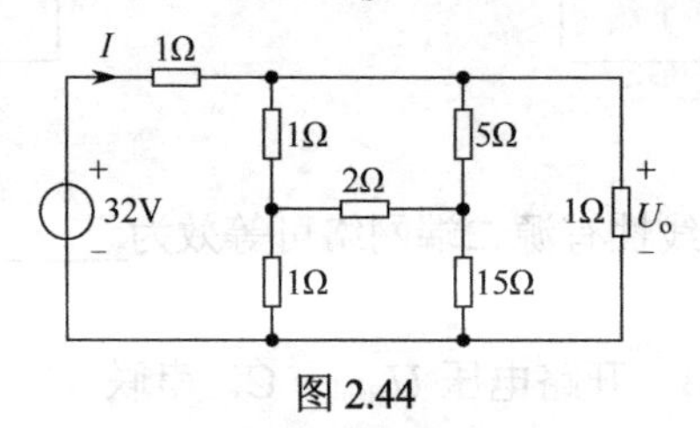

图 2.44

4．如图 2.45 所示电路，用电源等效变换分析方法求 I。

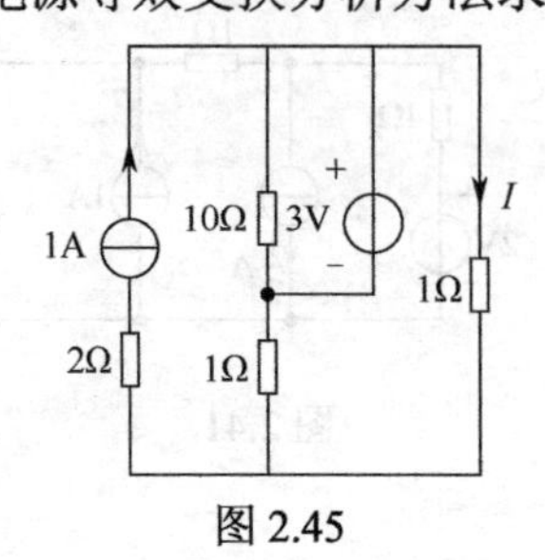

图 2.45

5．如图 2.46 所示电路，用电源等效变换法求 I。

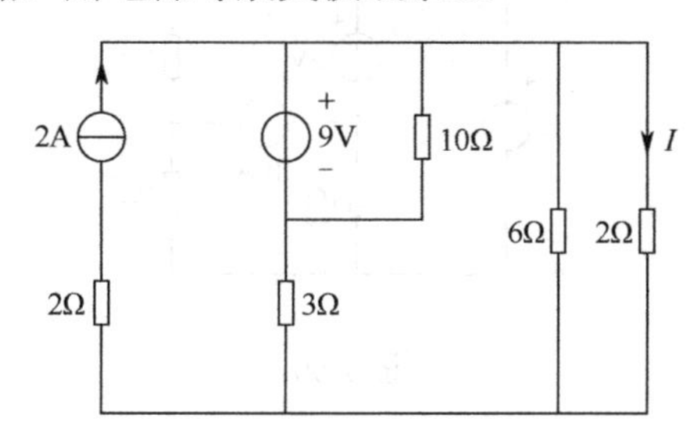

图 2.46

6．如图 2.47 所示电路，试用网孔电流法求电路中的电流 I_x。

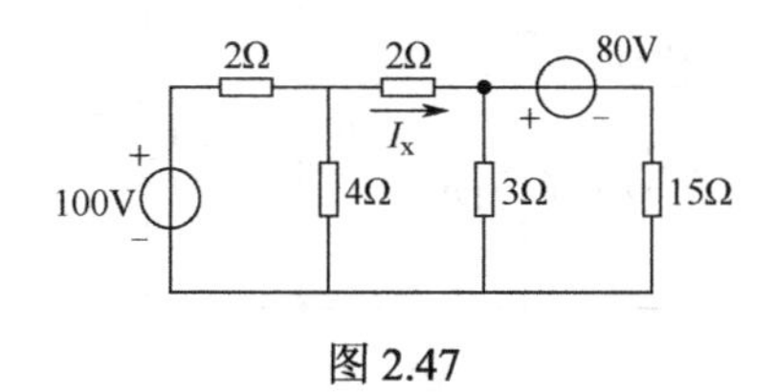

图 2.47

7．如图 2.48 所示电路，已知 $R_1=R_2=10\Omega$，$R_3=4\Omega$，$R_4=R_5=8\Omega$，$R_6=2\Omega$，$I_{S1}=1A$，$U_{S3}=20V$，$U_{S6}=40V$。试用网孔电流法求支路电流 I_2 和 I_3。

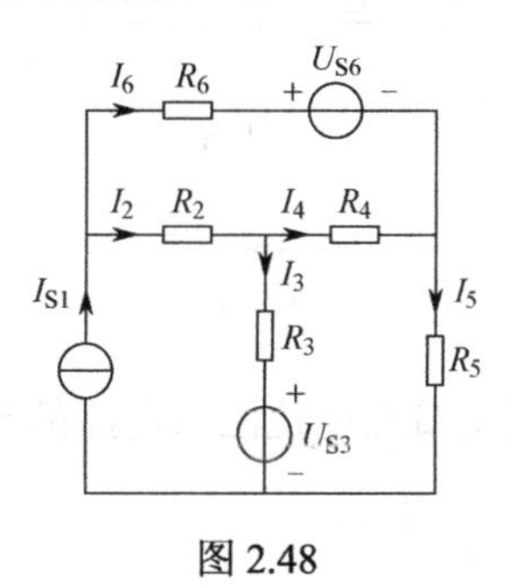

图 2.48

8．如图 2.49 所示电路，已知 $R_1=3\Omega$，$R_3=12\Omega$，$R_4=R_5=6\Omega$，$U_{S1}=10V$，$U_{S2}=U_{S3}=50V$，$I_{S6}=2A$。试用网孔电流法求支路电流 I_3 和 I_4。

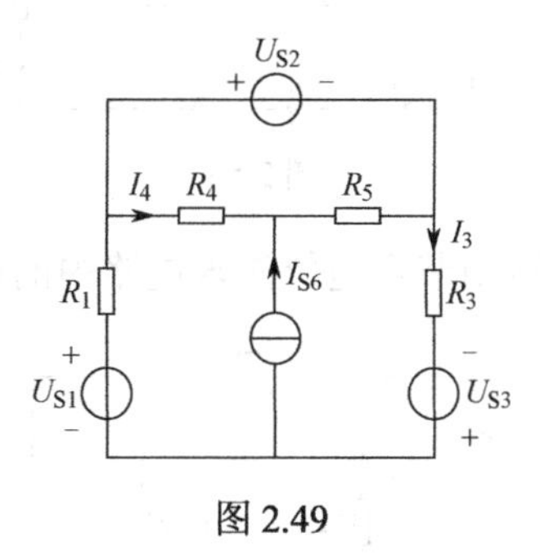

图 2.49

9．如图 2.50 所示电路，已知 $U_{ab}=5V$，试用网孔电流法求 U_S。

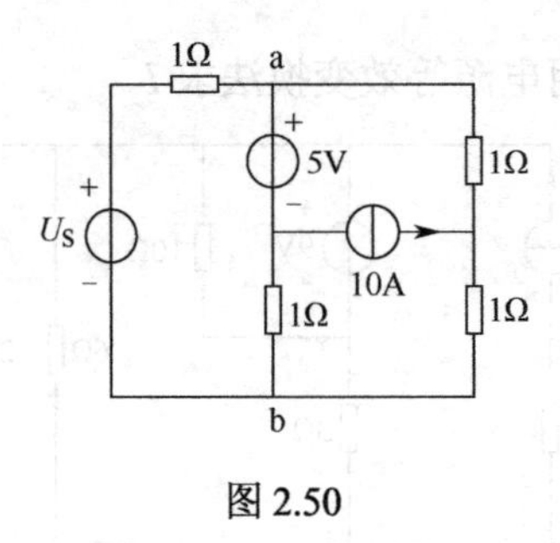

图 2.50

10．如图 2.51 所示电路，试用节点电位法求电压 U。

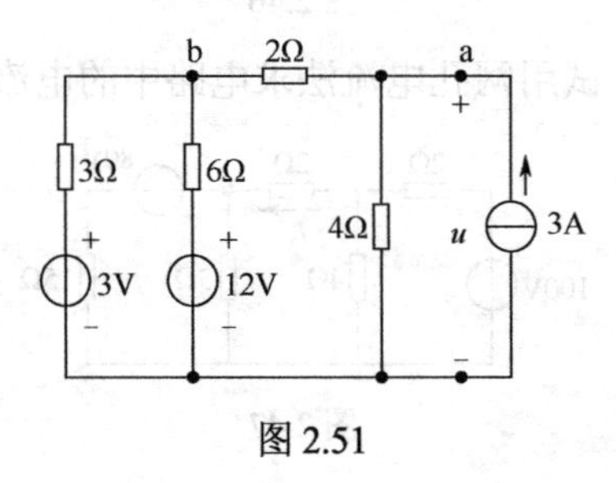

图 2.51

11．如图 2.52 所示电路，试用节点电位法求电压 U 和支路电流 I_1、I_2。

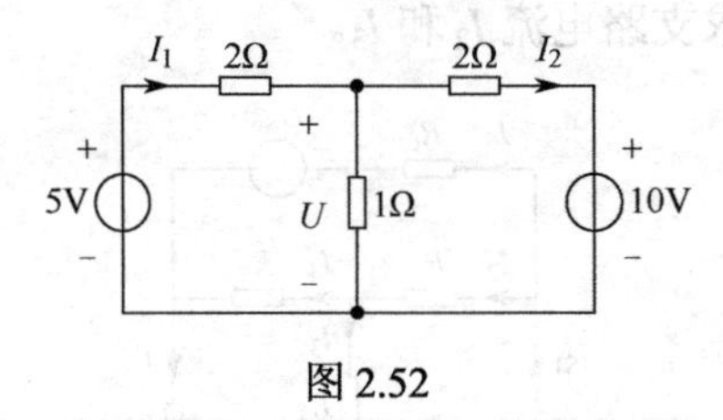

图 2.52

12．如图 2.53 所示电路，试用节点电位法求电路的节点电压。

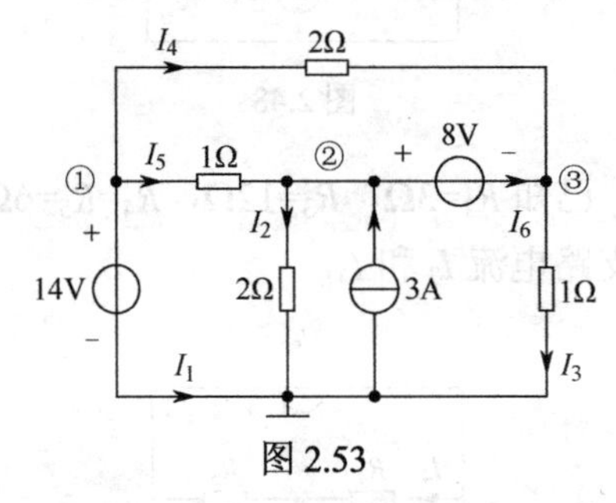

图 2.53

13．如图 2.54 所示电路，试用节点电位法求电路中的电压 U。

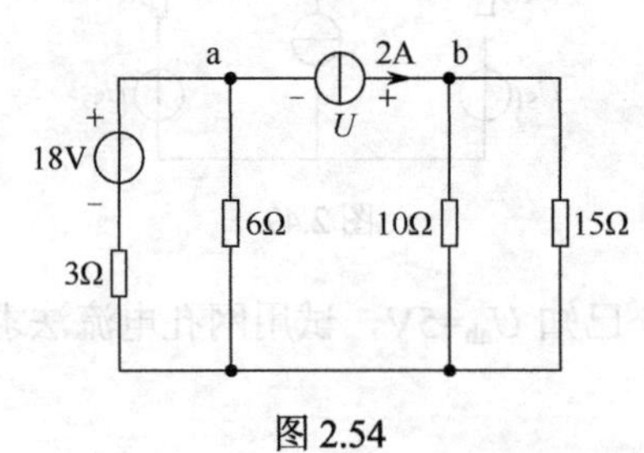

图 2.54

14．如图 2.55 所示电路，试用叠加定理求电路中的电流 I_2。

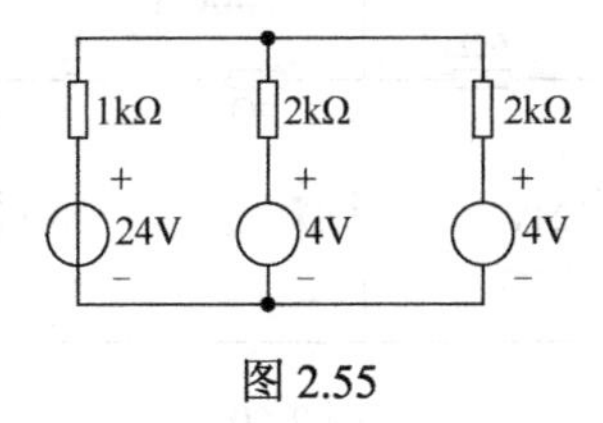

图 2.55

15．如图 2.56 所示电路，试用叠加定理求电路中的电流 I。

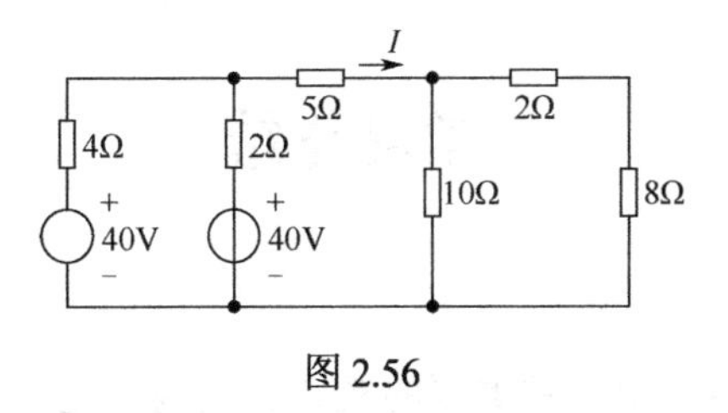

图 2.56

16．如图 2.57 所示电路，（1）试用叠加定理求各支路电流；（2）求电压源发出的功率。

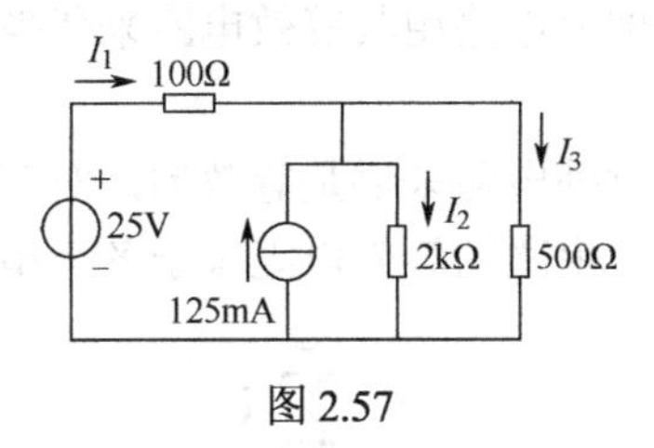

图 2.57

17．如图 2.58 所示电路，试求电路的戴维南等效电路。

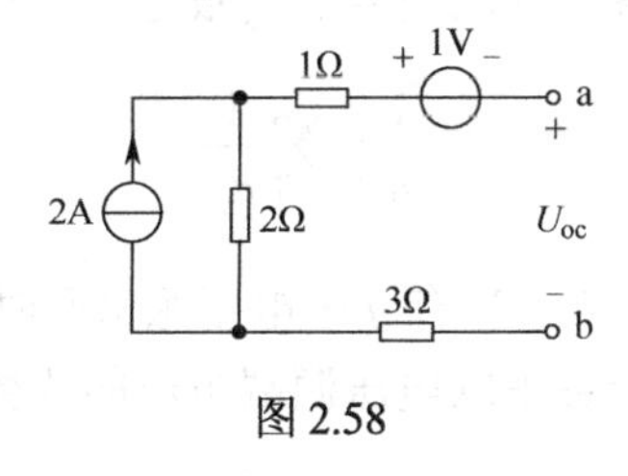

图 2.58

18．如图 2.59 所示电路，试用戴维南定理求电路中的电流 I。

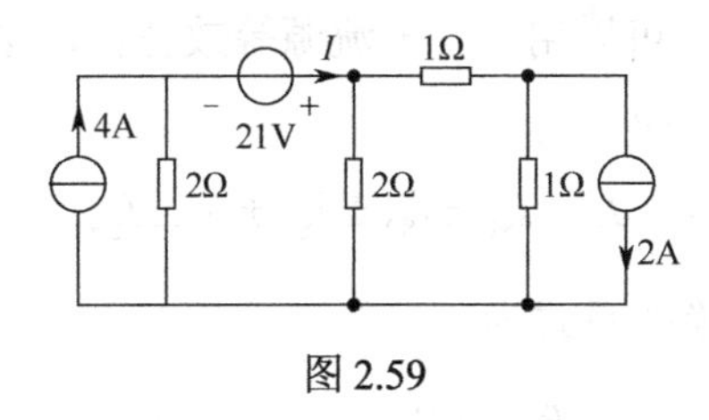

图 2.59

19．如图 2.60 所示电路，试用戴维南定理求当 R_L=2Ω 时电路中的电流 I，当 R_L 为多少时，该负载可获得最大输出功率。

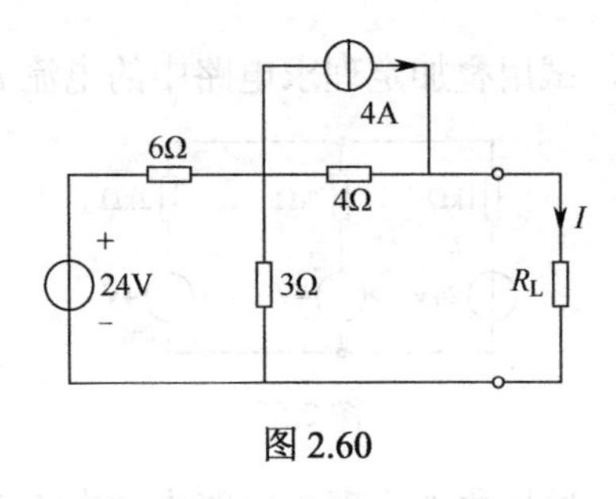

图 2.60

学习总结

1．等效变换分析法

（1）等效是电路分析中一个非常重要的概念。结构、元件参数完全不相同的两部分电路，若具有完全相同的外特性(端口电压-电流关系)，则相互称为等效电路。

等效变换就是把电路的一部分电路用其等效电路来代换。电路等效变换的目的是简化电路，方便计算。

值得注意的是，等效变换对外电路来讲是等效的，对变换的内部电路则不一定等效。

（2）电阻电路的等效转换。串联的等效电阻等于各个串联电阻之和，即

$$R=\sum_{k=1}^{n}R_k$$

并联等效电阻的倒数等于各个并联电阻的倒数之和，即

$$\frac{1}{R}=\sum_{k=1}^{n}\frac{1}{R_k}$$

（3）实际电源模型的等效变换。当有 n 个电压源串联时，可以用一个电压源等效替代，这时其等效电压源的端电压等于各串联电压源端电压的代数和，即

$$U_S=U_{S1}\pm U_{S2}\pm U_{S3}\pm\cdots\pm U_{Sn}$$

当有 n 个电流源并联时，可以用一个电流源等效替代，这时其等效电流源的电流等于各并联电流源电流的代数和，即

$$I_S=I_{S1}\pm I_{S2}\pm I_{S3}\pm\cdots\pm I_{Sn}$$

实际电压源模型等效变换关系式为

$$\left.\begin{aligned}R_{S1}&=R_{S2}\\U_S&=I_SR_{S1}=I_SR_{S2}\end{aligned}\right\}$$

2. 网孔电流分析法

网孔电流方程的一般形式列写的规则为：本网孔电流×自电阻+Σ(相邻网孔电流×互电阻）=本网孔中所有电压源电压升的代数和。

网孔电流法求解电路的一般步骤是：(1）选取网孔电流的参考方向，并标明在电路图上；(2）列写网孔电流方程；(3）联立求解方程组，求得网孔电流；(4）根据网孔电流与支路电流之间的关系，求得各支路电流或电压。

3. 节点电位法

节点电位方程一般形式列写规则为：本节点电压×自电导+Σ(相邻节点电压×互电导)=流入本节点的所有电流源电流的代数和。

节点电位法求解电路的一般步骤是（1）选取参考节点，并标注在电路图上；(2）列写节点电位方程；(3）联立求解方程组，求得节点电位；(4）根据节点电位与支路电流之间的关系，求得各支路电流或电压。

4. 叠加定理分析法

叠加定理的内容是在线性电路中，如果有多个独立源共同作用时，任一支路电流或电压等于电路中各个独立电源单独作用时在该支路产生的电流或电压的代数和。

叠加定理法求解电路的一般步骤是：先求分量，再求总量。所谓分量是指各独立源单独作用时产生的量，所谓总量是指所有独立源共同作用时产生的量。

5. 戴维南定理分析法

戴维南定理可表述为：任一线性含源二端网络，对外电路而言，总可以用一个电压源与电阻相串联的电路模型来等效代替。其电压源的电压等于该有源二端网络的开路电压 U_{oc}，串联电阻 R_0 等于该有源二端网络中所有独立源置零时的等效电阻。

戴维南定理法求解电路的一般步骤是：(1）移开待求支路求开路电压 U_{oc}；(2）求戴维南等效电阻 R_0；(3）画出戴维南等效电路，接上待求支路，求解待求量。

自我评价

学生通过项目二的学习，按表 2.8 所示内容，实现学习过程的自我评价。

表 2.8　项目二自评表

序号	自评项目	自评标准	项目配分	项目得分	自评成绩
1	分析求解电路的等效变换法	等效电路的概念	1		
		电阻并联的等效变换	1		
		电阻串联的等效变换	1		
		电阻混联的等效变换	2		
		电压源的等效变换	2		
		电流源的等效变换	2		
		两种实际电源模型的等效变换及其条件	8		

续表

序号	自评项目	自评标准	项目配分	项目得分	自评成绩
2	分析求解电路的网孔电流法	网孔电流	1		
		自电阻与互电阻	1		
		网孔电流方程的一般形式	3		
		网孔电流方程的列写规则	5		
		网孔电流法的一般步骤	10		
3	分析求解电路的节点电位法	节点电位	1		
		自电导与互电导	1		
		节点电位方程的一般形式	3		
		节点电位方程的列写规则	5		
		节点电位法的一般步骤	10		
4	分析求解电路的叠加定理法	叠加定理的内容	6		
		叠加定理的适用条件	2		
		叠加定理法的一般步骤	10		
5	分析求解电路的戴维南定理法	戴维南定理的内容	5		
		开路电压 U_{oc} 的求取	3		
		等效电阻 R_0 的求取	3		
		戴维南等效电路	4		
		戴维南定理法的一般步骤	10		
能力缺失					
弥补措施					

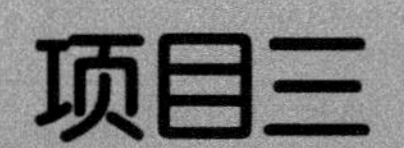

分析测试单相交流电路

项目描述：

正弦交流电在人们生产和生活中有着广泛应用。本项目首先介绍正弦交流电的三要素及其相量表示，然后介绍如何用相量法分析阻抗的串并联电路、*RLC* 谐振电路；最后介绍正弦交流电路功率及其计算和非正弦周期交流电路的分析。

学习目标：

学习任务	知识目标	基本能力
认识正弦交流电的三要素	① 掌握正弦交流电的概念及其三要素； ② 理解交流电有效值的概念及其与最大值的关系； ③ 掌握用解析式、波形图分析正弦量的相位差的方法	会判断同频率正弦量的相位关系
学习正弦交流电的相量表示法	① 掌握复数的运算； ② 掌握正弦量的相量表示法； ③ 会用解析式、波形图、相量表示正弦量	① 会正弦量的相量表示； ② 会作相量图
分析单一参数的正弦交流电路	① 掌握正弦交流电路中电阻、电感、电容元件电压与电流关系、会作出相量图； ② 掌握正弦交流电路中感抗、容抗含义及其计算公式； ③ 理解电阻、电感、电容元件的功率特性	① 会写出电阻、电感、电容元件的相量形式； ② 会计算电感的感抗、无功功率和储存的磁场能； ③ 会计算电容的容抗、无功功率和储存的电场能
探究基尔霍夫定律的相量表示法	① 掌握基尔霍夫节点电流定律的相量形式； ② 掌握基尔霍夫回路电压定律的相量形式	会用基尔霍夫定律的相量形式分析简单正弦交流电路。
认识电路的阻抗和导纳	① 掌握阻抗、导纳的概念； ② 掌握阻抗串并联计算方法； ③ 掌握 *RLC* 串并联电路阻抗的计算	会用相量分析法和阻抗的串并联公式分析计算较为复杂的交流电路
计算交流电路的功率	① 理解交流电路瞬时功率、有功功率、无功功率、视在功率、功率因数等概念； ② 掌握交流电路有功功率、无功功率、视在功率的计算方法； ③ 理解功率因数提高的意义和方法	会计算交流电路有功功率、无功功率、视在功率

续表

学习任务	知识目标	基本能力
分析 *RLC* 串联谐振电路	① 掌握 *RLC* 串联电路的谐振条件、谐振时电路的特点； ② 掌握 *RLC* 串联谐振电路的谐振频率、特征阻抗、品质因数和元件参数的计算方法； ③ 理解 *RLC* 串联谐振电路特性曲线及选择性、通频带、品质因数等概念	① 会计算 *RLC* 串联谐振电路谐振频率、特征阻抗、品质因数和元件参数； ②会分析常用串联谐振电路
分析 *RLC* 并联谐振电路	① 掌握 *RLC* 并联电路的谐振条件、谐振时电路的特点； ② 掌握 *RLC* 并联谐振电路的谐振频率、特征阻抗、品质因数和元件参数的计算方法	① 会计算 *RLC* 并联谐振电路谐振频率、特征阻抗、品质因数和元件参数； ② 会分析常用并联谐振电路
分析非正弦周期电流电路	① 了解非正弦量产生的原因和分解的方法； ② 掌握非正弦量的有效值、平均值和平均功率的计算； ③ 掌握非正弦周期电流电路的分析方法	会分析非正弦周期电流电路

任务十一 认识正弦交流电的三要素

学一学

一、正弦交流电的基本概念

前面分析的电路中，电路各部分的电流和电压都是不随时间变化的常量，而我们日常生活和生产中广泛使用的是大小和方向随时间按正弦规律变化的电流和电压，这种电流或电压称为**正弦交流电**，简称为交流电。凡按正弦规律变化的电流、电压等统称为正弦量。

正弦交流电在电力系统、电子通信技术领域中应用极为广泛，目前世界上绝大多数供配电系统都是采用的正弦交流电，通信技术中许多信号也是采用的正弦信号；正弦信号是一种基本信号，任何非正弦周期信号都可以分解为按正弦规律变化的分量来表示，因此非正弦周期信号也可以按正弦信号的方法来分析。

二、正弦交流电的三要素

下面以电流为例介绍正弦交流电三要素。依据正弦交流电的概念，设某支路中电流在选定参考方向下的**瞬时值**的表达式为

$$i(t) = I_{\mathrm{m}} \sin(\omega t + \psi_{\mathrm{i}}) \tag{3.1}$$

式中，I_{m}、ω 和 ψ_{i} 分别称为振幅、角频率和初相。这三个物理量称为**正弦交流电的三要素**。其波形图如图 3.1 所示。

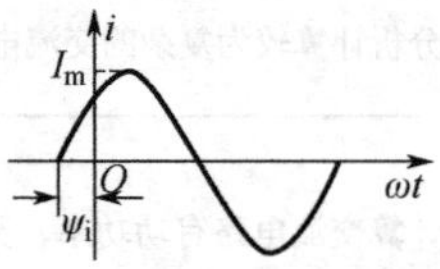

图 3.1 正弦交流电电流波形

1. 幅值

正弦交流电在一个周期内的最大值称为**幅值，或振幅**。式（3.1）中 I_{m} 是电流 i 在一个周期内达到的最大值，因此称 I_{m}

为 i 的幅值。同样，$u(t)=U_{\mathrm{m}}\sin(\omega t+\psi_{\mathrm{u}})$，式中 U_{m} 为电压 u 的幅值。电流、电压、电动势的瞬时值分别用小写字母 i、u、e 表示，而幅值即最大值，用 I_{m}、U_{m}、E_{m} 表示。

2．周期、频率和角频率

交流电变化一次所需要的时间称为交流电的**周期**，用字母T表示，单位为s（秒）。交流电每秒钟变化的次数称为**频率**，用 f 表示，因此频率和周期互为倒数，即

$$f=\frac{1}{T} \tag{3.2}$$

频率的单位为Hz（赫兹），工程实际中常用的单位还有kHz（千赫兹）、MHz（兆赫兹）等，它们的关系为$1\text{kHz}=10^3\text{ Hz}$，$1\text{MHz}=10^6\text{ Hz}$ 。与此对应的周期单位分别为：ms（毫秒）、μs（微秒）。

在电子技术领域，往往以频率来区分电路，例如，高频、中频和低频电路。

我国和世界上大多数国家一样，电力工业的标准频率即所谓的“工频”是 50Hz，其周期为 0.02s，少数国家（如美国、日本）的工频为 60Hz。在其他技术领域中也要用到各种不同的频率，声音信号频率约为 20～20000Hz，广播中波段载波频率为 535～1605Hz，电视用的频率以 MHz 计，高频炉的频率为 200～300kHz，中频炉的频率为 500～8000Hz。

交流电每秒量变化的弧度数称为**角频率**，用 ω 表示，其单位为 rad/s（弧度/秒）。角频率、频率、周期关系为：

$$\omega=2\pi f=\frac{2\pi}{T} \tag{3.3}$$

我国“工频”电的频率是 50Hz，角频率是 314rad/s。

3．相位、初相、相位差

在（3.1）式中，$(\omega t+\psi_{\mathrm{i}})$ 称为正弦电流的**相位**，也称相位角，它反映了正弦量随时间变化的进程。相位角 $(\omega t+\psi_{\mathrm{i}})$ 中的 ψ_{i} 是 $t=0$ 时的相位，称为**初相位**，简称初相。

如果已知正弦量的幅值、频率（或角频率）、初相，该正弦量就唯一确定了。因此把**幅值、频率（或角频率）、初相称为正弦量的三要素。**

三、正弦交流电的相位差

假定两个同频率的正弦交流电压和电流的瞬时值分别为

$$u(t)=U_{\mathrm{m}}\sin(\omega t+\psi_{\mathrm{u}})$$

$$i(t)=I_{\mathrm{m}}\sin(\omega t+\psi_{\mathrm{i}})$$

它们的波形图如图 3.2 所示，从波形图中可以看出 u 与 i 的频率相同而幅值、初相不同，初相的差异反映了两者随时间变化时的步调不一致，一般用相位差来表征这种“步调”不一致的情况。

两个同频率正弦量的相位之差称为相位差。上式中电压 u 与电流 i 的相位差为

$$\varphi=(\omega t+\psi_{\mathrm{u}})-(\omega t+\psi_{\mathrm{i}})=\psi_{\mathrm{u}}-\psi_{\mathrm{i}} \tag{3.4}$$

可见，**两个同频率正弦量的相位差等于它们的初相之差。规定 φ 的取值范围是$|\varphi| \leqslant \pi$。**

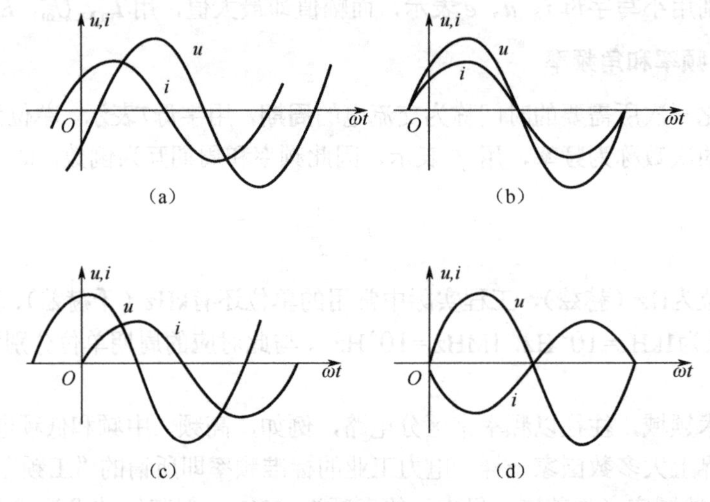

图 3.2　正弦量的相位差

如果$\varphi = \psi_u - \psi_i < 0$，如图 3.2（a）所示，称电流 i **超前**于电压 u φ 角。表示电流 i 比电压 u 先到达正的最大值，即电流 i 超前于电压 u；也可以说电压 u 比电流 i 晚到达最大值，即 u **滞后**于 i。

如果$\varphi = \psi_u - \psi_i = 0$，如图 3.2（b）所示，称电压 u 与电流 i 同相位，简称**同相**。表示电压 u 与电流 i 同时到达最大值，或同时过零点。

如果$\varphi = \psi_u - \psi_i = \pm\pi/2$，如图 3.2（c）所示，称电压 u 与电流 i **正交**。表示当电压到达最大值时，电流为零。

如果$\varphi = \psi_u - \psi_i = \pm\pi$，如图 3.2（d）所示，称电压 u 与电流 i **反相**。表示电压为正的最大值时，电流刚好为负的最大值。

我们需要注意的是：

（1）同频率的正弦量的相位差与计时的起点无关。计时起点不同，正弦量的初相不同，但它们的相位差是不变的。

（2）在分析和计算正弦交流电路中，更多的关心是相位差，而对初相考虑不多，因此计时起点可以任意选取。为了分析和计算方便，往往选取初相为零。

（3）相位差、超前、滞后等概念十分重要，要求我们能从表达式、波形图等方面作出正确的判断。

四、正弦交流电的有效值

电路的基本功能是实现能量转换。作周期性变化的交流电的瞬时值和幅值都不能准确反映它们在能量转化和消耗方面的效果，为此，要引入有效值的概念。正弦量的有效值用大写字母表示。如用 I、U、E 分别表示电流、电压、电动势的有效值。

交流电流的有效值是从电流热效应来定义的。对同一个电阻 R，在相同时间 T 内，某交流电通过它所产生的热量与另一直流电通过它所产生的热量相等，则把这一直流电的数值称为**交流电的有效值**。

交流电流 i 在时间 T 内通过电阻 R 产生的热量为

$$Q_1 = \int_0^T Ri^2 \mathrm{d}t \tag{3.5}$$

直流电流 I 在同一时间 T 内通过同一电阻 R 产生的热量为

$$Q_2 = I^2 RT \tag{3.6}$$

根据有效值定义可得

$$\int_0^T Ri^2 \mathrm{d}t = I^2 RT$$

则交流电流有效值为

$$I = \sqrt{\frac{1}{T}\int_0^T i^2 \mathrm{d}t} \tag{3.7}$$

即交流电的有效值等于其瞬时值平方在一个周期内的平均值的平方根，又称**方均根值**。当周期电流为正弦交流电时，即

$$i(t) = I_{\mathrm{m}} \sin(\omega t + \psi_{\mathrm{i}})$$

当 $\psi_{\mathrm{i}}=0$ 时，则有

$$i(t) = I_{\mathrm{m}} \sin \omega t$$

由式（3.7）得有效值为

$$I = \sqrt{\frac{1}{T}\int_0^T (I_{\mathrm{m}} \sin \omega t)^2 \mathrm{d}t} = \sqrt{\frac{1}{T}\int_0^T \ I_{\mathrm{m}}^2 \frac{1-\cos(2\omega t)}{2} \mathrm{d}t}$$

$$I = \frac{1}{\sqrt{2}} I_{\mathrm{m}} = 0.707 I_{\mathrm{m}} \tag{3.8}$$

即正弦量的有效值等于它的最大值除以 $\sqrt{2}$ 。对于正弦交流电压同样有

$$U = \frac{1}{\sqrt{2}} U_{\mathrm{m}} = 0.707 U_{\mathrm{m}} \tag{3.9}$$

特别提示

在日常生活和生产中，常提到的 220V、380V 及用于测量交流电压和交流电流的各种仪表所指示的数字、电气设备铭牌上的额定值，都指的是交流电的有效值。但是，并非在所有场合中都用有效值来表征正弦交流电的大小。例如，在确定各种交流电气设备的耐压值时，就应考虑电压的幅值。

例 3.1　交流电路中某条支路的电流 $i_1 = 10\sin(628t - 45^\circ)\mathrm{A}$，试求：

（1）i_1 的角频率、频率与周期；

（2）i_1 的最大值、有效值与初相；

（3）若该电路中另一支路电流 i_2，其有效值是 i_1 的 $\frac{1}{2}$，初相位为 60°，写出 i_2 的瞬时值表达式，并求两电流的相位差，说明超前滞后关系。

解：（1）i_1 的角频率　　ω_1=628rad/s

频率　　$f_1=\frac{\omega}{2\pi}=\frac{628}{2\pi}\text{Hz}=100\text{Hz}$

周期　　$T_1=\frac{1}{f_1}=\frac{1}{100}\text{s}=0.01\text{s}$

（2）i_1 的最大值 I_{1m}=10A，有效值 I_1=0.707I_{1m}=7.07A，i_1 的初相位 $\psi_2=-45°$。

（3）i_2 的角频率 ω_2=628rad/s，幅值 I_{2m}=5A，i_2 的初相 $\psi_2=60°$，其瞬时值表达式为 $i_2=5\sin(628t+60°)\text{A}$。

i_1 与 i_2 的相位差 $\varphi=\psi_1-\psi_2=-105°$，它们的相位关系为：$i_1$ 滞后于 i_2，或 i_2 超前于 i_1。

想一想

直流电与交流电

在 19 世纪的大部分时间里，人们用的是直流电。随着电力需求的增加，暴露出直流电的严重缺陷就是无法改变电压，不能实现远距离传输。输电系统为什么要改变电压呢？原来，发电机的输出功率等于输出电流与电压的乘积。由于电流流过导线时会发热，消耗电能，所以送电时，要提高电压减小电流。但是，电压过高对用户既危险又不方便，同时也要求发电厂提高发电机的转速，这在技术上有很多困难。科学家想到了一个两全其美的办法，就是把发电机发出的低电压先升压再输送；到了用户先降压再使用。要实现这一设想只要在输电线路的两端各配上一组变压器就能实现。不过，变压器只能改变交流电的电压。所以，在 19 世纪的最后 20 年，电气专家把主要精力转向了研究交流电。1884 年，世界上第一条交流输电的实验线路问世，不久，美国工程师乔·威斯汀豪斯在美国匹兹堡成立了交流电气公司，并很快向纽约的布法罗地区供电。从此，交流电逐渐取代了直流电广泛应用于生产和生活中。

练一练

1．正弦交流电的三要素是指正弦量的_____、______和_____。

2．已知一正弦电流 $i=7.07\sin(314t-30°)\text{A}$，则该正弦电流的最大值是_____A；有效值是_______A；角频率是____rad/s；频率是______Hz；周期是_____s；相位是________；初相是_____。

3．正弦量的_______值等于它的瞬时值的平方在一个周期内的平均值的_____，所以____值又称为方均根值。也可以说，交流电的______值等于与其______相同的直流电的数值。

4．两个______正弦量之间的相位之差称为相位差，_____频率的正弦量之间不存在相位差的概念。

5. 已知正弦电流最大值为 20A，频率为 100Hz，在 0.02s 时，瞬时值为 15A，求初相 ψ_i，写出瞬时值表达式。

任务十二　学习正弦交流电的相量表示法

学一学

正弦交流电用三角函数和波形图表示虽然很直观，但计算量大而且麻烦。为了简化计算，常用相量来表示正弦交流电。由于相量要涉及到复数的运算，这里先复习复数的知识。

一、复数及其运算

1．复数的四种表示

设 A 为一个复数，则**复数的代数形式**为

$$A=a+\mathrm{j}b \tag{3.10}$$

其中 $\mathrm{j}=\sqrt{-1}$ 叫做虚数单位，a 叫做复数 A 的实部，b 叫做复数 A 的虚部。

复数 A 可以用复平面上的一个有向线段来表示，如图 3.3 所示。其长度 $r=|A|$称为复数 A 的模，与横轴的夹角 φ 称为复数 A 的辐角。

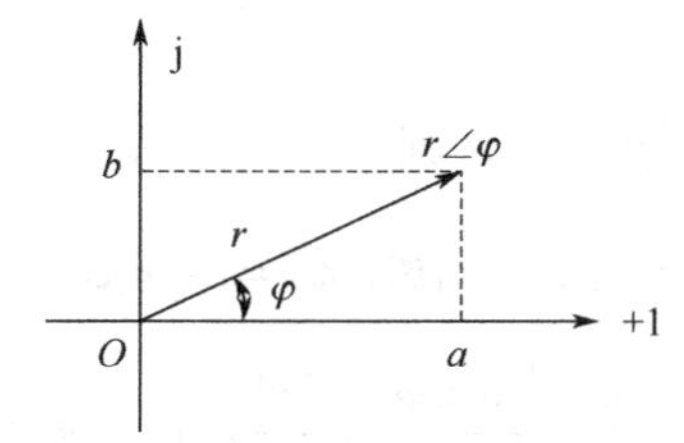

图 3.3　复数在复平面上的表示

从图 3.3 可得

$$a=|A|\cos\varphi$$

$$b=|A|\sin\varphi$$

其中 $$|A|=\sqrt{a^2+b^2}\,,\qquad \varphi=\arctan\frac{b}{a}$$

于是得到复数的**三角函数式**为

$$A=|A|(\cos\varphi+\sin\varphi) \tag{3.11}$$

根据欧拉公式

$$\mathrm{e}^{\mathrm{j}\varphi}=\cos\varphi+\mathrm{j}\sin\varphi$$

式（3.11）又可以写作

$$A=|A|\mathrm{e}^{\mathrm{j}\varphi} \tag{3.12}$$

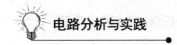

式（3.12）称为**复数的指数式**，工程上常写为**极坐标式**。

$$A=|A|\angle\varphi \tag{3.13}$$

2．复数的运算

（1）复数的加、减运算。

设有复数 $A=a_1+\mathrm{j}\,b_1$，$B=a_2+\mathrm{j}\,b_2$，则有

$$A+B=(a_1+a_2)+\mathrm{j}(b_1+b_2)$$
$$A-B=(a_1-a_2)+\mathrm{j}(b_1-b_2)$$

复数相加减等于实部与实部相加减，虚部与虚部相加减。

复数的加、减运算也可在复平面上类似矢量合成，如图 3.4 所示。

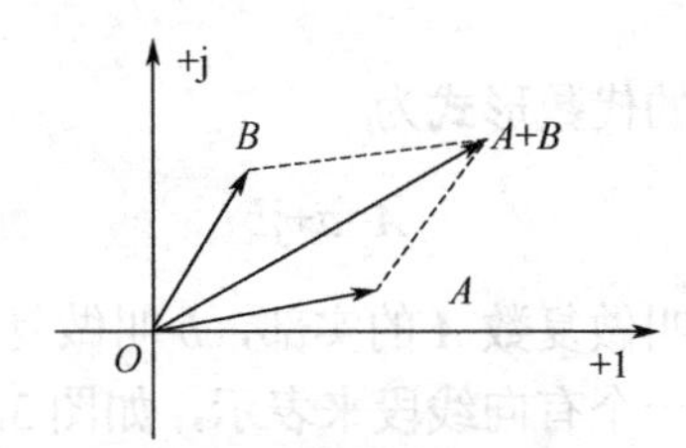

图 3.4　复数加法的图示

（2）复数的乘、除运算。

设有复数 $A=|A|\angle\varphi_a$，$B=|B|\angle\varphi_b$，则

$$A\times B=|A|\angle\varphi_a\times|B|\angle\varphi_b=|A|\times|B|\angle(\varphi_a+\varphi_b) \tag{3.14}$$

$$\frac{A}{B}=\frac{|A|\angle\varphi_a}{|B|\angle\varphi_b}=\frac{|A|}{|B|}\angle(\varphi_a-\varphi_b) \tag{3.15}$$

复数相乘、除等于模相乘、除，辐角相加、减。

下面介绍旋转因子 $\mathrm{e}^{\mathrm{j}\varphi}$。我们把模为 1，辐角为 φ 的复数称为旋转因子，即 $\mathrm{e}^{\mathrm{j}\varphi}=1\angle\varphi$，取任意复数 $A==|A|\angle\varphi_1$，则

$$A\cdot 1\angle\varphi=|A|\angle(\varphi_1+\varphi)$$

即任意复数乘以旋转因子后，其模不变，幅角在原来的基础上增加了 φ，这就相当于把该复数逆时针旋转了 φ 角。

二、正弦量的相量表示

用复数来表示正弦量，并用于正弦交流电路的分析与计算，这种方法称为相量法。下面介绍如何用复数表示正弦量。

设正弦电流为

$$i(t)=I_\mathrm{m}\sin(\omega t+\psi_\mathrm{i})$$

如果某复数 $A=I_\mathrm{m}\mathrm{e}^{\mathrm{j}\varphi}$ 中的幅角 $\varphi=\omega t+\psi_\mathrm{i}$，则 $A=I_\mathrm{m}\mathrm{e}^{\mathrm{j}(\omega t+\psi_\mathrm{i})}$ 就是一个复指数函数，根

据欧拉公式可展开为

$$A = I_m \cos(\omega t + \psi_i) + jI_m \sin(\omega t + \psi_i)$$

上式中，复数 A 的虚部恰好是正弦电流 i（t），所以 i（t）可表示为

$$i(t) = \mathrm{Im}[A] = I_m \sin(\omega t + \psi_i) \tag{3.16}$$

这样，我们就把正弦交流电与复指数函数联系了起来，为用复数表示正弦交流电找到了途径。对于任意一个正弦函数都有唯一与其对应的复数函数。

$$i(t) = I_m \sin(\omega t + \psi_i) \leftrightarrow A = I_m e^{j(\omega t + \psi_i)}$$

一个正弦量是由幅值或有效值、频率和初相三个要素所决定。在频率相同的正弦电源激励下，电路各处的电流和电压的频率是相同的。所以，在正弦稳态电路中的三要素中，我们只需要确定它们的幅值和初相位两个要素。我们把（3.16）式进一步写成

$$i(t) = \mathrm{Im}[A] = \mathrm{Im}[I_m e^{j(\omega t + \psi_i)}] = \mathrm{Im}[\sqrt{2} I e^{j\psi_i} \cdot e^{j\omega t}] = \mathrm{Im}[\sqrt{2}\dot{I} e^{j\psi_i}] = \mathrm{Im}[\dot{I}_m e^{j\psi_i}]$$

上式中

$$\dot{I}_m = I_m \angle \psi_i,\quad \dot{I} = I \angle \psi_i,\quad \dot{I}_m = \sqrt{2}\dot{I} \tag{3.17}$$

由此表明，任何一个正弦量通过这种变换都可以得到式（3.17）的复数。为了把这样一个能表示正弦交流电的复数与一般的复数相区别，把它称为**相量**，表示时用大写字母并在其上加一点。

$\dot{I}_m = I_m \angle \psi_i$ 中包含了正弦量三要素中的两个要素——幅值和初相，这个复数称为正弦电流**幅值相量**。同样，$\dot{I} = I \angle \psi_i$ 是反映正弦量有效值与初相位的复数，称为正弦电流**有效值相量**。在没有特别申明时，本书中正弦量的相量均采用有效值相量。

正弦量的相量和复数一样，可以在复平面上用矢量表示。在复平面上用一条有向线段表示相量。相量的长度是正弦量的有效值，相量与正实轴的夹角是正弦量的初相。这种表示相量的图形称为**相量图**。显然，只有同频率的多个正弦量对应的相量画在同一复平面上才有意义。

特别提示

相量与正弦量是对应关系而不是相等关系，相量法只适用于正弦稳态电路的分析与计算。

相量与物理学中的向量是两个不同的概念。相量是复数，代表正弦量，而向量表示既有大小又有方向的物理量。

例 3.2　已知同频率的正弦量的解析式分别为 $i = 5\sqrt{2}\sin(\omega t + 30^\circ)$ A，$u = 220\sqrt{2}\sin(\omega t - 45^\circ)$ V，写出电流和电压的相量 $\dot{I}$、$\dot{U}$，并绘出相量图。

解：由解析式可得

$$i \to \dot{I} = 5\angle 30^\circ \text{ A}$$

$$u \to \dot{U} = 220\angle -45^\circ \text{ V}$$

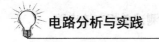

相量图如图 3.5 所示。

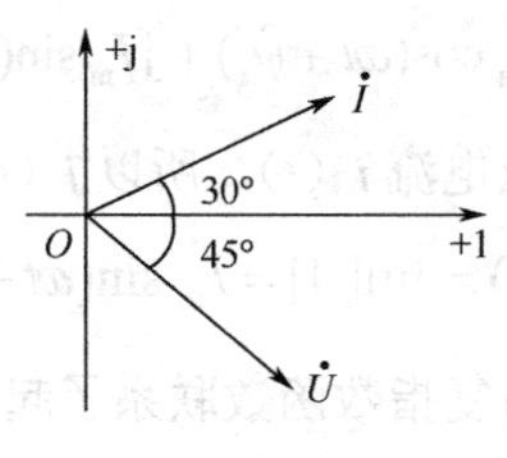

图 3.5　例 3.2 图

例 3.3　已知 $u_1 = 220\sqrt{2}\sin(314t - 150^\circ)$ V，$u_2 = 220\sqrt{2}\sin(314t + 150^\circ)$ V，试画出它们的相量图，并求出 $u = u_1 + u_2$。

解： u_1 和 u_2 的有效值相量为

$$\dot{U}_1 = 220\angle -150^\circ \text{ V} = 220(-\frac{\sqrt{3}}{2} - \text{j}\frac{1}{2})\text{ V}$$

$$\dot{U}_2 = 220\angle 150^\circ \text{ V} = 220(-\frac{\sqrt{3}}{2} + \text{j}\frac{1}{2})\text{ V}$$

$$\dot{U} = \dot{U}_1 + \dot{U}_2 = -220\sqrt{3}\text{ V} = 380\angle 180^\circ \text{ V}$$

故
$$u = 380\sqrt{2}\sin(314t + 180^\circ)\text{ V}$$

相量图如图 3.6 所示。

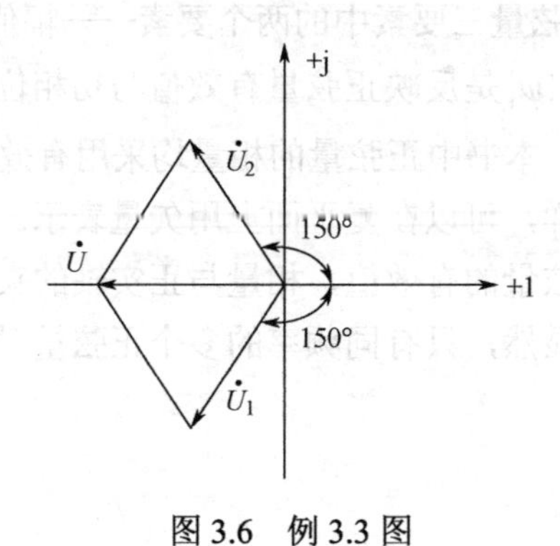

图 3.6　例 3.3 图

想一想

相量与正弦量

在单一频率正弦交流电路中，各部分元件上的电压、电流都是同频率的正弦量，因而在分析计算时，常常只需确定有效值和初相位两个要素，而相量就是用复数的模代表正弦交流电的有效值，辐角代表正弦交流电的初相位，这就建立了正弦量与相量之间的变换关系。采用这种变换给解决正弦量的运算带来极大的方便。用相量进行正弦量的运算过程如下：首先将正弦量变换成相应的相量，再进行相量的运算，即进行复数的加、减、乘、除运算，运算结果表示为相量，最后将相量变换为所求的正弦量。

练一练

1．已知两复数 $Z_1 = 8 + \text{j}6$，$Z_2 = 10\angle -60^\circ$，求 $Z_1 + Z_2$、$Z_1 - Z_2$ 和 $\dfrac{Z_1}{Z_2}$。

2．某时刻，流入某节点电流的瞬时值分别为 i_1、i_2、i_3。其有效值分别为 I_1、I_2、I_3，相量分别为 $\dot{I}_1$、$\dot{I}_2$、$\dot{I}_3$，说明下式是否正确。

（1）$i_1+i_2+i_3=0$　（2）$I_1+I_2+I_3=0$　（3）$\dot{I}_1+\dot{I}_2+\dot{I}_3=0$

3．写出下列各正弦量对应的相量。

（1）$u_1 = 220\sqrt{2}\sin(\omega t + 120^\circ)\ \text{V}$

（2）$i_1 = 10\sqrt{2}\sin(\omega t + 60^\circ)\ \text{A}$

（3）$u_2 = 311\sqrt{2}\sin(\omega t - 220^\circ)\ \text{V}$

（4）$i_2 = 7.07\sin(\omega t)\ \text{A}$

4．写出下列相量对应的正弦量（f=50Hz）。

（1）$\dot{U}_1 = 220\angle\dfrac{\pi}{6}\text{V}$

（2）$\dot{I}_1 = 10\angle -50^\circ\ \text{A}$

（3）$\dot{U}_2 = -\text{j}110\ \text{V}$

任务十三　分析单一参数的正弦交流电路

学一学

在分析交流电路时，对元件上各量的参考方向，若不加以说明，仍按照直流电路的约定，选取关联参考方向。

一、纯电阻交流电路

在交流电路中，凡是电感或电容很小，电阻起主要作用的负载如电烙铁、电炉、电阻器等，则可视为纯电阻元件，只由纯电阻元件构成的电路称为纯电阻电路。

1．电阻元件的电流与电压关系

电阻元件的电流与电压参考方向，如图 3.7（a）所示。设通过电阻上的电流为

$$i = \sqrt{2}I\sin(\omega t)$$

根据欧姆定律，该电阻两端的电压为

$$u = iR = \sqrt{2}IR\sin(\omega t) = \sqrt{2}U\sin(\omega t) \tag{3.18}$$

其中

$$U=IR,\ U_m=I_mR,\ \psi_i=\psi_u \tag{3.19}$$

由式（3.18）和（3.19）可以看出：

（1）电阻元件的电流、电压瞬时值、最大值、有效值的关系仍遵从欧姆定律；

（2）电阻元件的电流与电压同频同相。

将（3.18）写成相量式为

$$\dot{U}=\dot{I}R \tag{3.20}$$

式（3.20）称为**电阻元件伏安关系的相量形式**，电阻元件的**相量模型**如图 3.7（b）所示。电阻元件电流与电压**相量图和波形图**分别如图 3.7（c）和图 3.7（d）所示。

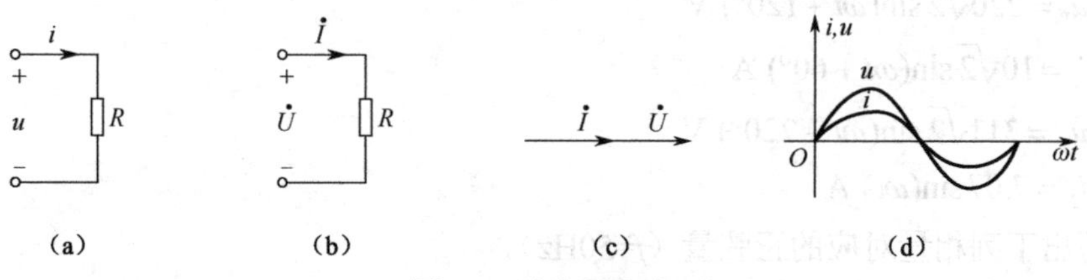

图 3.7 纯电阻电路

2．纯电阻电路的功率

在交流电路中，由于电压和电流都是瞬时变化的，所以在不同时刻电阻元件上的功率是不同的。将任意时刻的功率称为**瞬时功率**，用小写字母 p 表示，它等于电压瞬时值与电流瞬时值的乘积，即 $p=iu$。

电阻元件的瞬时功率为

$$p=iu=\sqrt{2}I\sin(\omega t)\cdot\sqrt{2}U\sin(\omega t)=2IU\sin^2(\omega t)=IU[1-\cos 2\omega t] \tag{3.21}$$

由式（3.21）可以看出，瞬时功率在任意瞬时的数值都是正值，这说明，电阻元件始终在消耗电能，并把电能转换为热能。因此，**电阻元件是耗能元件**。其功率曲线如图 3.8 所示。

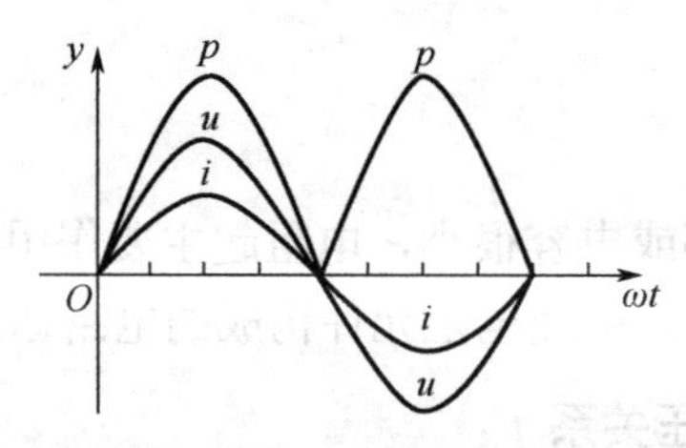

图 3.8 纯电阻元件功率波形图

工程上更多的是要分析和计算**交流电的平均功率，即交流电的瞬时功率在一个周期内的平均值。**

根据平均功率的定义有

$$\begin{aligned}P&=\frac{1}{T}\int_0^T p\mathrm{d}t=\int_0^T \tfrac{1}{T}[UI-UI\cos(2\omega t)]\mathrm{d}t\\&=UI\end{aligned} \tag{3.22}$$

由于 $U=IR$，所以

$$P = RI^2 = \frac{U^2}{R} \tag{3.23}$$

式（3.22）、（3.23）的形式与直流电路完全相同，但与直流电路各个符号的意义完全不同，交流电路中的 U、I 均是有效值，所以又称为有功功率。

例 3.4 一只“220V，100W”的电熨斗，接到 $u = 220\sqrt{2}\sin(314t + 30^\circ)$ 的电源上，求流过它的电流，并计算电熨斗使用 10 小时所耗电能的度数是多少？

解：流过电熨斗电流的有效值为

$$I = \frac{P}{U} = \frac{100}{220}\text{A} = 0.45\,\text{A}$$

电熨斗所耗电能为 $W = Pt = 100 \times 10\,\text{W·h} = 1000\,\text{W·h} = 1.0$ 度

二、纯电感交流电路

对于线圈，若不计其损耗，只考虑它在电路中的电磁效应，认为该线圈只有电感 L，这样电路称为纯电感电路。如果线圈的匝数为 N，磁通为 Φ，总的磁通 $N\Phi$ 又称为自感磁链 ψ_L，线圈中的自感电流为 i，定义线圈的电感为

$$L = \frac{N\Phi}{i} = \frac{\psi_\text{L}}{i}$$

由此可以看出**电感是反映线圈储存磁场能量的理想元件**，即纯电感元件。

1. 电感元件电压与电流的关系

纯电感交流电路如图 3.9（a）所示。图中，电感元件的电流、电压为关联参考方向。

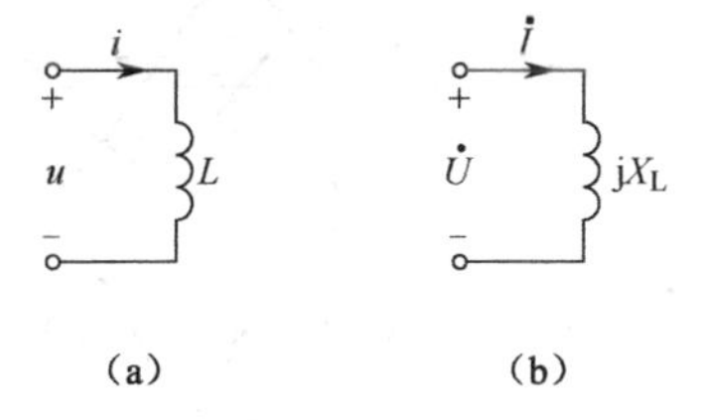

图 3.9 纯电感电路

设通过电感元件的正弦电流为

$$i = \sqrt{2}I\sin(\omega t)$$

根据电磁感应定律得电感元件的电压为

$$\begin{aligned} u &= L\frac{\text{d}i}{\text{d}t} = L\frac{\text{d}}{\text{d}t}[\sqrt{2}I\sin(\omega t)] \\ &= \sqrt{2}I\omega L\sin(\omega t + 90^\circ)] \\ &= \sqrt{2}U\sin(\omega t + 90^\circ)] \end{aligned}$$

其中 $$U = I\omega L\,,\ U_\text{m} = I_\text{m}\omega L \tag{3.24}$$

$$\psi_u = \psi_i + 90^\circ \tag{3.25}$$

电压的相量表达式为

$$\dot{U} = U\angle(\psi_i + 90^\circ) = j\omega LI\angle\psi_i$$

即

$$\dot{U} = j\omega L\dot{I} \tag{3.26}$$

式（3.26）中 ωL 称为**电感元件的感抗**，用 X_L 表示，即

$$X_L = \omega L = 2\pi fL$$

单位为Ω（欧姆）。

于是（3.26）式可写为

$$\dot{U} = jX_L\dot{I} \tag{3.27}$$

式（3.27）称为**电感元件伏安关系的相量形式，其相量模型如图 3.9（b）所示**。

从（3.25）～（3.27）式可以得出：

（1）电感元件的电流、电压瞬时值、最大值、有效值的关系仍遵从欧姆定律。

（2）电感元件的电压相位超前于电流相位 90°。**相量图和波形图**分别如图 3.10（a）和（b）所示。

（3）电感的感抗 $X_L = \omega L = 2\pi fL$，X_L 与频率成正比，即频率越高，感抗 X_L 就越大；频率越低，感抗 X_L 越小；直流情况下，即 $\omega = 0$，$X_L = 0$，电感元件相当于短路；当 $\omega \to \infty$，$X_L \to \infty$，电感组件相当于开路。所以**电感组件在交流电路中具有“通低频阻高频”的特性。**

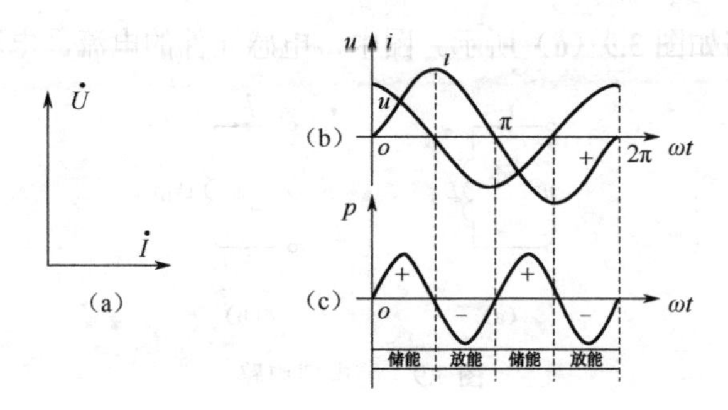

图 3.10　电感元件电压与电流的相量图、波形图及功率

2．纯电感电路的功率

纯电感电路的**瞬时功率**为

$$p = iu = \sqrt{2}I\sin(\omega t)\cdot\sqrt{2}U\sin(\omega t + 90^\circ) = IU\sin(2\omega t)$$

瞬时功率是按两倍于电流频率的正弦规律变化，最大值 $UI = I^2X_L$，其波形如图 3.10（c）所示。波形图可以看出，在第一个 $\dfrac{T}{4}$ 和第三个 $\dfrac{T}{4}$ 时间内，U 与 I 同相，P 为正，电感从电源吸收能量，储存于线圈中；在第二个 $\dfrac{T}{4}$ 和第四个 $\dfrac{T}{4}$ 时间内，U 与 I 反相，P 为负，

电感向电源释放能量，此时电感把磁场能转换为电能。由此看出，一个周期内电感吸收的能量等于释放的能量，它在一个周期内的**平均功率为零**，自身并不消耗能量，故它是**储能元件**。

为了衡量电感元件与外界交换能量的规模，引入**无功功率**，即

$$Q_L = IU = I^2 X_L \tag{3.28}$$

这里的“无功”并不是“无用功率”，而是指“不消耗功率”，无功功率的单位是 var（乏）。

3．电感元件的储能

如果电感两端的电压为

$$u = L\frac{di}{dt} \tag{3.29}$$

电感组件的瞬时功率为

$$p = iu = iL\frac{di}{dt} \tag{3.30}$$

电流从零上升到某一时刻，**电感从电源吸收的能量转化为磁场能储存在磁场中，磁场能量**为

$$W_L = \int_0^t p dt = \int_0^t ui dt \int_0^t Li di = \frac{1}{2}Li^2 \tag{3.31}$$

例 3.5　把一个 0.1H 的电感元件接到频率为 50Hz，电压有效值为 10V 的正弦交流电源上，求（1）线圈的感抗、电流的有效值和无功功率；

（2）如果电压保持不变，而频率调节到 5000Hz，此时电流为多少？

解：（1）当频率为 50Hz 时，感抗为

$$X_L = 2\pi fL = 2\times3.14\times50\times0.1\Omega = 31.4\Omega$$

电流有效值为

$$I = \frac{U}{X_L} = \frac{10}{31.4}\text{A} = 0.318\text{A}$$

无功功率为

$$Q_L = IU = 10\times0.318\,\text{var}=3.18\text{var}$$

（2）当频率 f=5 000Hz 时，感抗为

$$X_L = 2\pi fL = 2\times3.14\times5000\times0.1\Omega = 3140\Omega$$

$$I = \frac{U}{X_L} = \frac{10}{3140}\text{A} = 0.00318\text{A}$$

由此可见，同一电感元件交流电的频率越高，感抗越大，当电压一定时，电流就越小。

三、纯电容交流电路

电容器主要是用来储存电场能，电容元件是根据这一特性而理想化的电路元件。由物理学可知电容 $C=\dfrac{q}{U}$，而 $i=\dfrac{\mathrm{d}q}{\mathrm{d}t}$，所以

$$i=C\frac{\mathrm{d}u}{\mathrm{d}t} \tag{3.32}$$

（3.32）式为电容元件的电流与电压的关系式，此式表明：电容元件上某一瞬时的电流与该瞬时电压的变化率成正比，与电压的大小无关。

1．电容元件电压与电流的关系

纯电容电路如图 3.11（a）所示，图中，电容元件的电流、电压为关联参考方向。

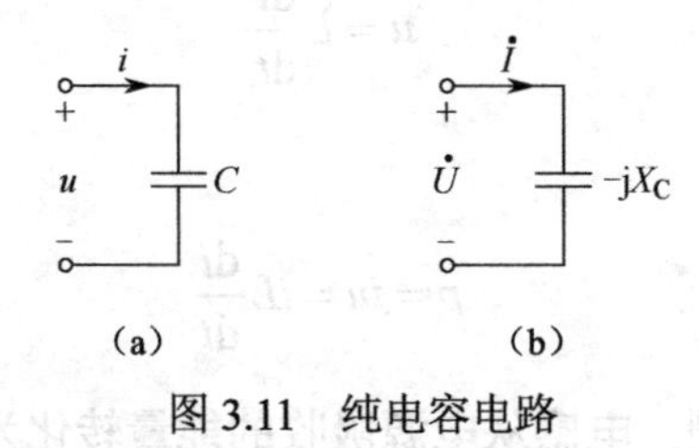

图 3.11　纯电容电路

设电容元件的端电压为

$$u=\sqrt{2}U\sin(\omega t)$$

则流过电容器的电流为

$$i=C\frac{\mathrm{d}u}{\mathrm{d}t}=\sqrt{2}\omega CU\sin(\omega t+90^\circ)=\sqrt{2}I\sin(\omega t+90^\circ)$$

其中

$$I=\omega CU \quad 或 \quad I_{\mathrm{m}}=\omega CU_{\mathrm{m}} \tag{3.33}$$

$$\psi_{\mathrm{i}}=\psi_{\mathrm{u}}+90^\circ \tag{3.34}$$

电压的相量表达式为

$$\dot{I}=I\angle\psi_{\mathrm{i}}=\omega CU\angle(\psi_{\mathrm{u}}+90^\circ)$$

$$=\mathrm{j}\omega CU\angle\psi_{\mathrm{u}}=\mathrm{j}\omega C\dot{U}$$

定义电容的容抗为

$$X_{\mathrm{C}}=\frac{1}{\omega C}=\frac{1}{2\pi fC}$$

单位为Ω（欧姆）。

于是电压的相量表达式为

$$\dot{U}=-\mathrm{j}X_{\mathrm{C}}\dot{I} \tag{3.35}$$

式（3.35）为电容元件伏安关系的相量形式，其相量模型如图 3. 11（b）所示。

从（3.33）～（3.35）式可以得出：

（1）电容元件的电流、电压瞬时值、最大值、有效值的关系仍遵从欧姆定律。

（2）电容元件的**电流相位超前于电压相位**90°，相量图和波形图如图 3.12（a）和 3.12（b）所示。

（3）电容的容抗 $X_{\mathrm{C}}=\dfrac{1}{\omega C}=\dfrac{1}{2\pi fC}$，$X_{\mathrm{C}}$ 与频率成反比，即频率越高，容抗 X_{C} 就越小；频率越低，容抗 X_{C} 越大；直流情况下，$\omega=0$，$X_{\mathrm{C}}=\infty$，电容元件相当于开路；当 $\omega\to\infty$，$X_{\mathrm{C}}=0$，电容元件相当于短路。所以**电容元件在交流电路中具有“隔直通交、通高频阻低频”的特性。**

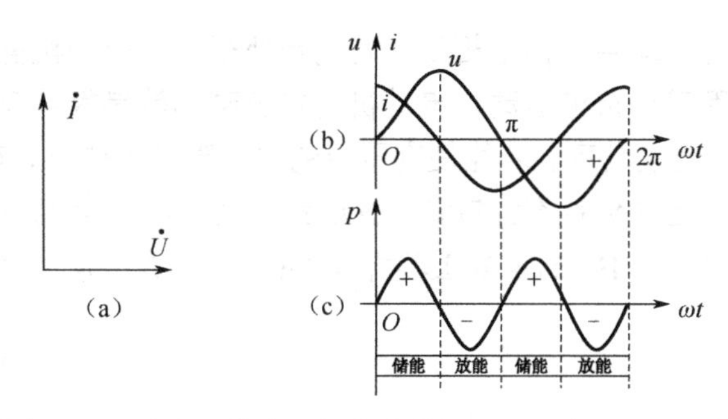

图 3.12　电容元件电压与电流的相量图、波形图及功率

2．纯电容电路的功率

为了便于比较，设电流 $i=\sqrt{2}I\sin(\omega t+90^{\circ})$，则电压 $u=\sqrt{2}U\sin(\omega t)$。纯电容电路的瞬时功率为

$$p=iu=\sqrt{2}I\sin(\omega t+90^{\circ})\cdot\sqrt{2}U\sin(\omega t)=IU\sin(2\omega t)$$

与纯电感电路的瞬时功率相似，纯电容电路的功率也是两倍于频率、按正弦规律变化，最大值为 IU，其波形图如图 3.12（c）所示。从波形图可以看出，在第一个 $\dfrac{T}{4}$ 和第三个 $\dfrac{T}{4}$ 时间内，U 与 I 同相，P 为正，电容从电源吸收能量，储存于电容器中；在第二个 $\dfrac{T}{4}$ 和第四个 $\dfrac{T}{4}$ 时间内，U 与 I 反相，P 为负，此时电容把电场能转换为电能，向电源释放能量。由此看出，一个周期内电容吸收的能量等于释放的能量，它在一个周期内的平均功率为零，自身并不消耗能量，故它是储能元件。

为了衡量电容元件与外界交换能量的规模，引入无功功率，即

$$Q_{\mathrm{C}}=-IU=-I^{2}X_{\mathrm{C}} \tag{3.36}$$

3．电容元件的储能

如果电容的电流为

$$i=C\frac{\mathrm{d}u}{\mathrm{d}t}$$

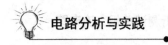

电容元件的瞬时功率为

$$p = iu = Cu\frac{\mathrm{d}u}{\mathrm{d}t}$$

电压从零上升到某一值时，电源供给的能量转化为电场能储存在电场中，其电场能为

$$W_{\mathrm{L}} = \int_0^t p\mathrm{d}t = \int_0^t Cu\mathrm{d}u = \frac{1}{2}Cu^2 \qquad (3.37)$$

特别提示

无功功率绝不是无用功率，恰恰相反，它的用处很大。电动机需要建立和维持旋转磁场，使转子转动，从而带动机械运动，电动机的转子磁场就是靠从电源取得无功功率建立的。变压器也同样需要无功功率，才能使变压器的原线圈产生磁场，在副线圈感应出电压。因此，没有无功功率，电动机就不会转动，变压器不能变压，交流接触器不会吸合。

例 3.6 已知 220V，50Hz 的电源上接有 4.75μF 的电容。求：电容的容抗、电流的有效值、无功功率。

解：容抗

$$X_{\mathrm{C}} = \frac{1}{\omega C} = \frac{1}{2\pi fC} = \frac{1}{2\times 3.14\times 50\times 4.75\times 10^{-6}}\Omega = 670\Omega$$

电流有效值

$$I = \frac{U}{X_{\mathrm{C}}} = \frac{220}{670}\mathrm{A} = 0.328\mathrm{A}$$

无功功率

$$Q_{\mathrm{C}} = -IU = -220\times 0.328\ \mathrm{var} = -72\ \mathrm{var}$$

想一想

有功功率与无功功率的区别和联系

在交流电路中，由电源供给负载的电功率有两种：一种是有功功率，一种是无功功率。有功功率是保持用电设备正常运行所需的电功率，也就是将电能转换为其他形式的能量（机械能、光能、热能）的电功率。无功功率比较抽象，它用于在电气设备中建立和维持磁场。它不对外作功，但要转变为其他形式的能量。凡是有电磁线圈的电气设备，要建立磁场，就要消耗无功功率。比如 40W 的日光灯，除需 40W 有功功率来发光外，还需 60var 左右的无功功率供镇流器的线圈建立磁场。在正常情况下，用电设备不但要从电源取得有功功率，同时还需要从电源取得无功功率。如果电网中的无功功率供不应求，用电设备就没有足够的无功功率来建立正常的电磁场，那么，这些用电设备就不能维持在额定情况下工作，用电设备的端电压就要下降，从而影响用电设备的正常运行。无功功率对供、用电产生的不良影响，主要表现在：降低发电机有功功率的输出；造成线路电压损失增大和电能损耗的增加；造成低功率因数运行和电压下降，使电气设备容量得不到充分发挥。

练一练

1．在直流电路中，电感元件相当于______状态，电容元件相当于______状态。

2．电阻元件上的电压的相位与电流的相位______；电感元件上的电压相位超前于电流相位________；电容元件上的电压相位滞后于电流相位______。

3．电感元件的感抗为________，与频率________；电容元件的容抗为________，与频率________。

3．已知交流接触器的线圈电阻为200Ω，电感量为7.3H，接到220V的工频电源上。求：（1）线圈中的电流？（2）如果误将此接触器接到220V的直流电源上，线圈中的电流又为多少？（3）如果此线圈允许通过的电流为0.1A，将产生什么后果？

4．一个L=0.5H的电感，先后接在$f_1=50\,\text{Hz}$和$f_2=1000\,\text{Hz}$，电压为220V的电源上，分别算出两种情况下的X_L、I_L和Q_L。

5．一个C=100μF的电容，先后接于$f_1=50\,\text{Hz}$和$f_2=60\,\text{Hz}$，电压为220V的电源上，试分别计算上述两种情况下的X_C、I_C和Q_C。

任务十四　探究基尔霍夫定律的相量表示

学一学

一、相量形式的基尔霍夫电流定律

基尔霍夫电流定律的实质是电流的连续性原理。在交流电路中，任一瞬间电流总是连续的，因此，基尔霍夫定律也适用于交流电路，即任一瞬间流过电路的任一节点的各电流瞬时值的代数和等于零，亦即

$$\sum i=0$$

对于交流电路而言，瞬时值是用解析式来表示的，因此基尔霍夫电流定律应表述为：流过电路中任一节点的各电流解析式的代数和等于零。正弦交流电路中各电流都是与电源同频率的正弦量，把这些同频率的正弦量用相量表示即得

$$\sum \dot{I}=0 \tag{3.38}$$

这就是**相量形式的基尔霍夫电流定律**（KCL）。电流前的正、负号是由其参考方向决定的，支路电流的参考方向流出节点时取正号，流入节点时取负号。

例3.7　如图3.13所示电路中，已知电流表A_1、A_2、A_3都是10A，求电路中电流表A的读数。

解：设端电压$\dot{U}=U\angle 0^\circ$ V。

（1）选定电流的参考方向如图3.13（a）所示，则

$$\dot{I}_1=10\angle 0^\circ\ \text{A}\qquad（电流与电压同相）$$

$$\dot{I}_2=10\angle -90^\circ\ \text{A}\qquad（电流滞后于电压90°）$$

$$\dot{I}=\dot{I}_1+\dot{I}_2=10\angle 0^\circ+10\angle -90^\circ=(10-\mathrm{j}10)\,\mathrm{A}=10\sqrt{2}\angle -45^\circ\ \mathrm{A}$$

即电流表 A 的读数为$10\sqrt{2}$ A。

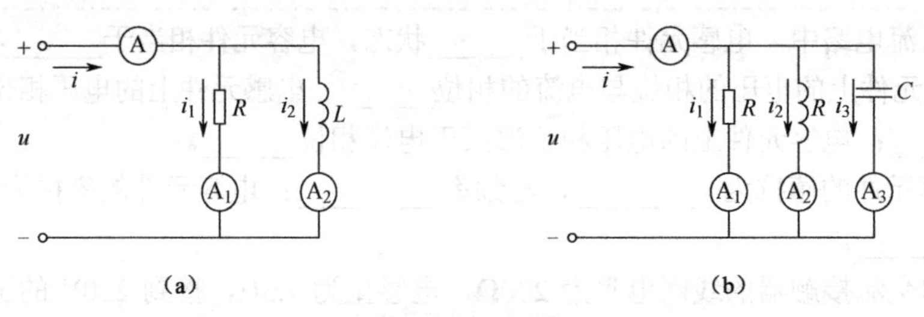

图 3.13　例 3.7 图

注意：这与直流电路是不同的，直流电路是代数和，交流电路是相量和。

（2）选定电流的参考方向如图 3.13（b）所示，则：

$$\dot{I}_1=10\angle 0^\circ\ \mathrm{A}$$

$$\dot{I}_2=10\angle -90^\circ\ \mathrm{A}$$

$$\dot{I}_2=10\angle 90^\circ\ \mathrm{A}$$

由 KCL 定律得

$$\dot{I}=\dot{I}_1+\dot{I}_2+\dot{I}_3=10\angle 0^\circ+10\angle -90^\circ+10\angle 90^\circ=(10-\mathrm{j}10+\mathrm{j}10)\,\mathrm{A}=10\,\mathrm{A}$$

即电流表的读数为 10 A。

二、相量形式的基尔霍夫电压定律

根据能量守恒定律，基尔霍夫电压定律也同样适用于交流电路，即任一瞬间，电路的任何一个回路中各段电压瞬时值的代数和等于零，亦即

$$\sum u=0$$

在正弦交流电路中，各段电压都是同频率的正弦量，所以表示一个回路中各段电压相量的代数和也等于零，即

$$\sum \dot{U}=0 \tag{3.39}$$

这就是**相量形式的基尔霍夫电压定律**（KVL）。应用 KVL 时，先对回路选一个绕行方向，参考方向与绕行方向一致的电压相量取正号，反之取负号。

例 3.8　如图 3.14 所示电路中，电压表 V_1、V_2、V_3 的读数都是 50 V，试分别求各电路中 V 表的读数。

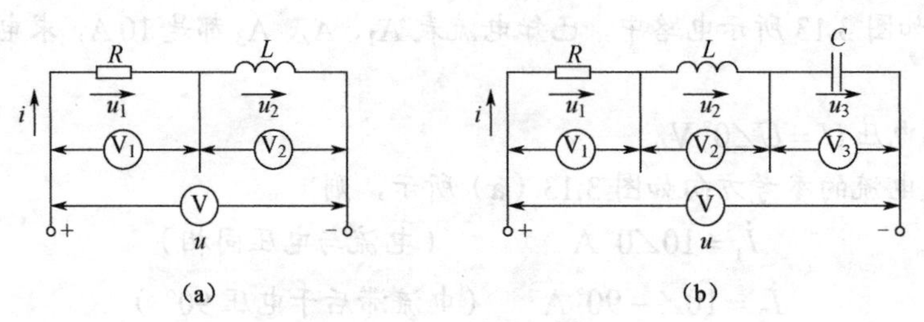

图 3.14　例 3.8 图

解：设电流为参考相量，即$\dot{I}=50\angle 0^\circ$ A。

（1）选定i、u_1、u_2及u的参考方向如图 3.14（a）所示，则

$$\dot{U}_1=50\angle 0^\circ \text{ V}\ （电压与电流同相）$$

$$\dot{U}_1=50\angle 90^\circ \text{ V}\ （电压超前于电流\ 90^\circ\ ）$$

由 KVL 定律可得

$$\dot{U}=\dot{U}_1+\dot{U}_2=50\angle 0^\circ+50\angle 90^\circ=50\sqrt{2}\angle 45^\circ \text{ V}$$

所以电压表的读数为$50\sqrt{2}$ V。

（2）选定i、u_1、u_2、u_3的参考方向如图 3.14（b）所示，则

$$\dot{U}_1=50\angle 0^\circ \text{ V}$$

$$\dot{U}_2=50\angle 90^\circ \text{ V}$$

$$\dot{U}_3=50\angle -90^\circ \text{ V}$$

由 KCL 定律可得

$$\dot{U}=\dot{U}_1+\dot{U}_2+\dot{U}_3=50\angle 0^\circ+50\angle 90^\circ+50\angle -90^\circ=50\text{V}$$

即电压表的读数为 50 V。

特别提示

在图 3.13 中，$I\neq I_1+I_2+I_3$，在图 3.14 中，$U\neq U_1+U_2+U_3$，从上述两例题可以看出，正弦量的有效值并不满足 KCL 和 KVL。这正是正弦交流电路与直流电路的不同之处，它是由正弦交流电路本身固有的规律所决定的。

想一想

电路求解大师

基尔霍夫是德国著名的物理学家，又称为“电路求解大师”。1845 年，21 岁时他发表了第一篇论文，提出了稳恒电路中电流、电压、电阻关系的两条基本定律，即著名的基尔霍夫电流定律（KCL）和基尔霍夫电压定律（KVL），解决了电路设计中电流和电压关系的问题。后来又研究了电路中电的流动和分布，进一步阐明了电路中两点间的电压和静电学的电势这两个物理量在量纲和单位上的一致，使基尔霍夫定律得到了更广泛的应用。

练一练

1．两个同频率的正弦电压的有效值为 30V 和 40V，试问：

（1）什么情况下，U_1+U_2的有效值为 70V？

（2）什么情况下，U_1+U_2的有效值为 50V？

（3）什么情况下，U_1+U_2的有效值为 10V？

2．图 3.15（a）、（b）所示电路中，已知电流表 A_1、A_2 的读数均为 20A，求电路中电

流表 A 的读数。

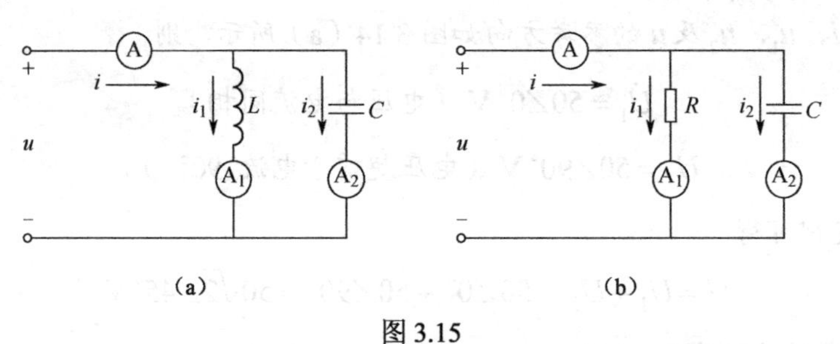

图 3.15

3．图 3.16（a）、（b）所示电路中，已知电流表 V_1、V_2 的读数均为 50V，求电路中电流表 V 的读数。

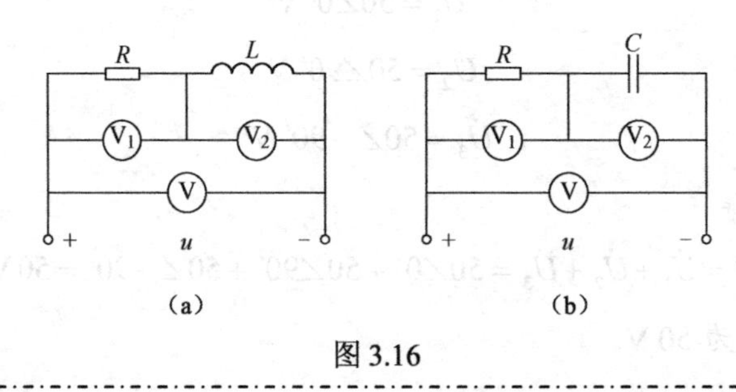

图 3.16

任务十五　认识电路的阻抗和导纳

学一学

一、电路的阻抗

如图 3.17（a）所示为单口无源二端网络，定义无源二端网络端口电压相量与端口电流相量的比值为该无源二端网络的阻抗，用符号 Z 表示，即

$$Z=\frac{\dot{U}}{\dot{I}} \tag{3.40}$$

式（3.40）称为欧姆定律的相量形式。Z 的单位为Ω（欧姆）。于是得出图 3.17（a）的无源单口网络的等效电路的相量模型如图 3.17（b）所示。

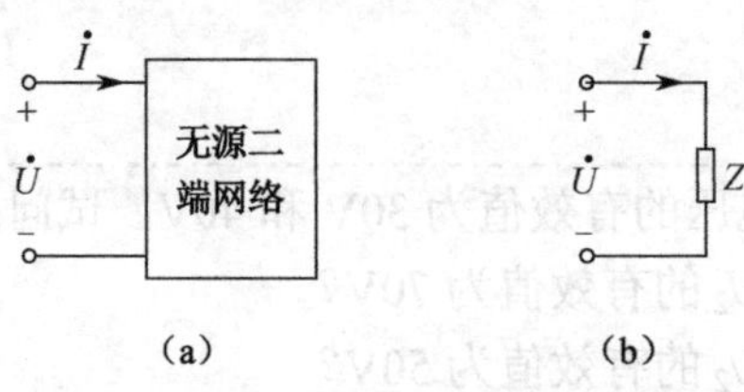

图 3.17　阻抗的定义

对于阻抗需要说明以下几点：

（1）从（3.40）定义式可知，阻抗是一个复数，因此它有极坐标和直角坐标两种表达形式，用极坐标形式表示为

$$Z=\frac{\dot{U}}{\dot{I}}=|Z|\angle(\psi_{\mathrm{u}}-\psi_{\mathrm{i}})$$
$$=|Z|\angle\varphi$$

其中

$$|Z|=\frac{U}{I}，\ \varphi=\psi_{\mathrm{u}}-\psi_{\mathrm{i}} \tag{3.41}$$

式（3.41）中$|Z|$表示**阻抗的大小**，称为阻抗的模，单位为 Ω（欧姆），它等于电压的有效值与电流的有效值之比，辐角φ称为**阻抗角**，它等于电压与电流的相位差。

用直角坐标形式表示为

$$Z=R+\mathrm{j}X \tag{3.42}$$

式（3.42）中实部 R 称为**阻抗的电阻分量**，为正值；虚部 X 称为**阻抗的电抗分量**，可能为正，也可能为负；单位都是 Ω（欧姆）。

由于

$$\dot{U}=\dot{I}Z=\dot{I}(R+\mathrm{j}X)=\dot{I}R+\mathrm{j}\dot{I}X=\dot{U}_{\mathrm{R}}+\dot{U}_{\mathrm{X}}$$

可见$\dot{U}_{\mathrm{R}}$与$\dot{I}$同相，$\dot{U}_{\mathrm{X}}$与$\dot{I}$相位相差$\frac{\pi}{2}$。

$\dot{U}$、$\dot{U}_{\mathrm{R}}$、$\dot{U}_{\mathrm{X}}$的相量图构成如图 3.18（a）所示的直角三角形，称为**电压三角形**。

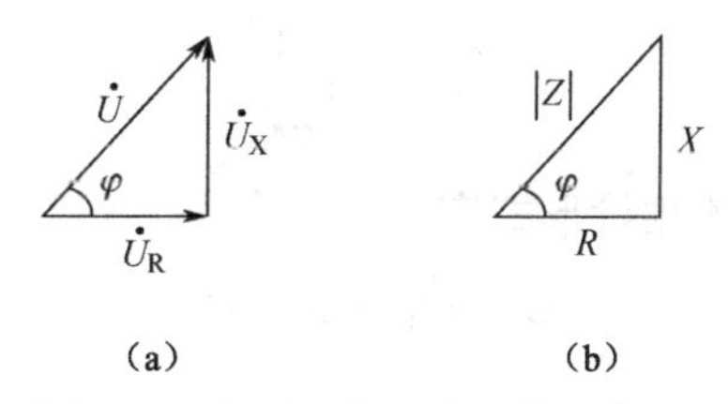

图 3.18　电压三角形和阻抗三角形

从电压三角形中，可以得到总电压和各部分电压之间的关系为

$$U=\sqrt{U_{\mathrm{R}}^2+U_{\mathrm{X}}^2}$$
$$U_{\mathrm{R}}=U\cos\varphi$$
$$U_{\mathrm{X}}=U\sin\varphi$$

由电压三角形进一步得到如图 3.18（b）所示的**阻抗三角形**。

从阻抗三角形可以得出，阻抗的直角坐标形式和极坐标形式的互换公式为

$$|Z|=\sqrt{R^2+X^2}，\ \varphi=\arctan\frac{X}{R} \tag{3.43}$$

$$R=|Z|\cos\varphi，\ X=|Z|\sin\varphi \tag{3.44}$$

（2）如果一端口内部仅含单一参数元件 R、L、C，则对应的阻抗分别为

$$Z=\frac{\dot{U}}{\dot{I}}=R$$

$$Z=\frac{\dot{U}}{\dot{I}}=\mathrm{j}\omega L=\mathrm{j}X_{\mathrm{L}}$$

$$Z=\frac{\dot{U}}{\dot{I}}=-\mathrm{j}\frac{1}{\omega C}=-\mathrm{j}X_{\mathrm{C}}$$

（3）如果二端网络内部为 RLC 串联电路，其电路相量模型如图 3.19 所示。图中，电流相量 $\dot{I}=I\angle\psi_{\mathrm{i}}$，$R$、$L$、$C$ 元件的电压相量分别为 $\dot{U}_{\mathrm{R}}$、$\dot{U}_{\mathrm{L}}$、$\dot{U}_{\mathrm{C}}$。

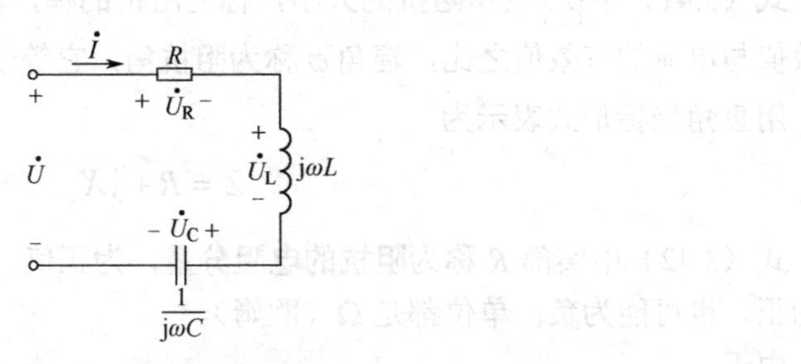

图 3.19　RLC 串联电路

根据元件的伏安关系的相量形式有

$$\dot{U}_{\mathrm{R}}=\dot{I}R$$

$$\dot{U}_{\mathrm{L}}=\mathrm{j}\omega L\dot{I}$$

$$\dot{U}_{\mathrm{C}}=-\mathrm{j}\frac{1}{\omega C}\dot{I}$$

根据基尔霍夫电压定律的相量形式有

$$\dot{U}=\dot{U}_{\mathrm{R}}+\dot{U}_{\mathrm{L}}+\dot{U}_{\mathrm{C}}$$

代入并整理得

$$\dot{U}=(R+\mathrm{j}\omega L-\mathrm{j}\frac{1}{\omega C})\dot{I}=(R+\mathrm{j}X)\dot{I}=|Z|\angle\phi$$

令 $Z=\frac{\dot{U}}{\dot{I}}$，而电路的阻抗 $Z=R+\mathrm{j}(X_{\mathrm{L}}-X_{\mathrm{C}})=R+\mathrm{j}X$，其中 $X=(X_{\mathrm{L}}-X_{\mathrm{C}})$。进一步分析可得：当 $\omega L>\frac{1}{\omega C}$ 时，有 $X_{\mathrm{L}}>X_{\mathrm{C}}$，即 $X>0$，$\varphi>0$，电路呈感性，相量图如图 3.20（a）所示；当 $\omega L<\frac{1}{\omega C}$ 时，有 $X_{\mathrm{L}}<X_{\mathrm{C}}$，即 $X<0$，$\varphi<0$，电路呈容性，相量图如图 3.20（b）所示；当 $\omega L=\frac{1}{\omega C}$ 时，有 $X_{\mathrm{L}}=X_{\mathrm{C}}$，即 $X=0$，$\varphi=0$，电路呈电阻性，相量图如图 3.20（c）所示。

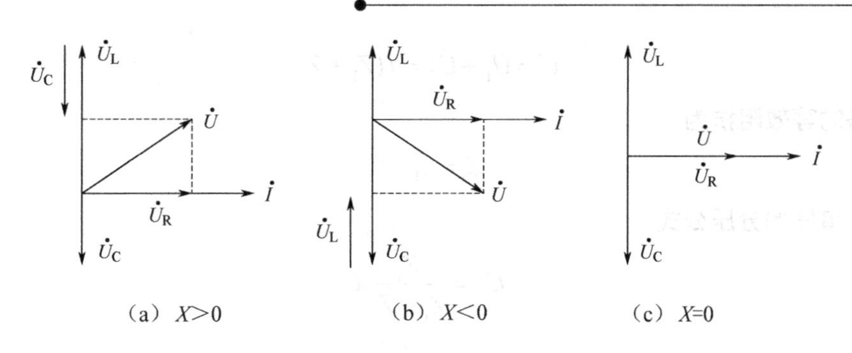

图 3.20　*RLC* 串联电路相量图

例 3.9　如图 3.19 所示的 *RLC* 串联电路，已知 R=5kΩ，L=6mH，C=0.001μF，$u=5\sqrt{2}\sin 10^6 t$ V。(1) 求电流 i 和各元件上的电压，画出相量图；(2) 当角频率变为 2×10^5rad/s 时，电路的性质有无改变。

解：(1) $X_L=\omega L=10^6\times6\times10^{-3}=6$

$$X_C=\frac{1}{\omega C}=\frac{1}{10^6\times0.001\times10^{-6}}=1$$

$$Z=R+j(X_L-X_C)=5+j(6-1)=5\sqrt{2}\angle45^\circ$$

$\varphi>0$，电路呈感性。

$$u=5\sqrt{2}\sin10^6t\,\text{V}$$

$$\dot{U}_m=5\sqrt{2}\angle0^\circ\text{V}$$

$$\dot{I}_m=\frac{\dot{U}_m}{Z}=\frac{5\sqrt{2}\angle0^\circ}{5\sqrt{2}\angle45^\circ}=1\angle-45^\circ\text{mA}$$

$$\dot{U}_{Rm}=R\dot{I}_m=5\times1\angle-45^\circ=5\angle-45^\circ\text{V}$$

$$\dot{U}_{Lm}=jX_L\dot{I}_m=j6\times1\angle-45^\circ=6\angle45^\circ\text{V}$$

$$\dot{U}_{Cm}=-jX_C\dot{I}_m=-j1\times1\angle-45^\circ=1\angle-135^\circ\text{V}$$

$$i=\sin(10^6t-45^\circ)\text{ mA}$$

$$u_R=5\sin(10^6t-45^\circ)\ \text{V}$$

$$u_L=6\sin(10^6t+45^\circ)\ \text{V}$$

$$u_C=\sin(10^6t-135^\circ)\ \text{V}$$

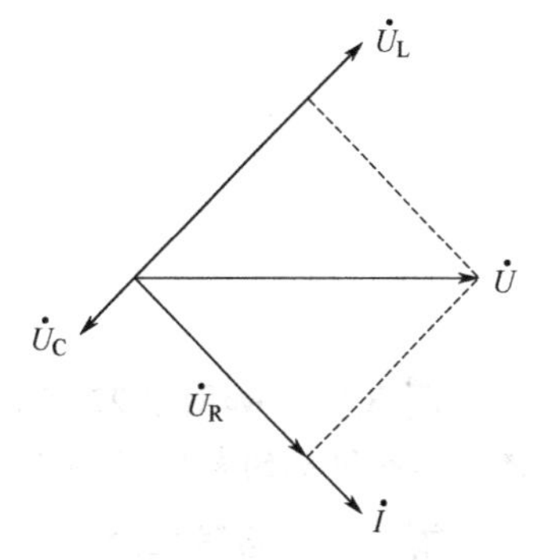

图 3.21　例 3.9 图

(2) 当角频率变为 2×10^5rad/s 时，电路阻抗为

$$\begin{aligned}Z&=R+j(X_L-X_C)\\&=5+j\left(2\times10^5\times6\times10^{-3}-\frac{1}{2\times10^5\times0.001\times10^{-6}}\right)\\&=5-j8.8=10.12\angle-60.4^\circ\text{k}\Omega\end{aligned}$$

因 $\varphi<0$，故电路呈容性。

二、阻抗的串联与并联

1. 阻抗的串联

两个阻抗的串联电路如图 3.22 所示，由基尔霍夫定律可写出其相量的表达式为

$$\dot{U}=\dot{U}_1+\dot{U}_2=\dot{I}(Z_1+Z_2)$$

电路的等效阻抗为

$$Z=Z_1+Z_2$$

阻抗串联的分压公式

$$\dot{U}_1=\frac{Z_1}{Z_1+Z_2}U$$

$$\dot{U}_2=\frac{Z_2}{Z_1+Z_2}U$$

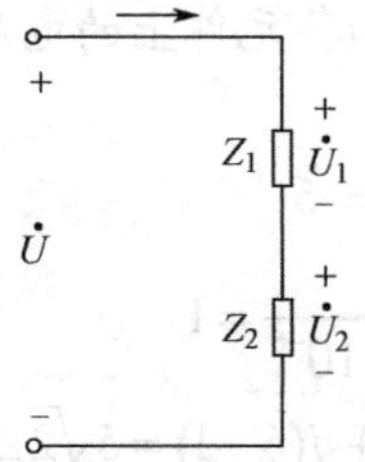

图 3.22 阻抗的串联

例 3.10 如图 3.22 所示电路，Z_1=6.16+j9Ω，Z_2=2.5－j4Ω，$\dot{U}=100\angle30°\,\mathrm{V}$，求总电流$\dot{I}$及各阻抗的电压$\dot{U}_1$和$\dot{U}_2$。

解： 电路总阻抗为

$$Z=Z_1+Z_2=6.16+\mathrm{j}9+2.5-\mathrm{j}5=8.66+\mathrm{j}5=10\angle30^{\circ}\,\Omega$$

总电流为

$$\dot{I}=\frac{\dot{U}}{Z}=\frac{100\angle30^{\circ}}{10\angle30^{\circ}}\Omega=10\angle0^{\circ}\,\Omega$$

各阻抗上的电压为

$$\dot{U}_1=\dot{I}Z_1=10\angle0^{\circ}(6.16+\mathrm{j}9)=10.9\angle55.6^{\circ}\times10\angle0^{\circ}\,\mathrm{V}=109\angle55.6^{\circ}\,\mathrm{V}$$

$$\dot{U}_2=\dot{I}Z_2=10\angle0^{\circ}(2.5-\mathrm{j}4)=4.72\angle-58^{\circ}\times10\angle0^{\circ}\,\mathrm{V}=47.2\angle-58^{\circ}\,\mathrm{V}$$

2．阻抗的并联

两个阻抗的并联电路如图 3.23 所示，KCL 方程的相应的相量式为

$$\dot{I}=\dot{I}_1+\dot{I}_2=\frac{\dot{U}}{Z_1}+\frac{\dot{U}}{Z_2}=\dot{U}(\frac{1}{Z_1}+\frac{1}{Z_2})$$

因$Z=\dot{U}/\dot{I}$，电路的总阻抗为

$$\frac{1}{Z}=\frac{1}{Z_1}+\frac{1}{Z_2}\text{或}Z=\frac{Z_1Z_2}{Z_1+Z_2}$$

阻抗并联的分流公式为

$$\dot{I}_1=\frac{Z_2}{Z_1+Z_2}\dot{I}$$

$$\dot{I}_2=\frac{Z_1}{Z_1+Z_2}\dot{I}$$

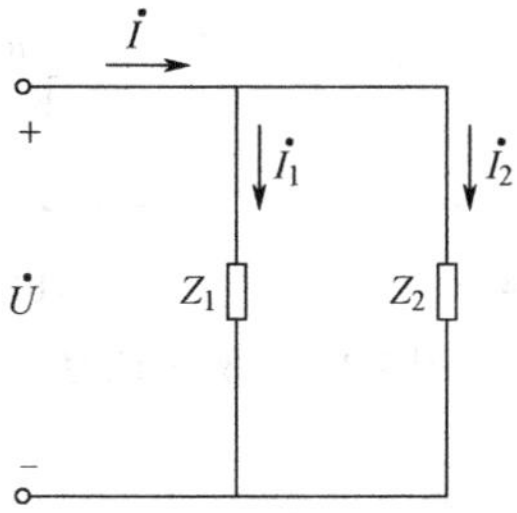

图 3.23　阻抗的并联

例 3.11　如图 3.23 所示电路，Z_1=1－jΩ，Z_2=3+j4Ω，$\dot{U}=10\angle 0^\circ \text{V}$，求总电流$\dot{I}$及各阻抗的电流$\dot{I}_1$和$\dot{I}_2$，并画出相量。

解：电路总阻抗为

$$Z=\frac{Z_1Z_2}{Z_1+Z_2}=\frac{(1-\text{j})(3+\text{j}4)}{1-\text{j}+3+\text{j}4}=\frac{7+\text{j}}{4+\text{j}3}=\frac{5\sqrt{2}\angle 8.1^\circ}{5\angle 36.9}\Omega=\sqrt{2}\angle 28.8^\circ\,\Omega$$

总电流为

$$\dot{I}=\frac{\dot{U}}{Z}=\frac{10\angle 0^\circ}{\sqrt{2}\angle 28.8^\circ}\text{A}=5\sqrt{2}\angle -28.8^\circ\ \text{A}$$

各阻抗中的电流为

$$\dot{I}_1-\frac{Z_2}{Z_1+Z_2}\dot{I}=\frac{3+\text{j}4}{1-\text{j}+3+\text{j}4}\times 5\sqrt{2}\angle\quad 28.8$$

$$=\frac{5\angle 53.1^\circ}{5\angle 36.9^\circ}\times 5\sqrt{2}\angle -28.8^\circ=5\sqrt{2}\angle 45^\circ\ \text{A}$$

$$\dot{I}_2=\frac{Z_1}{Z_1+Z_2}\dot{I}=\frac{1-\text{j}}{1-\text{j}+3+\text{j}4}\times 5\sqrt{2}\angle -28.8$$

$$=\frac{\sqrt{2}\angle -45^\circ}{5\angle 36.9^\circ}\times 5\sqrt{2}\angle -28.8^\circ=2\angle -53.1^\circ\ \text{A}$$

总电流$\dot{I}$、$\dot{I}_1$和$\dot{I}_2$的相量图如图 3.24 所示。

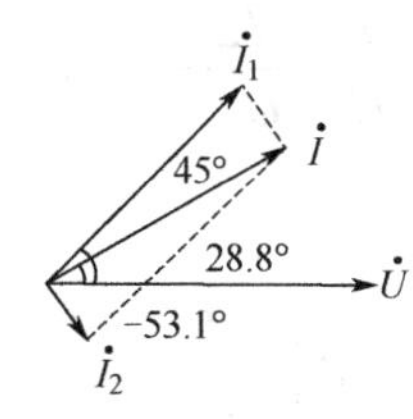

图 3.24　例 3.11 图

例 3.12 如图 3.25 所示的 RLC 并联电路中。已知 R=5Ω，L=5μH，C=0.4μF，电压有效值 U=10V，ω=10^6rad/s，求总电流 i，并说明电路的性质。

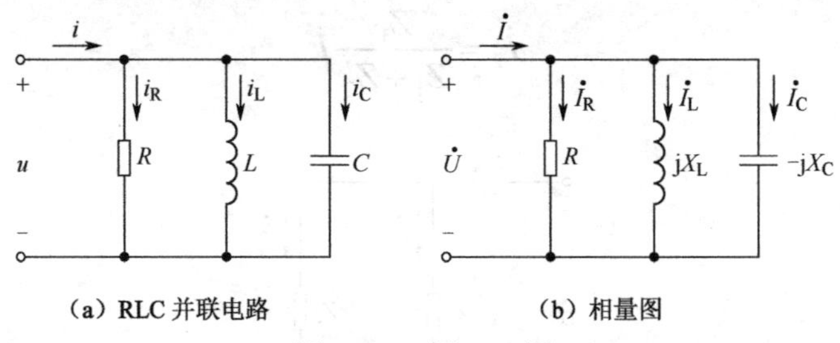

（a）RLC 并联电路　　（b）相量图

图 3.25　例 3.12 图

解： $X_{\mathrm{C}}=\dfrac{1}{\omega L}=\dfrac{1}{10^6\times 0.4\times 10^{-6}}\Omega=2.5\Omega$

设 $\dot{U}=10\angle 0^\circ\,\mathrm{V}$，则

$$\dot{I}_{\mathrm{L}}=\frac{\dot{U}}{\mathrm{j}X_{\mathrm{L}}}=\frac{10\angle 0^\circ}{\mathrm{j}5}\mathrm{A}=-\mathrm{j}2\,\mathrm{A}$$

$$\dot{I}_{\mathrm{R}}=\frac{\dot{U}}{R}=\frac{10\angle 0^\circ}{5}\mathrm{A}=2\,\mathrm{A}$$

$$\dot{I}_{\mathrm{C}}=\frac{\dot{U}}{-\mathrm{j}X_C}=\frac{10\angle 0^\circ}{-\mathrm{j}2.5}\mathrm{A}=\mathrm{j}4\,\mathrm{A}$$

$$\dot{I}=\dot{I}_{\mathrm{L}}+\dot{I}_{\mathrm{C}}+\dot{I}_{\mathrm{R}}=-\mathrm{j}2+2+\mathrm{j}4=2\sqrt{2}\angle 45^\circ\,\mathrm{A}$$

总电流为

$$i=4\sin(10^6t+45^\circ)\,\mathrm{A}$$

因为电流的相位超前电压，所以电路呈容性。

三、电路的导纳

如果单口无源网络，**端口上的电流相量与电压相量之比定义为导纳**，用 Y 表示，即

$$Y=\frac{\dot{I}}{\dot{U}} \tag{3.45}$$

导纳单位为 S（西）或（西门子）。对于导纳需要说明以下几点：

（1）导纳是一个复数，所以有

$$Y=\frac{\dot{I}}{\dot{U}}=\frac{I\angle\psi_{\mathrm{i}}}{U\angle\psi_{\mathrm{u}}}=|Y|\angle\varphi'$$

其中

$$\left.\begin{aligned}|Y|&=\frac{I}{U}\\ \varphi'&=\angle\psi_{\mathrm{i}}-\psi_{\mathrm{u}}\end{aligned}\right\} \tag{3.46}$$

由式（3.46）可知，**导纳的大小称为导纳模，它等于电流的有效值除以电压的有效值；辐角称为导纳角，它等于电流与电压的相位差。**

导纳的直角坐标形式为

$$Y=G+\mathrm{j}B$$

其中，实部 G 称为导纳的**电导分量**，虚部 B 称为导纳的**电纳分量**，它们的单位都为 S。

（2）当无源网络内为 R、L、C 单个组件时，对应的导纳分别为

$$Y=\frac{\dot{I}}{\dot{U}}=\frac{1}{R}=G$$

$$Y=\frac{\dot{I}}{\dot{U}}=-\mathrm{j}\frac{1}{\omega L}=-\mathrm{j}B_{\mathrm{L}}$$

$$Y=\frac{\dot{I}}{\dot{U}}=\mathrm{j}\omega C=\mathrm{j}B_{\mathrm{C}}$$

特别提示

应用向量法，引入阻抗和导纳后，交流电路的公式与直流电路的公式非常相似。因此，分析线性直流电路的方法都可以用来分析正弦稳态交流电路。其差别仅在于电压和电流用相应的电压相量和电流相量来代替，电阻和电导分别用阻抗和导纳来代替。

例 3.13　如图 3.26 所示电路相量模型中，R_1=10Ω，L=0.5H，R_2=1000Ω，C=10μF，U_S=100V，ω=314rad/s。求各支路电流和电压 U_{10}。

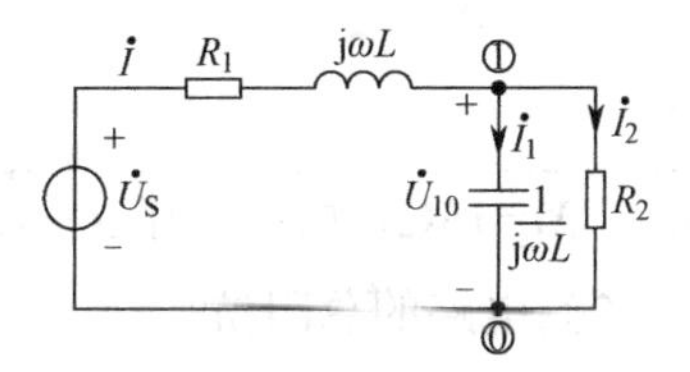

图 3.26　例 3.13 图

解：令 $\dot{U}_{\mathrm{S}}=100\angle 0^{\circ}\,\mathrm{V}$，各电流相量如图所示。

阻抗计算如下：

$$Z_{\mathrm{R1}}=10\Omega，\ Z_{\mathrm{R2}}=1000\Omega$$

$$Z_{\mathrm{L}}=\mathrm{j}\omega L=\mathrm{j}157\Omega，\ Z_{\mathrm{C}}=-\mathrm{j}\frac{1}{\omega C}=-\mathrm{j}318.2\Omega$$

Z_{R2} 与 Z_C 的并联等效阻抗为 Z_{12}，有

$$Z_{12}=\frac{Z_{\mathrm{R2}}Z_{\mathrm{C}}}{Z_{\mathrm{R2}}+Z_{\mathrm{C}}}=\frac{1000(-\mathrm{j}318.2)}{1000-\mathrm{j}318.2}=303.4\angle-72.3^{\circ}\,\Omega=(92.11-\mathrm{j}289.13)\Omega$$

总的输入阻抗 Z 为

$$Z=Z_{12}+Z_{\mathrm{R1}}+Z_{\mathrm{L}}=167\angle-52^{\circ}\,\Omega$$

各支路电流和电压 U_{10} 计算如下：

$$\dot{I}=\frac{\dot{U}_{\rm S}}{Z}=0.60\angle 52^\circ\ {\rm A}$$

$$\dot{U}_{10}=\dot{I}Z_{12}=182\angle-20^\circ\ {\rm V}$$

$$\dot{I}_1=\frac{\dot{U}_{10}}{Z_{\rm C}}=\frac{182\angle-20^\circ}{-{\rm j}318.2}{\rm A}=0.57\angle 70^\circ\ {\rm A}$$

$$\dot{I}_2=\frac{\dot{U}_{10}}{Z_{\rm R2}}=\frac{182\angle-20^\circ}{1000}{\rm A}=0.182\angle-20^\circ\ {\rm A}$$

想一想

阻抗的匹配

对于纯电阻电路，当负载电阻跟信号源内阻相等时，负载可获得最大输出功率，这就是阻抗匹配。交流电路中含有容性或感性元件，需要信号源与负载阻抗的实部相等，虚部互为相反数，称为共轭匹配。

在低频电路中，一般不考虑传输线的匹配问题，只考虑信号源跟负载之间的匹配情况，因为低频信号的波长远大于传输线，可以不考虑反射。如果需要输出大电流，则选择阻抗小的负载；如果需要输出高电压，则选择阻抗大的负载；如果需要输出功率最大，则选择跟信号源内阻匹配的阻抗。

练一练

1 RLC 并联电路中，R=40Ω，$X_{\rm L}$=15Ω，加在电压 $u=120\sqrt{2}\sin(100\pi t+30^\circ)$ V 的电源上。求：（1）电路上的总电流；（2）电路的总阻抗。

2．已知两个阻抗 Z_1=10+j20Ω，Z_2=20-j50Ω，若将 Z_1、Z_2 并联，（1）求电路的等效阻抗和等效导纳；（2）此时电路是呈感性还是容性？

3．电路的相量模型如图 3.27 所示，已知电流 $\dot{I}_{\rm C}=3\angle 0^\circ$ A，求电压源 $U_{\rm S}$。

4．电路相量模型如图 3.28 所示，已知 $X_{\rm C}$=50Ω，$X_{\rm L}$=100Ω，R=100Ω，I=2A，求 $I_{\rm R}$ 和 U。

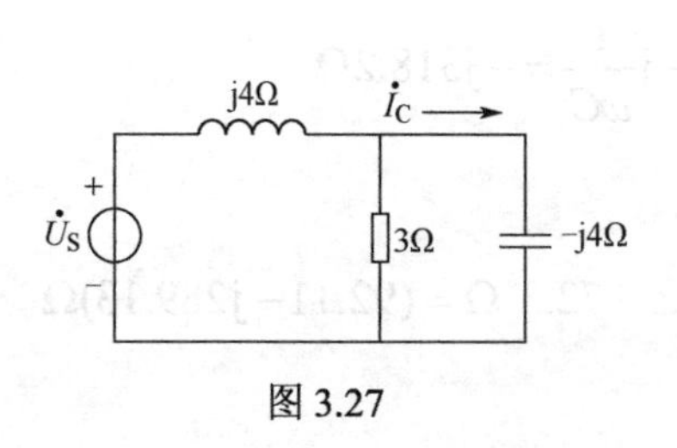

图 3.27

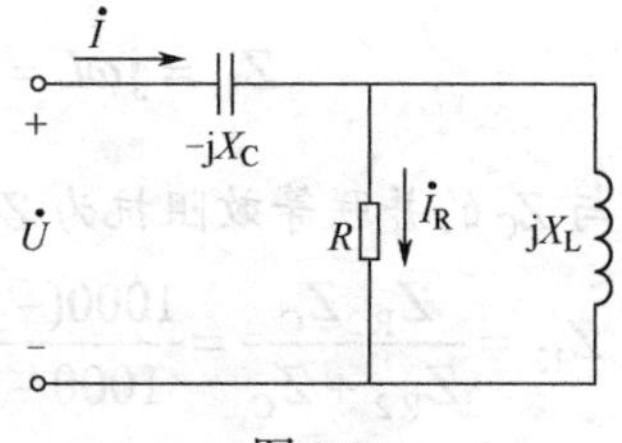

图 3.28

5．电路如图 3.29 所示，已知 R=$X_{\rm C}$=10Ω，$X_{\rm L}$=5Ω，$\dot{U}=220\angle 0^\circ$ V，试求：（1）导纳 Y，并说明电路的性质；（2）$\dot{I}$、$\dot{I}_{\rm R}$、$\dot{I}_{\rm L}$、$\dot{I}_{\rm C}$；（3）绘出相量图。

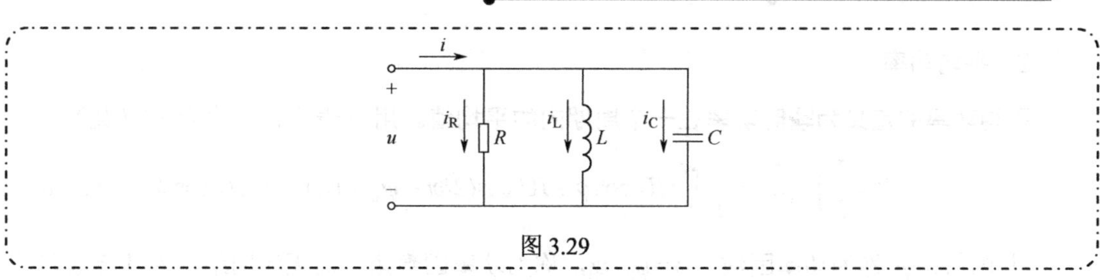

图 3.29

任务十六　计算交流电路的功率

学一学

正弦交流电路中的功率和能量关系要比直流电路复杂些，前面在分析单一元件的特性时已指出，电阻是耗能元件，电感、电容是储能元件，它们不消耗能量，只与外电路进行能量交换。

下面我们对无源单口网络吸收的功率作一般性讨论。

一、交流电路的功率

1．瞬时功率

设无源单口网络的电压、电流参考方向一致，电压和电流分别为

$$u(t)=\sqrt{2}U\sin(\omega t+\psi_{\rm u})$$

$$i(t)=\sqrt{2}I\sin(\omega t+\psi_{\rm i})$$

φ 为 u 和 i 的相位差，即 $\varphi=\psi_{\rm u}$-$\psi_{\rm i}$ 。

无源单口网络的瞬时功率为

$$\begin{aligned}p(t)=iu&=\sqrt{2}I\sin(\omega t+\psi_{\rm i})\cdot\sqrt{2}U\sin(\omega t+\psi_{\rm u})\\&=IU\cos\phi+IU\cos(2\omega t+\psi_{\rm i}+\psi_{\rm u})\end{aligned}\qquad(3.47)$$

从上式可以看出，瞬时功率由两部分组成：**一部分为 $IU\cos\varphi$，是一个与时间无关的恒定分量；另一部分为 $IU\cos(2\omega t+\psi_{\rm i}+\psi_{\rm u})$，随时间按 2ω 的余弦函数规律变化。**p、u、i 的波形图如图 3.30 所示。由图可以看到 u、i 以 ω 为频率变化，p 以 2ω 为频率变化，瞬时功率有时为正，有时为负。$p>0$ 时，无源单口网络吸收功率；$p<0$ 时，无源单口网络发出功率。

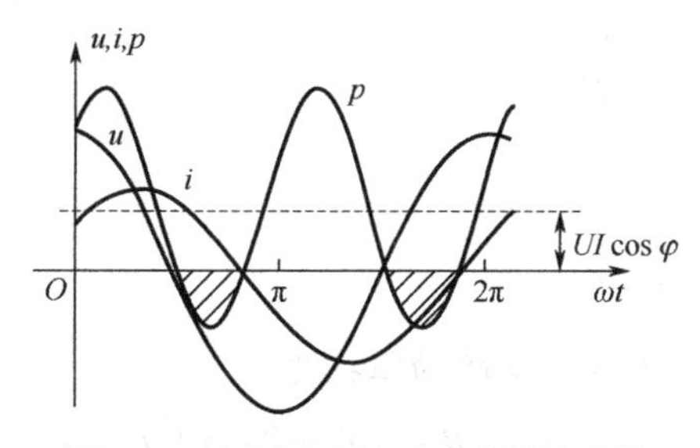

图 3.30　电压、电流、功率的波形图

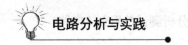

2. 平均功率

平均功率的定义为瞬时功率在一个周期内的平均值。用 P 表示，单位为 W（瓦）。

$$P=\frac{1}{T}\int_0^T p\mathrm{d}t=\frac{1}{T}\int_0^T [IU\cos\phi+IU\cos(2\omega t+\psi_\mathrm{u}+\psi_\mathrm{i})]\mathrm{d}t=IU\cos\phi \tag{3.48}$$

其中，$\cos\varphi$ 称为**功率因数**，$\varphi=\psi_\mathrm{u}-\psi_\mathrm{i}$，称为**功率因数角**，对无源网络，为其等效阻抗的阻抗角。

平均功率亦称为**有功功率**，实际上是电阻消耗的功率，**表示电路实际消耗的功率，它不仅与电压、电流的有效值有关，而且与 $\cos\varphi$ 有关**。这是交流电和直流电的重要区别，主要因为电压、电流存在相位差。

3. 无功功率

为了表征电源与单口网络之间能量交换规模，定义 $Q=IU\sin\varphi$ 为**无功功率**，单位为 var（乏）。无功功率可正可负。当 $\sin\varphi>0$，$Q>0$，此时的无功功率称为**感性无功功率**；当 $\sin\varphi<0$，$Q<0$，此时的无功功率称为**容性无功功率**。

单一元件的无功功率为：

电阻元件：$\varphi=0$，$Q=0$；

电感元件：$\varphi>0$，$Q=I_\mathrm{L}U_\mathrm{L}>0$；

电容元件：$\varphi<0$，$Q=-I_\mathrm{C}U_\mathrm{C}<0$。

4. 视在功率

定义电源电压的有效值与电流的有效值的乘积为**视在功率**。

$$S=IU \tag{3.49}$$

视在功率反映了交流电源可以向电路提供的最大功率，又称为**电源的容量**，其单位为 VA(伏安)。

有功功率、无功功率、视在功率的关系可以用如图 3.31 所示的**功率三角形**来表示。

例 3.14 如图 3.32 所示的电路，已知 $R=2\Omega$，$L=1\mathrm{H}$，$C=0.25\mathrm{F}$，$u=10\sqrt{2}\sin 2t\,\mathrm{V}$。求电路的有功功率 P、无功功率 Q、视在功率 S 和功率因数。

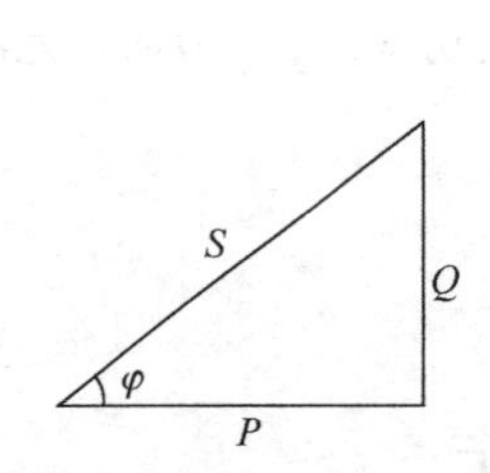

图 3.31 功率三角形

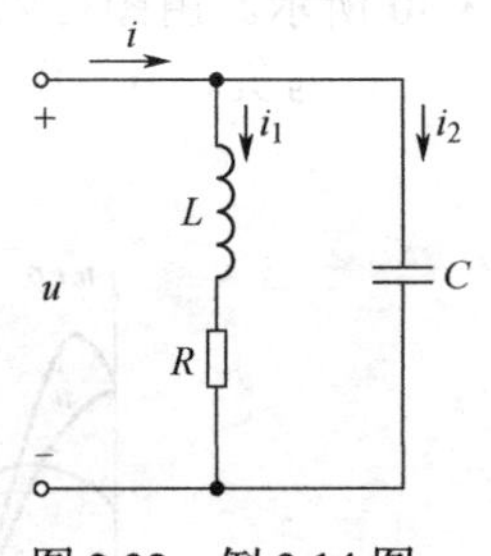

图 3.32 例 3.14 图

解：设 $\dot{U}=10\angle 0^\circ\,\mathrm{V}$，$RL$ 串联支路的阻抗为

$$Z_1=R+\mathrm{j}\omega L=2+\mathrm{j}2\Omega$$

电容的阻抗为

$$Z_2 = -\mathrm{j}\frac{1}{\omega C} = -\mathrm{j}2\Omega$$

电路的总阻抗为

$$Z = \frac{Z_1 Z_2}{Z_1 + Z_2} = \frac{(2+\mathrm{j}2)(-\mathrm{j}2)}{2+\mathrm{j}2-\mathrm{j}2} = 2-\mathrm{j}2\Omega = 2\sqrt{2}\angle -45^\circ\,\Omega$$

电流相量为

$$\dot{I} = \frac{\dot{U}}{Z} = \frac{10\angle 0^\circ}{2\sqrt{2}\angle -45^\circ}\,\mathrm{A} = 2.5\sqrt{2}\angle 45^\circ\,\mathrm{A}$$

有功功率、无功功率、视在功率和功率因数分别为

$$P = IU\cos\varphi = 2.5\sqrt{2}\times 10\cos(-45^\circ)\,\mathrm{W} = 25\,\mathrm{W}$$

$$Q = IU\sin\varphi = 2.5\sqrt{2}\times 10\sin(-45^\circ)\,\mathrm{var} = -25\,\mathrm{var}$$

$$S = IU = 2.5\sqrt{2}\times 10 = 25\sqrt{2}\,\mathrm{V\,A}$$

$$\cos\varphi = \cos(-45^\circ) = 0.707$$

二、功率因数提高

1．提高功率因数的意义

在电力系统中，发电厂在发出有功功率的同时也输出无功功率。两者在总功率中各占多少不是取决于发电机，而是由负载的功率因数决定。**功率因数低带来两个突出的问题：**一是设备的容量得不到充分利用；二是如果负载获得的功率一定时，功率因数越低，线路中电流就越大，则线路上的电压损失和电能损耗就越大。因此提高功率因数一方面减少供电线路上的电压损失和能量损耗；另一方面可以充分利用供电设备的容量，使同样的供电设备为更多的用电器供电。

2．提高功率因数的方法

提高功率因数的方法很多，对用户来讲大多数采用在感性负载两端并联适当的电容器。

感性负载电路中的电流落后于电压，并联电容器后可产生超前电压 90°的电容支路电流，抵减落后于电压的电流，使电路的总电流减小，从而减小阻抗角，提高电路功率因数。用串联电容器的方法也可提高电路的功率因数，但串联电容器使电路的总阻抗减小，总电流增大，从而加重电源的负担，因而不用串联电容器的方法来提高电路的功率因数。

如图 3.33（a）所示的感性负载并联电容后，原负载的电压和电流不变，吸收的有功功率和无功功率不变，即负载的工作状态不变，但电路的功率因数提高了。

在图 3.33（a）中，感性负载两端未并联电容时，电路电流为 $\dot{I}_1$，功率因数为 $\cos\varphi_1$，并联电容后电路的总电流为 $\dot{I}$，电路的功率因数为 $\cos\varphi_2$。显然有 $\dot{I} = \dot{I}_1 + \dot{I}_C$，作出相量图如图 3.33（b）所示，不难看出，相位差由原来的 φ_1 减小为 φ_2，所以，$\cos\varphi_2$ 大于 $\cos\varphi_1$，功率因数提高了。

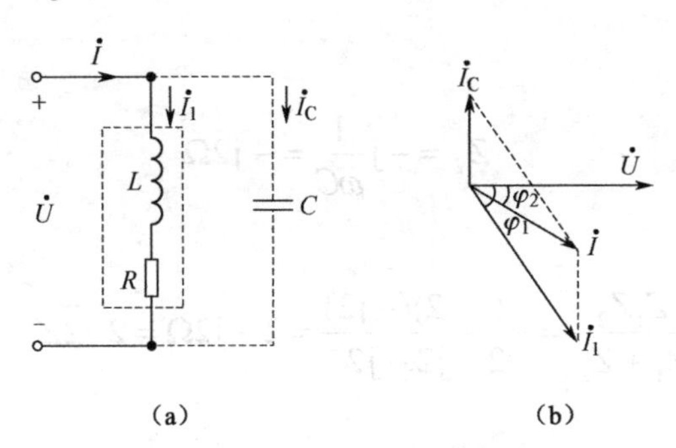

图 3.33 感性负载并联电容

由图 3.33（b）可知

$$I_C = I_1 \sin\varphi_1 - I \sin\varphi_2$$

其中

$$I = \frac{P}{U\cos\varphi_2}, \quad I_1 = \frac{P}{U\cos\varphi_1}$$

$$I_C = \omega C U^2 = \frac{P}{U}(\tan\varphi_1 - \tan\varphi_2)$$

并联电容的容量为

$$C = \frac{P}{\omega U^2}(\tan\varphi_1 - \tan\varphi_2)$$

功率因数提高后，线路上总电流减少，但继续提高功率因数所需电容很大，增加成本，总电流减小却不明显。因此一般将功率因数提高到 0.9 即可。

特别提示

影响电网功率因数的主要是大量的电感性设备，如异步电动机、感应电炉、交流电焊机等无功功率的消耗者。据有关的统计，在工矿企业所消耗的全部无功功率中，异步电动机的无功消耗占了 80％～90％；而在异步电动机空载时所消耗的无功又占到电动机总无功消耗的 60％～70％。所以要改善异步电动机的功率因数就要防止电动机的空载运行并尽可能提高负载率。

例 3.15 一台功率为 1.1kW 的感应电动机，接在 220V、50Hz 的电路中，电动机需要的电流为 10 A，求:（1）电动机的功率因数;（2）若在电动机两端并联一个 79.5μF 的电容器，电路的功率因数为多少？

解： 因电动机为感性负载，故在电动机两端并联电容器，可提高电路的功率因数，如图 3.33 所示。

（1）未并联电容前电动机的功率因数为

$$\cos\varphi_1 = \frac{P}{IU} = \frac{1.1\times1000}{10\times220} = 0.5$$

（2）由 $C = \frac{P}{\omega U^2}(\tan\varphi_1 - \tan\varphi_2)$ 可得

$$\tan\varphi_2=\tan\varphi_1-\frac{\omega CU^2}{P}=\tan 60^\circ-\frac{314\times10^{-6}\times220^2}{1.1\times1000}=0.632$$

即 $\varphi_2=32.3^\circ$，所以功率因数为

$$\cos\varphi_2=\cos 32.3^\circ=0.844$$

想一想

无功补偿的方法

提高功率因数的方法有两种：一是提高自然功率因数，包括合理选择电气设备，避免变压器轻载运行，改善机电设备的运行状况；二是通过人工补偿提高功率因数，最常用的是并联电容器。根据补偿电容器在供电系统中的装设位置，有高压集中补偿、低压成组补偿和低压分散补偿三种方式。高压集中补偿是将电容器集中装设在变配电所的 10kV 母线上，这种补偿方式只能补偿 10kV 母线前所有线路上的无功功率；低压分散补偿，又称个别补偿，是将补偿电容器分散地装设在各个车间或用电设备的附近。这种补偿方式能够补偿安装部位前的所有高低压线路和变电所主变压器的无功功率，因此它的补偿范围最大，效果也较好；但是这种补偿方式总的设备投资较大，且电容器在用电设备停止工作时，它也一并被切除，所以利用率不高。低压成组补偿是将电容器装设在车间变电所的低压母线上，这种补偿方式能补偿车间变电所低压母线前的车间变电所主变压器和厂内高压配电线及前面电力系统的无功功率，其补偿范围较大。由于这种补偿能使变压器的视在功率减小，从而使变压器容量选得小一些，比较经济，而且它安装在变电所低压配电室内，运行维护方便，目前工厂供电系统中用得较多。

练一练

1．已知某一无源二端网络的等效阻抗 $Z=10\angle60^\circ\Omega$，外加电压 $\dot{U}=220\angle15^\circ\text{V}$，求该网络的功率 P、Q、S 及功率因数 $\cos\varphi$。

2．一感性负载与 220V、50Hz 的电源相接，其功率因数为 0.6，消耗功率为 5kW，若要把功率因数提高到 0.9，应加接什么元件？其元件值如何？

任务十七　分析 *RLC* 串联谐振电路

学一学

谐振是正弦交流电路在特定条件下所产生的一种特殊物理现象，谐振现象在电工和电子技术中得到广泛应用，因此对电路中谐振现象的分析有重要的实际意义。

一、串联谐振的条件

含有 *RLC* 的一端口电路，**在特定条件下出现端口电压与电流相位相同的现象，此时称**

为电路发生了谐振。

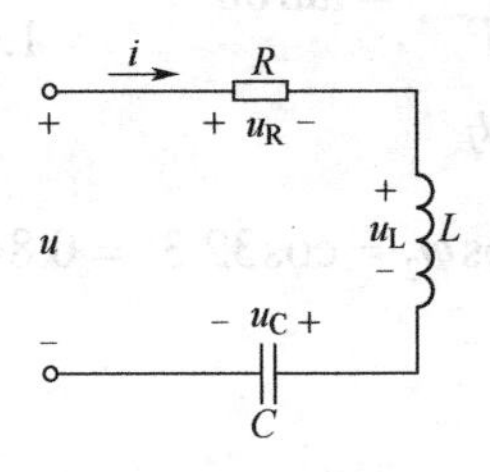

图 3.34 串联谐振电路

如图 3.34 所示的 *RLC* 串联电路发生谐振时称**串联谐振**。电路的输入阻抗为

$$Z = R + \mathrm{j}(\omega L - \frac{1}{\omega C}) = R + \mathrm{j}(X_\mathrm{L} - X_\mathrm{C}) = |Z|\angle\varphi$$

$$\varphi = \arctan\frac{X_\mathrm{L} - X_\mathrm{C}}{R}$$

根据谐振定义，电压与电流同相，即 $\varphi = 0$，亦即 $X_\mathrm{L} - X_\mathrm{C} = \omega L - \frac{1}{\omega C} = 0$ 时电路发生谐振，由此得出 *RLC* 串联电路的谐振条件是

$$\omega L = \frac{1}{\omega C} \tag{3.50}$$

即**串联谐振产生的条件是感抗等于容抗。**

谐振角频率为

$$\omega_0 = \frac{1}{\sqrt{LC}} \tag{3.51}$$

谐振频率为

$$f_0 = \frac{1}{2\pi\sqrt{LC}} \tag{3.52}$$

由式（3.52）说明 *RLC* 串联电路的谐振频率仅由电路的参数决定，因此谐振频率又称为固有频率。

由谐振条件得出串联电路实现谐振或避免谐振的方式有：

（1）若 L、C 固定不变，通过改变电源频率 f 使电路发生谐振称为调频调谐。

谐振频率是电路固有的频率，由电路参数决定，对 *RLC* 串联电路来说，只有当外加电压频率 f 与电路固有频率 f_0 相等时，电路才发生谐振。

（2）若电源频率 f 和电容 C 不变，通过改变电感 L 使电路发生谐振称为调感调谐。

（3）若电源频率 f 和电感 L 不变，通过改变电容 C 使电路发生谐振称为调容调谐。

二、串联电路谐振时的基本特征

（1）**谐振时，电路阻抗最小且为纯电阻。**因为谐振时电抗 X=0，$|Z| = \sqrt{R^2 + X^2} = R$ 为最小，即

$$Z_0 = R \tag{3.53}$$

（2）**谐振时，电路的电抗为零，感抗与容抗相等并等于特性阻抗**，即

$$\omega_0 L = \frac{1}{\omega_0 C} = \sqrt{\frac{L}{C}} = \rho \tag{3.54}$$

ρ 称为电路的特性阻抗，单位为Ω。它由电路的参数决定。

（3）**谐振时，电路中的电流最大，且与外加电源电压同相**。若电源电压一定时，谐振阻抗最小，则

$$\dot{I}_0 = \frac{\dot{U}}{Z_0} = \frac{\dot{U}}{R} \text{或} I_0 = \frac{U}{R} \tag{3.55}$$

（4）**谐振时，电感电压和电容电压大小相等、相位相反，其大小是电源电压的 Q 倍**。因为

$$\dot{U}_{\mathrm{L}} = \mathrm{j}\omega_0 L\dot{I} = \mathrm{j}\omega_0 L\frac{\dot{U}}{R} = \mathrm{j}Q\dot{U}$$

$$\dot{U}_{\mathrm{C}} = -\mathrm{j}\frac{1}{\omega_0 C}\dot{I} = -\mathrm{j}\frac{\dot{U}}{\omega_0 CR} = -\mathrm{j}Q\dot{U}$$

式中

$$Q = \omega_0 L = \frac{1}{\omega_0 C} = \frac{\rho}{R} \tag{3.56}$$

Q 称为谐振电路的**品质因数**，它是一个无量纲的量。由于 L、C 上的电压大小相等，相位相反，串联总电压 $\dot{U}_{\mathrm{L}} + \dot{U}_C = 0$，$L$、$C$ 相当于短路，此时电源电压全部加在电阻上，即 $\dot{U}_{\mathrm{R}} = \dot{U}$。对于一般实用的串联谐振电路，$R$ 很小且常用电感线圈导线内阻代替，Q 值很高，从几十到上千，于是谐振时电感和电容上的电压很高，所以串联谐振也称**电压谐振**。

（5）**谐振时，电路的无功功率为零，电源供电路的能量全部消耗在电阻上**。

电路谐振时有功功率为 $P = IU\cos\varphi = IU$，电阻上的功率达到最大。

电路谐振时无功功率为 $P = IU\sin\varphi = Q_{\mathrm{L}} + Q_{\mathrm{C}} = 0$，即电源不向电路输送无功。

电感中的无功与电容中的无功大小相等，互相补偿，相互进行能量转换。

例 3.16　在 RLC 串联回路中，电源电压为 5mV，试求回路谐振时的频率、谐振时元件 L 和 C 上的电压以及回路的品质因数。

解：RLC 串联回路的谐振频率为

$$f_0 = \frac{1}{2\pi\sqrt{LC}}$$

谐振回路的品质因数为

$$Q = \frac{2\pi f_0 L}{R}$$

谐振时元件 L 和 C 上的电压为

$$U_L = U_C = QU = \frac{5}{R}\sqrt{\frac{L}{C}}\,\text{mV}$$

例 3.17 在 RLC 串联电路中，已知 $L=100\text{mH}$，$R=3.4\Omega$，电路在输入信号频率为 400Hz 时发生谐振，求电容 C 的电容量和回路的品质因数。

解： 电容 C 的电容量为

$$C = \frac{1}{(2\pi f_0 L)^2} = \frac{1}{(2\times3.14\times400\times100\times10^{-3})^2}\,\text{F} \approx 1.58\mu\text{F}$$

回路的品质因数为

$$Q = \frac{2\pi f_0 L}{R} = \frac{2\times3.14\times100\times100\times10^{-3}}{3.4} \approx 74$$

三、串联谐振电路的选择性和通频带

1. 阻抗的幅频特性和相频特性

RLC 串联电路输入阻抗为

$$Z = R + \text{j}(\omega L - \frac{1}{\omega C}) = |Z(\omega)|\angle\varphi(\omega)$$

其中

$$|Z(\omega)| = \sqrt{R^2 + (\omega L - \frac{1}{\omega C})^2} \tag{3.57}$$

$$\varphi(\omega) = \arctan\frac{\omega L - \dfrac{1}{\omega C}}{R} \tag{3.58}$$

式（3.57）表示阻抗的模随频率的变化关系，称为**阻抗幅频特性**，幅频特性曲线如图 3.35 所示。

式（3.58）表示阻抗角随频率的变化关系，称为**阻抗相频特性**，相频特性曲线如图 3.36 所示。

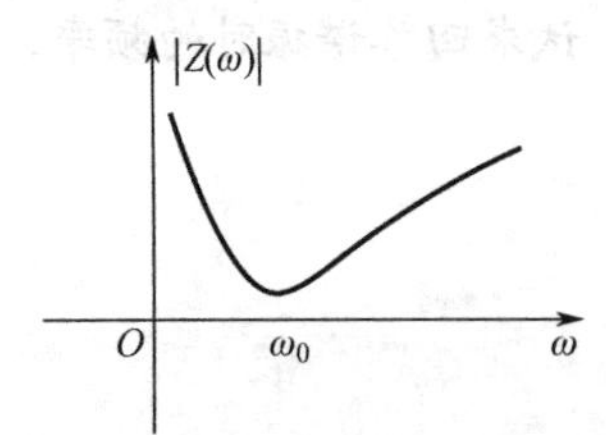

图 3.35 阻抗幅频特性曲线

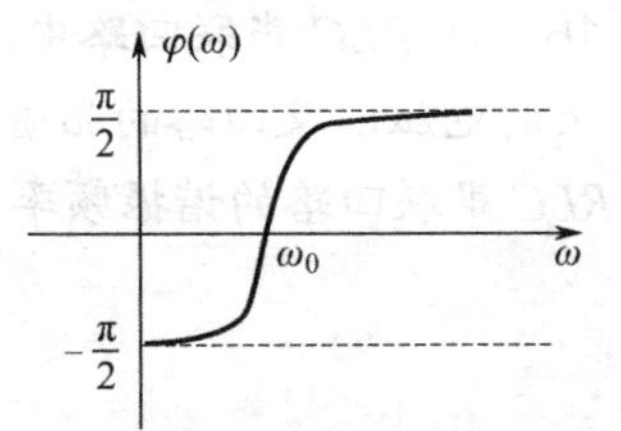

图 3.36 阻抗相频特性曲线

在电源电压有效值不变的情况下，电流的频率特性为

$$I(\omega) = \frac{U}{|Z|} = \frac{U}{\sqrt{R^2 + (\omega L - \dfrac{1}{\omega C})^2}} \tag{3.59}$$

电流值随频率的变化关系曲线如图 3.37 所示，该曲线称为**电流谐振曲线**。从电流谐振曲线看到，谐振时电流达到最大，当 ω 偏离 ω_0 时，电流从最大值降下来。即串联谐振电路对不同频率的信号有不同的响应，对谐振信号最突出，表现为电流最大，而对远离谐振频率的信号加以抑制。这种对不同频率信号的选择能力称为**谐振电路选择性**。因此串联谐振回路又称为**选频回路**。

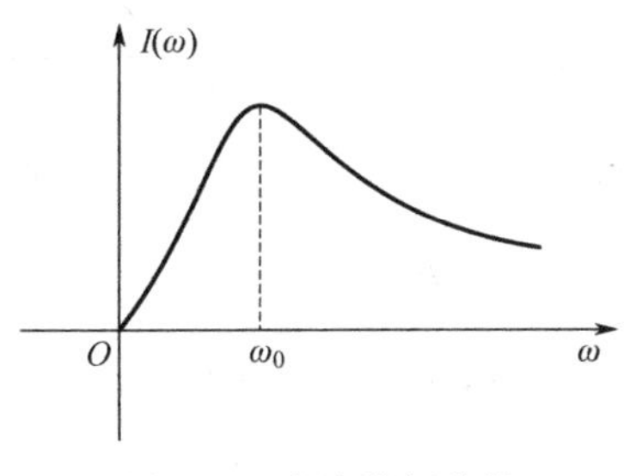

图 3.37　电流谐振曲线

2．选择性与通频带

为了在不同谐振回路之间进行比较，把电流谐振曲线的横、纵坐标分别除以 ω_0 和 $I(\omega_0)$，即

令 $\eta=\dfrac{\omega}{\omega_0}$，$\dfrac{I}{I_0}=\dfrac{I(\omega)}{I(\omega_0)}$，则有

$$\frac{I}{I_0}=\frac{U/|Z|}{U/R}=\frac{R}{\sqrt{R^2+(\omega L-\frac{1}{\omega C})^2}}=\frac{1}{\sqrt{1+(\frac{\omega L}{R}-\frac{1}{\omega RC})^2}}$$

$$=\frac{1}{\sqrt{1+(\frac{\omega_0 L}{R}\cdot\frac{\omega}{\omega_0}-\frac{1}{\omega_0 RC}\cdot\frac{\omega_0}{\omega}\cdot)^2}}=\frac{1}{\sqrt{1+(Q\frac{\omega}{\omega_0}-Q\frac{\omega_0}{\omega})^2}}$$

即

$$\frac{I}{I_0}=\frac{1}{\sqrt{1+Q^2(\eta-\frac{1}{\eta})^2}} \tag{3.60}$$

由式（3.60）作出的曲线如图 3.38 所示，称为**通用电流谐振曲线**。从曲线可以看出，选择性与品质因数 Q 有关，Q 越大，谐振曲线越尖。当稍微偏离谐振点时，曲线就急剧下降，电路对非谐振频率的电流具有较强的抑制能力。因此，Q 是反映谐振电路性质的一个重要指标。

一个实际的信号往往不是一个单一的频率，而是占用一定的频率范围。因此，实际应用中，既要考虑到回路选择性的优劣，又要考虑到一定范围内回路允许信号通过的能力。规定在谐振曲线上，$I=\dfrac{I_0}{\sqrt{2}}$ 所包含的频率范围叫做电路的**通频带**，用字母 BW 表示，如图 3.39 所示。

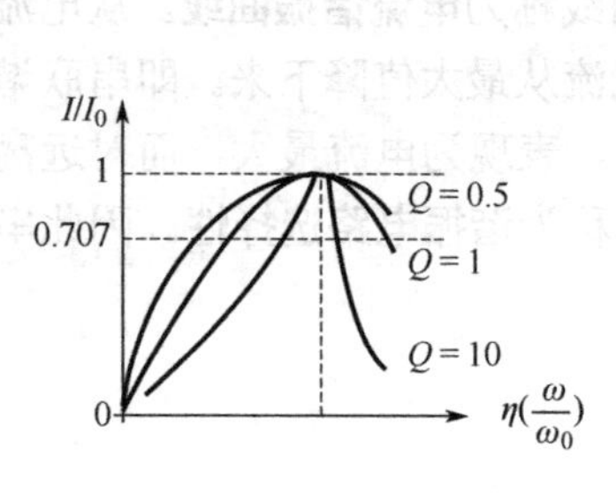

图 3.38　通用电流谐振曲线

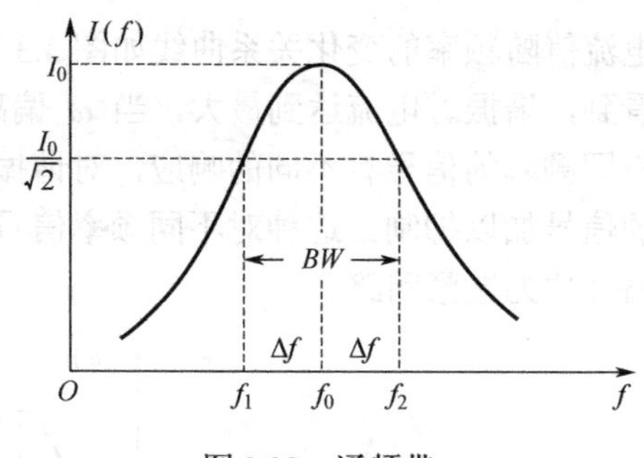

图 3.39　通频带

$$BW=f_2-f_1=2\Delta f$$

理论和实践证明，通频带 BW 与 f_0、Q 的关系为

$$BW=\frac{f_0}{Q} \tag{3.61}$$

上式表明，**回路的 Q 值越高，谐振曲线越尖锐，电路的通频带就越窄，选择性越好；反之，回路的 Q 值越小，谐振曲线越平坦，电路的通频带就越宽，选择性越差。即选择性与频带宽度是相互矛盾的两个物理量。**

特别提示

工程技术上有时要合理利用谐振，有时要避免发生谐振。例如，在无线电通信技术中，利用串联谐振，使微弱电压信号输入到谐振电路后，在电容或电感上获得比输入电压大许多倍的输出电压，以达到选择所需要信号的目的。而在电力系统中由于谐振会使电路中某些元件上产生过高的电压，可能损坏设备，应避免发生谐振。

想一想

串联谐振在耐压试验中的应用

耐压试验是判断电气设备绝缘强度的最有效和最直接的方法，它可以考验电气设备绝缘强度耐受长时间工频电压的作用能力。迄今为止电力行业一直沿用工频耐压试验来等效地考核绝缘耐受过电压的能力，以保证电气设备的绝缘水平。但有些电气设备，如输电线、电缆、大型发电机等电容量很大的被试品进行交流耐压试验时，常常需要很庞大的试验设备，而现场往往不具备这些条件。对于大型变压器等被试品，在交流耐压试验时的等值阻抗呈容性。

如图 3.40 所示，利用可调电抗器 L 与被试品（视为电容 C）构成串联电路，调整电抗器电感的大小，使之发生串联谐振。谐振时电感上的电压 u_L 和电容上的电压 u_C 是电源电压的 Q 倍，Q 一般可达到几十至一百左右。可见，电气试验中可以采用串联谐振法对电气设备进行耐压试验。试验电抗器电感和被试品的电容发生谐振时，会产生高电压和大电流，而电源所需提供的仅仅是系统中有功消耗的部分，从而使得试验设备轻量化，适宜于现场试验。

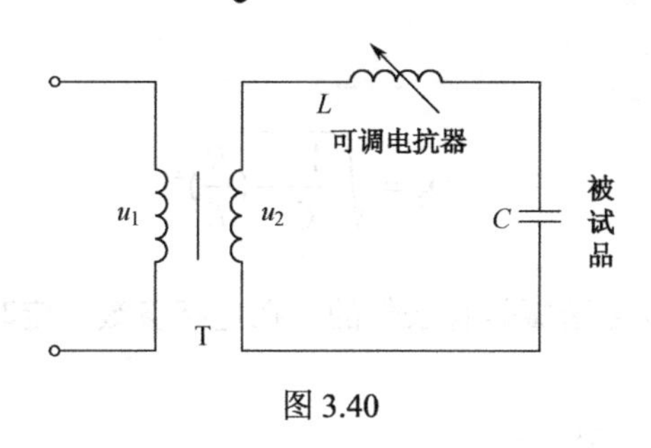

图 3.40

练一练

1．串联正弦交流电路发生谐振的条件是________，谐振时的谐振频率品质因数 Q________，串联谐振又称为________。

2. 在发生串联谐振时，电路中的感抗与容抗________；此时电路中的阻抗最________，电流最________，总阻抗 Z=________。

3．在一 RLC 串联正弦交流电路中，用电压表测得电阻、电感、电容上电压均为 10V，用电流表测得电流为 10A，此电路中 R=________，P=________，Q=________，S=________。

4．在 RLC 串联电路中，已知 L=100mH，R=3.4Ω，电路在输入信号频率为 400Hz 时发生谐振，求电容 C 的电容量和回路的品质因数.

5．一个串联谐振电路的特性阻抗为 100Ω，品质因数为 100，谐振时的角频率为 1000rad/s，试求 R、L 和 C 的值。

任务十八　分析 *RLC* 并联谐振电路

学一学

当信号源内阻较大时，为了获得较好的选频特性就必须采用在谐振频率及其附近具有高阻抗的并联谐振电路。

一、并联谐振条件

实际的并联谐振电路常常由电感线圈与电容器并联而成，工程上电感线圈是有电阻的，故组成的并联谐振电路常用如图 3.41 所示的电路模型来表示，分析这种谐振电路更具有实际意义。

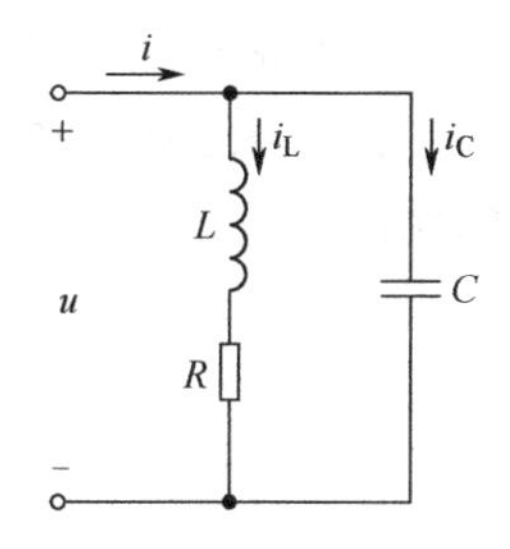

图 3.41　并联谐振电路

对于并联电路，应用导纳分析较为方便。如图3.41所示电路的导纳为

$$Y = \mathrm{j}\omega C + \frac{1}{R+\mathrm{j}\omega L} = \frac{R}{R^2+(\omega L)^2} + \mathrm{j}(\omega C - \frac{\omega L}{R^2+(\omega L)^2}) = G + \mathrm{j}B$$

当电路发生谐振时，虚部为零，即B=0，亦即**并联谐振电路发生谐振的条件为**

$$\omega C - \frac{\omega L}{R^2+(\omega L)^2} = 0$$

由此得出**谐振角频率**

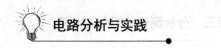

$$\omega_0 = \sqrt{\frac{1}{LC} - (\frac{R}{L})^2} \tag{3.62}$$

由(3.62)可知，电路发生谐振是有条件的，在电路参数一定时，满足$\frac{1}{LC} - (\frac{R}{L})^2 > 0$，即$R < \sqrt{\frac{L}{C}}$时，电路可能发生谐振。

实际应用的并联谐振电路，线圈本身的电阻很小。在高频电路中，一般都能满足$R << \omega_0 L$或$\frac{1}{LC} >> \frac{R^2}{L^2}$。于是由式(3.62)可以得到谐振角频率和谐振频率为

$$\omega_0 \approx \frac{1}{\sqrt{LC}} \tag{3.63}$$

$$f_0 \approx \frac{1}{2\pi\sqrt{LC}} \tag{3.64}$$

与串联谐振频率近似于相等。

二、并联谐振电路的基本特征

（1）谐振时，输入阻抗达最大值。

$$Z = R_0 = \frac{1}{G} = \frac{R^2 + (\omega L)^2}{R} \approx \frac{(\omega L)^2}{R} = \frac{L}{RC}$$

（2）谐振时，若电流一定，总电压达最大值。

$$U_0 = I_0 Z = I_0 \frac{L}{RC}$$

（3）谐振时，支路电流是总电流的 Q 倍。

设 $R \ll \omega_0 L$，并联谐振回路的品质因数定义为谐振时的容纳（或感纳）与输入电导 G 的比值。即

$$Q = \frac{\omega_0 C}{G} = \frac{\omega_0 C}{\frac{RC}{L}} = \frac{\omega_0 L}{R} = \frac{1}{R}\sqrt{\frac{L}{C}} \tag{3.65}$$

$$I_{\mathrm{L}} \approx I_{\mathrm{C}} \approx \frac{U}{\omega_0 L} = \omega_0 CU$$

$$\frac{I_{\mathrm{L}}}{I_0} = \frac{I_{\mathrm{C}}}{I_0} = \frac{U/\omega_0 L}{U/(RC/L)} = \frac{1}{\omega_0 RC} = Q$$

由此得出 $$I_{\mathrm{L}} \approx I_{\mathrm{C}} = QI_0 \gg I_0$$

因此并联谐振也称为**电流谐振**。

例 3.18　线圈与电容器并联电路，已知线圈的电阻 $R=10\Omega$，电感 $L=0.127\text{mH}$，电容 $C=200\text{pF}$，谐振时总电流 $I_0=0.2\text{mA}$。求：（1）电路的谐振频率 f_0 和谐振阻抗 Z_0；（2）电感支路和电容支路的电流 I_{L0}、I_{C0}。

解：线圈的品质因数

$$Q=\frac{1}{R}\sqrt{\frac{L}{C}}=\frac{1}{10}\sqrt{\frac{0.127\times10^{-3}}{200\times10^{-12}}}\approx80$$

（1）谐振频率和谐振阻抗为

$$f_0\approx\frac{1}{2\pi\sqrt{LC}}=\frac{1}{2\pi\sqrt{0.127\times10^{-3}\times200\times10^{-12}}}\text{Hz}=10^6\text{ Hz}$$

$$Z=\frac{L}{RC}=\frac{0.127\times10^{-3}}{10\times200\times10^{-12}}\Omega=64000\Omega=64\text{k}\Omega$$

（2）电感支路和电容支路的电流 I_{L0} 、I_{C0} 为

$$I_{L0}\approx I_{C0}=QI_0=80\times0.2\text{mA}=16\text{mA}$$

特别提示

学习要注意区分 *RLC* 串、并联谐振电路的特点。串联谐振的特点：电路呈纯电阻性，电源电压和电流同相位，电路的阻抗最小，电流最大，在电感和电容上可能产生比电源电压大很多倍的高电压，因此串联谐振也称电压谐振。并联谐振的特点：电路端电压和总电流同相位，电路总阻抗最大，电流最小，而支路电流往往大于电路中的总电流，因此，并联谐振也叫电流谐振。

想一想

并联谐振的应用

在电子电路中常用并联谐振回路滤除干扰信号，其作用原理如图 3.42 所示。当某个干扰信号频率等于并联回路谐振频率时，该回路对这个干扰信号呈现出很大的阻抗，该并联谐振回路就抑制这个干扰信号，不让它进入接收机。

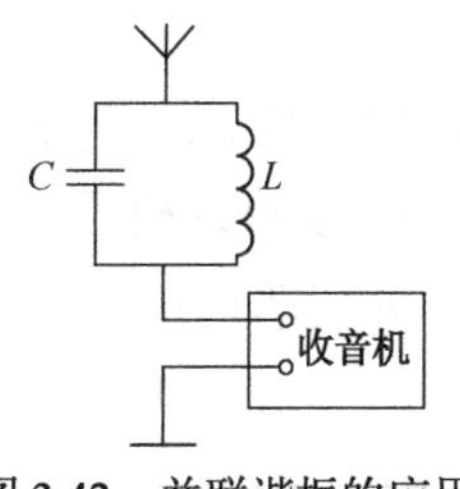

图 3.42　并联谐振的应用

练一练

1．*RLC* 并联电路中，已知 $\omega_0=5\times10^6\text{rad/s}$，$Q=100$，谐振时阻抗 $Z=2\text{k}\Omega$，试求：R、L、C。

2．如图 3.41 所示 *RLC* 组成的并联谐振电路，$L=0.25\text{mH}$，$C=85\text{pF}$，$R=13.7\Omega$，电源电压为 10V，求电路的谐振频率，谐振阻抗，谐振时的电流 I、I_L、I_C 各为多少？

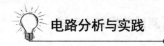

任务十九　分析非正弦周期电流电路

学一学

一、非正弦周期电流

前面分析正弦稳态电路，主要介绍了在一个或多个同频率正弦电源作用时，电路各部分的电压、电流都是同频率的正弦量。但在工程实际中还存在着按非正弦规律变化的电源。其中的电流是时间的非正弦函数，称为**非正弦电流**。**非正弦电流又分为周期的和非周期的两种**。本任务主要讨论在非正弦周期电压、电流作用下的电路分析法。

如图 3.43 所示的几种非正弦周期波形都是工程中常见的例子。

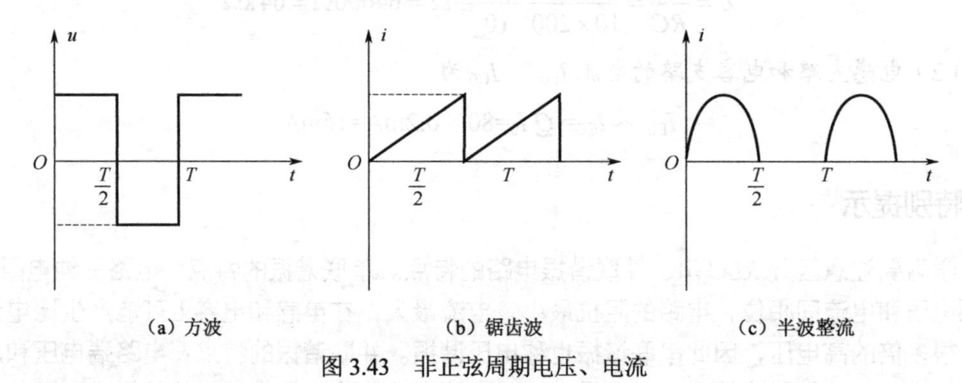

图 3.43　非正弦周期电压、电流

二、非正弦周期量的有效值、平均值、平均功率

非正弦的周期电压、电流信号都可以用一个周期函数表示，即 $f(t)=f(t+kT)$，式中 T 为周期函数 $f(t)$ 的周期，k=0，1，2，…。如果给定的周期函数满足狄里赫利条件，它就能展开成一个收敛的傅里叶级数，即

$$f(t)=A_0+\sum_{k=1}^{\infty}A_{km}\cos(k\omega t+\theta_k) \qquad (3.66)$$

式中第一项 A_0 称为 $f(t)$ 的**恒定分量**（或直流分量），第二项称为**一次谐波**（或基波分量），其频率与 $f(t)$ 相同，其他各项称为高次谐波分量，即 2，3，…k，次**谐波分量**。

常用非正弦周期函数的傅里叶级数见表 3.1。

表 3.1　一些典型周期函数的傅里叶级数

序号	波形图	傅里叶级数
1	$f(t)$；A_m；O；$\frac{T}{2}$；T；t；方波	$f(t)=\frac{4A_m}{\pi}(\sin\omega t+\frac{1}{3}\sin 3\omega t+\frac{1}{5}\sin 5\omega t+\cdots+\frac{1}{k}\sin k\omega t+\cdots)$　k=1，3，5，…

续表

序号	波形图	傅里叶级数
2	锯齿波	$f(t)=\frac{A_m}{2}-\frac{A_m}{\pi}(\sin\omega t+\frac{1}{2}\sin 2\omega t+\frac{1}{3}\sin 3\omega t+\cdots+\frac{1}{k}\sin k\omega t+\cdots)$ k=1，2，3，4，…
3	三角波	$f(t)=\frac{8A_m}{\pi^2}[\sin\omega t-\frac{1}{9}\sin 3\omega t+\frac{1}{25}\sin 5\omega t+\cdots+\frac{(-1)^{\frac{k-1}{2}}}{k^2}\sin(k\omega t)+\cdots]$ k=1，3，5，…
4	全波整流	$f(t)=\frac{4A_m}{\pi}[\frac{1}{2}+\frac{1}{3}\cos 2\omega t-\frac{1}{15}\sin 4\omega t+\cdots+\frac{\cos(\frac{k\pi}{2})}{k^2-1}\cos k\omega t+\cdots]$ k=2，4，6，…
5	梯形波	$f(t)=\frac{4A_m}{\omega t_0\pi}(\sin\omega t_0\sin\omega t+\frac{1}{9}\sin 3\omega t_0\sin 3\omega t+\frac{1}{25}\sin 5\omega t_0\sin 5\omega t+\cdots+\frac{1}{k^2}\sin k\omega t_0\sin k\omega t+\cdots)$ k=1，3，5，…

1．有效值

假设一非正弦的周期电流 i 可以分解为傅里叶级数

$$i(t)=I_0+\sum_{k=1}^{\infty}I_{km}\cos(k\omega t+\theta_k)$$

电流的有效值 I 为

$$I=\sqrt{\frac{1}{T}\int_0^T i^2\mathrm{d}t}=\sqrt{\frac{1}{T}\int_0^T[I_0+\sum_{k=1}^{\infty}I_{km}\cos(k\omega t+\theta_k)]^2\mathrm{d}t} \tag{3.67}$$

上式中方括号平方展开后将得到下列四种类型的积分，其积分结果分别为

$$\frac{1}{T}\int_0^T I_0^2\mathrm{d}t=I_0^2$$

$$\frac{1}{T}\int_0^T I_{km}^2\cos^2(k\omega t+\theta_k)\mathrm{d}t=I_k^2$$

$$\frac{1}{T}\int_0^T 2I_0\cos(k\omega t+\theta_k)\mathrm{d}t=0$$

$$\frac{1}{T}\int_0^T 2I_{k\mathrm{m}}\cos(k\omega t+\theta_k)I_{q\mathrm{m}}\cos(q\omega t+\theta_q\mathrm{d}t=0\quad(k\neq q)$$

将以上四式代入（3.67）得电流有效值 I 为

$$I=\sqrt{I_0^2+I_1^2+I_2^2+\cdots}=\sqrt{I_0^2+\sum_{k-1}^{\infty}I_k^2}\tag{3.68}$$

上式表明，**非正弦周期电流的有效值等于恒定分量的平方与各次谐波有效值平方之和的平方根**。此结论可以推广用于其他任意非正弦周期量。

2．平均值

周期电流的平均值为

$$I_{\mathrm{aV}}=\frac{1}{T}\int_0^T\left|I_{\mathrm{m}}\sin(\omega t)\right|\mathrm{d}t=\frac{4I_{\mathrm{m}}}{T}\int_0^{T/4}\sin(\omega t)\mathrm{d}t=0.637I_{\mathrm{m}}=0.898I$$

它相当于正弦电流经全波整流后的平均值。

对于同一非正弦周期电流，当用不同类型的仪表测量时，会得到不同的值。这是由各种仪表的设计原理决定的。例如，直流仪表（磁电系仪表）的偏转角 $\alpha\infty\frac{1}{T}\int_0^T i\mathrm{d}t$，所以用磁电系仪表测得的值将是电流的恒定分量。而电磁系仪表的偏转角 $\alpha\infty\frac{1}{T}\int_0^T i^2\mathrm{d}t$，所以用电磁系仪表测得的值将是电流的有效值。另外，全波整流仪表的偏转角 $\alpha\infty|i|$，所以用其测量电流将得到电流的平均值。因此，**测量非正弦周期电压、电流时要注意仪表的选择。**

3．平均功率

设如图 3.44 所示的一端口网络，其端口电压、电流选取关联参考方向，则其吸收的瞬时功率为

$$p(t)=iu=[I_0+\sum_{k=1}^{\infty}I_{k\mathrm{m}}\cos(k\omega t+\theta_{\mathrm{i}k})]\cdot[U_0+\sum_{k=1}^{\infty}U_{k\mathrm{m}}\cos(k\omega t+\theta_{\mathrm{u}k})]$$

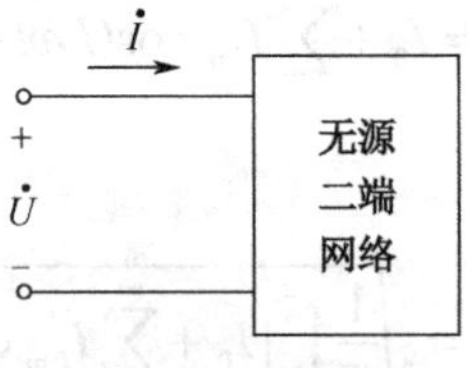

无源二端网络 ($\dot{I}$, $\dot{U}$, +, −)

图 3.44

它的平均功率仍定义为 $P=\frac{1}{T}\int_0^T p\mathrm{d}t$，由三角函数积分的特点，上式中不同频率正弦电压与电流乘积的积分为零，同频率正弦电压、电流乘积的积分不为零，其第 k 次为

$$P_k=U_{km}I_{km}\cos(\theta_{\mathrm{u}k}-\theta_{\mathrm{i}k})=U_kI_k\cos(\varphi_k)$$

且直流分量电压、电流乘积的积分项为 U_0I_0，所以平均功率 P 为

$$P = U_0 I_0 + U_1 I_1 \cos\varphi_1 + U_2 I_2 \cos\varphi_2 + \cdots + U_k I_k \cos\varphi_k + \cdots$$

即

$$P = U_0 I_0 + \sum_{k=1}^{\infty} U_k I_k \cos\varphi_k \tag{3.69}$$

式中，$U_k = \dfrac{U_{k\mathrm{m}}}{\sqrt{2}}$，$I_k = \dfrac{I_{k\mathrm{m}}}{\sqrt{2}}$，$\varphi_k = \theta_{\mathrm{u}k} - \theta_{\mathrm{i}k}$，$k = 1, 2, 3, \cdots$

即非正弦周期电流电路的平均功率等于恒定分量产生的功率和各次谐波分量产生的平均功率之和。

例 3.19　单口网络的端口电压、电流分别为 $u = 50 + 50\cos(t+30^\circ) + 40\cos(2t+60^\circ) + 30\cos(3t+45^\circ)\,\mathrm{V}$，$i = 20 + 20\cos(t-60^\circ) + 15\cos(2t+30^\circ)\,\mathrm{A}\,u$，$i$ 为关联参考方向，求单口网络吸收的平均功率。

解：根据（3.69）式，有

$$P_0 = 50 \times 20 = 1000\,\mathrm{W}$$

$$P_1 = \frac{50}{\sqrt{2}} \times \frac{20}{\sqrt{2}} \cos(30^\circ + 60^\circ) = 0\,\mathrm{W}$$

$$P_2 = \frac{40}{\sqrt{2}} \times \frac{15}{\sqrt{2}} \cos(60^\circ - 30^\circ) = 259.8\,\mathrm{W}$$

$$P_3 = 0\,\mathrm{W}$$

所以

$$P = P_0 + P_1 + P_2 + P_3 = 1259.8\,\mathrm{W}$$

三、分析非正弦周期电流电路

由前述可知，非正弦的周期电压、电流可用傅氏级数展开法分解成直流分量和各次谐波分量。若将非正弦的周期激励作用于线性电路，根据叠加定理，可分别计算出在直流、基波和各次谐波分量作用下电路中产生的直流和与之同频率的正弦电流分量和电压分量，最后把所得的直流分量、各次谐波分量叠加，就可以得到电路在非正弦周期激励作用下的电流和电压，这种分析方法称为谐波分析法。它实质上是把非正弦周期电流电路的计算化为一系列正弦电流电路的计算，因此仍可以采用相量分析法，下面通过例题加以说明。

例 3.20　电路如图 3.45（a）所示，已知 u_{S1}=10V，$u_{\mathrm{S2}} = 10\sqrt{2}\cos 10t\,\mathrm{V}$，$i_{\mathrm{S}} = 5 + 20\sqrt{2}\cos 20t\,\mathrm{A}$，求电流源的端电压及发出的平均功率。

解：本题是另一类非正弦电流电路，电路中的激励源有直流电源也有正弦电源。根据叠加定理，可分别求出直流及各次谐波电源单独作用产生的分量，再进行时域相加。

当直流分量作用时，其等效电路如图 3.45（b）所示，此时电感相当于短路，电容相当于开路。

$$U_0 = 2 \times 5 + 10 = 20\,\mathrm{V}$$

当 $\omega = 10\,\mathrm{rad/s}$ 的 u_{S2} 作用时，电压源 u_{S1} 及电流源 i_{S} 置零，如图 3.45（c）所示。可得

$$\dot{U}^{(1)}=\frac{2+\mathrm{j}4}{6-\mathrm{j}6}\times 10\angle 0^\circ\ \mathrm{V}=5.27\angle 108.43^\circ\ \mathrm{V}$$

$$u^{(1)}(t)=5.27\cos(10t+108.43^\circ)\ \mathrm{V}$$

当 $\omega=20\,\mathrm{rad/s}$ 的分量作用时（即电流源的二次谐波分量作用），等效电路如图 3.45（d）所示，可得

$$\dot{U}^{(2)}=\frac{(2+\mathrm{j}8)(4-\mathrm{j}5)}{2+\mathrm{j}8+2-\mathrm{j}5}\times 20\angle 0^\circ\ \mathrm{V}=157.5\angle -1.95^\circ\ \mathrm{V}$$

$$u^{(2)}(t)=157.5\cos(20t-1.95^\circ)\ \mathrm{V}$$

所以

$$\begin{aligned}u(t)&=U_0+u^{(1)}(t)+u^{(2)}(t)\\&=20+5.27\sqrt{2}\cos(10t+108.43^\circ)+157.5\sqrt{2}\cos(20t-1.95^\circ)\ \mathrm{V}\end{aligned}$$

电源发出的平均功率为

$$P=P_0+P_1+P_2=20\times 5+0+157.5\times 20\cos(-1.95^\circ)=100+3148.19=3248.19\ \mathrm{W}$$

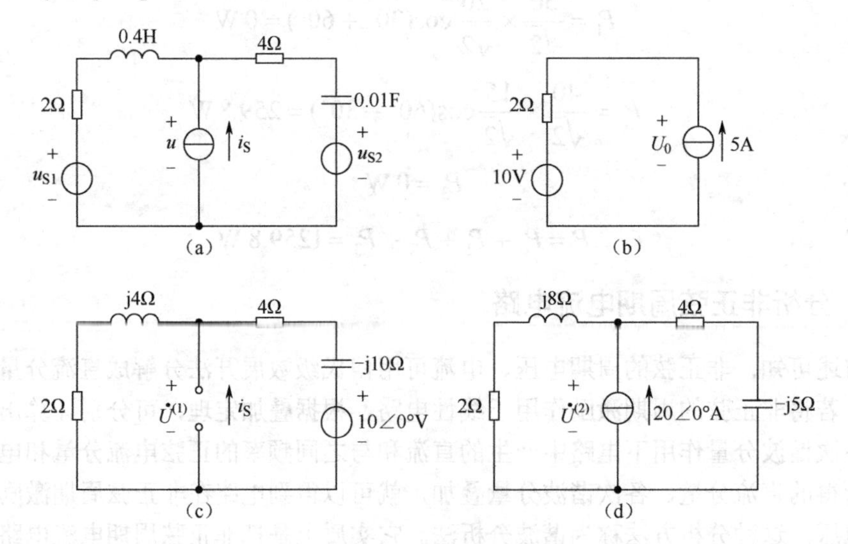

图 3.45　例 3.20 图

特别提示

分析计算非正弦周期电流电路的步骤如下：

（1）把给定的非正弦周期性激励按傅里叶级数展开，分解成恒定分量和各次谐波分量。高次谐波取到哪一项为止，依所需精确度而定。

（2）分别计算电路在上述恒定分量和各次谐波分量单独作用下的响应。求恒定分量的响应要用计算直流电路的方法，求解时把电容视为开路，把电感视为短路。

（3）根据叠加定理，把步骤（2）计算出的结果进行叠加，从而求得所需响应。应注意把表示不同频率正弦量的相量直接相加是没有任何意义的。

想一想

高次谐波对电力系统的危害

正常供电时电压的波形应为正弦波，由于大量使用非线性设备而产生了非正弦波，这些非正弦波按傅里叶级数展开，得到频率为原信号频率两倍及以上的正弦分量，称为高次谐波。

随着各种新型用电设备的使用，高次谐波的危害越来越严重。电力系统受到谐波污染后，使发电机、电动机、变压器的线圈、铁芯的阻抗因发热而增加，严重时还会造成电容器损坏；高次谐波可使低压供电系统中中性线电流过大，最大时可达到相线电流的两倍以上，即便在三相负荷平衡时，也不能抵消。

练一练

1．电工技术中所遇到的周期量都满足狄里赫利条件。所以都可以________级数分解成________和________的正弦分量的叠加。

2．已知某非正弦周期波的周期为 10ms，则此波的基波频率为________，三次谐波的频率为________。

3．已知某锯齿波的基波成分的频率为 100 Hz，则该锯齿波的周期为________，它的二次谐波的频率为________，三次谐波的频率为________。

4．非正弦周期波的最大值是指一个周期内的________的绝对值。

5．当用不同类型的仪表测量同一非正弦周期电流时，仪表的读数反映非正弦量的______值。如用电磁系或电动系仪表测量时，仪表的读数是非正弦量的________值。

7．非正弦周期交流电路的平均功率等于________________之和。

8．非正弦周期电压 $u = 20 + 30\sqrt{2}\sin(\omega t - 120^\circ) + 10\sqrt{2}\sin(3\omega t - 45^\circ)\text{V}$，其有效值为________。

技能训练五　日光灯电路及其功率因数的提高

一、训练目标

1．探究正弦稳态交流电路中电压、电流相量之间的关系。
2．学会日光灯线路的连接。
3．理解提高电路功率因数的意义和方法。
4．熟悉功率表的使用方法。

二、仪器、设备及元器件

1．自耦调压器一台，交流电压表（0～500V）、交流电流表（0～5A）、功率表各一只；电流插座三个。

2. 日光灯灯管（40W）一只，镇流器、启辉器（与 40W 灯管配用）各一只，电容器（1μF、2.2μF、4.7μF）。

三、训练内容

1. 日光灯线路连接与测量

实验电路如图 3.46 所示，图中的 W 为功率表，电流、电压参考方向如图所示。

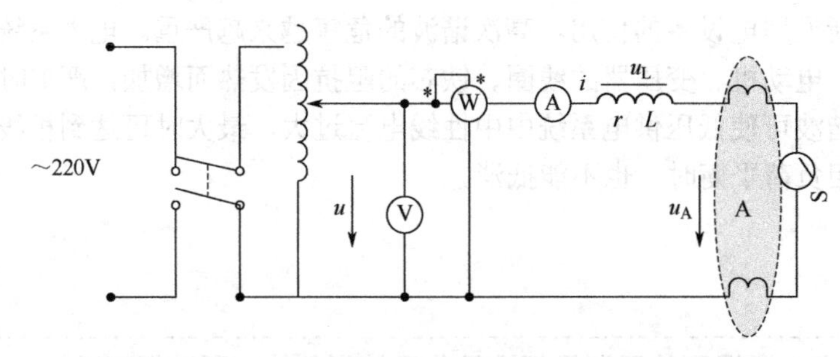

图 3.46　日光灯安装电路

（1）按图 3.46 所示接线。经指导教师检查后接通试验台电源，调节自耦调压器的输出，使其输出电压缓慢增大，直到日光灯点亮为止，记下三表的指示值。

（2）将电压调至 220V，测量功率 P，电流 I，电压 U、U_L、U_A 值并填入表 3.2 中，验证电压、电流的相量关系。

表 3.2　测量数据

项目	测量数值						计算值	
	P(W)	$\cos\varphi$	I(A)	U(V)	U_L(V)	U_A(V)	R（Ω）	$\cos\varphi$
启动值								
正常工作值								

2. 日光灯电路功率因数提高

（1）按图 3.47 连接实验线路。经指导老师检查后，接通试验台电源，将自耦调压器的输出调至 220V，记录功率表、电压表读数。

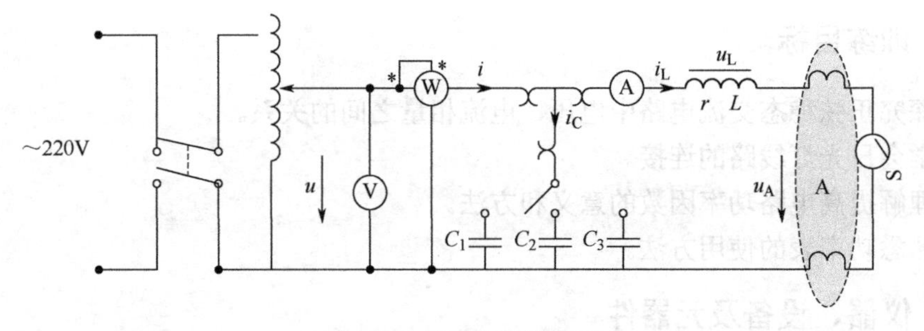

图 3.47　日光灯测试电路

（2）通过一只电流表和三个电流插座分别测得三条支路的电流，改变电容值，进行三

次重复测量。数据记入表 3.3 中。

表 3.3　测量数据

项目	测量数值					计算值		
	P(W)	$\cos\varphi$	U(V)	I(A)	I_L(A)	I_A(A)	I'(A)	$\cos\varphi$
C_1								
C_2								
C_3								

四、考核评价

学生技能训练的考核评价如表 3.4 所示。

表 3.4　技能训练五考核评价表

考核项目	评分标准	配分	扣分	得分
仪器、仪表的使用	电压表、电流表量程选择，一个错误扣 2 分	10		
	电压表、电流表接线，一个错误扣 2 分	10		
	功率表接线，一个错误扣 5 分	10		
	电流表、电压表、功率表读数，一个错误扣 5 分	20		
电路安装	日光灯电路安装，一个错误扣 5 分	20		
参数的计算	功率因数、日光灯的电阻、电流计算，一个错误扣 5 分	20		
安全文明操作	有不文明操作行为，或违规、违纪出现安全事故，工作台上脏乱，酌情扣 3～10 分	10		
合计		100		

技能训练六　*RLC* 串联谐振电路的实验探究

一、训练目标

1．加深对串联谐振电路条件、特性的理解。
2．掌握谐振频率的测量方法。
3．理解电路品质因数的物理意义和其测定方法。
4．测定 *RLC* 串联谐振电路的频率特性曲线。

二、仪器、设备及元器件

1．谐振电路实验电路板 DGJ-03，供选择的元件：R=200Ω，1kΩ ；C=0.01μF ，0.1μF L=30mH。

2．函数信号发生器一台，交流毫伏表一只。

三、训练内容

在如图 3.48 所示的 *RLC* 串联电路中，当正弦交流信号源的频率 f 改变时，电路中的感抗、容抗随之而变，电路中的电流也随频率而改变。取电阻 R 上的电压作为响应，当输入电压 U_i 的幅值维持不变时，在不同频率的信号激励下，测出 R 的电压 U_0 的值，然后以 f 为横坐标，以 U_0/U_i 为纵坐标绘出曲线，此即为幅频特性曲线。幅频特性曲线尖峰所在的频率点为谐振频率。品质因数 Q 值的测量方法有两种：一是根据公式 $Q=U_L/U_0=U_C/U_0$ 测定，U_0、U_L、U_C 分别为谐振时电阻、电感线圈、电容器上的电压；另一种方法是通过测量谐振曲线的通频带宽度 $\Delta f=f_2-f_1$，再根据 $Q=f_0/(f_2-f_1)$ 求出 Q 值。式中，f_0 为谐振频率，f_2 和 f_1 是失谐时，即输出电压的幅度下降到最大值的 0.707 倍时的上、下频率点。

四、训练内容

1．按图 3.48 组成测量电路。L=30mH，先选用 C=0.01μF、R=200Ω。用交流毫伏表测电压，令信号源输出电压 $U_i=4V_{p-p}$，并保持不变。

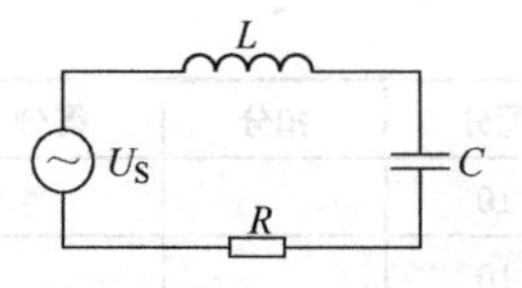

图 3.48　RLC 串联谐振电路

2．测出电路的谐振频率 f_0。其方法是将毫伏表接在 R 两端，保持信号源的输出幅度不变，频率由小逐渐变大，当毫伏表的读数为最大时，读得频率计上的频率值就是电路的谐振频率 f_0，再测量电感和电容上的电压 U_L 和 U_C 的值（注意及时更换毫伏表的量程）。

3．在谐振点两侧，按频率递增或递减 500Hz，依次各取 8 个测量点，逐点测出 U_0、U_L、U_C 的值，数据记入表 3.5 中。

表 3.5　测量数据

f															
U_0															
U_L															
U_C															
f_0=　　f_2-f_1=　　Q=															

4．将电阻改为 R=1kΩ，重复步骤 2、3 的测量过程，数据记入表 3.5 中。

5．作出幅频特性曲线。

五、考核评价

学生技能训练的考核评价如表 3.6 所示。

表 3.6　技能训练六考核评价表

考核项目	评分标准	配分	扣分	得分
仪器、仪表的使用	函数信号发生器的使用，一个错误扣 2 分	10		
	交流毫伏表的使用，一个错误扣 2 分	10		
电路连接	测试电路连接，一个错误扣 5 分	20		
测试操作	测试操作，一个错误扣 5 分	30		
参数的计算	谐振频率、品质因数计算，一个错误扣 10 分	20		
安全文明操作	有不文明操作行为，或违规、违纪出现安全事故，工作台上脏乱，酌情扣 3～10 分	10		
合计		100		

技能训练七 谐振电路的仿真分析

一、训练目标

1. 加深理解电路发生谐振的条件和特点。
2. 理解电路品质因数的物理意义和测定方法。
3. 测试谐振电路的频率特性。
4. 学会 Multisim 软件的使用方法。

二、仪器、设备

Multisim 虚拟仿真实训平台

三、训练内容

1. 观察 *RLC* 串联谐振现象，确定谐振点

（1）利用 Multisim 11 软件创建出如图 3.49 所示 *RLC* 串联谐振电路。图中，实验参数为 R=1kΩ、L=100mH、C=10μF。函数信号发生器 XFG1 输出信号幅值为 4.243V，万用表 XMM1 、XMM2 和 XMM3 用来测量电感 L、电容 C 和电阻 R 上的电压，示波器 XSC1 用来观察输入、输出电压波形，波特图仪 XBP1 用来测量电路的频率特性。

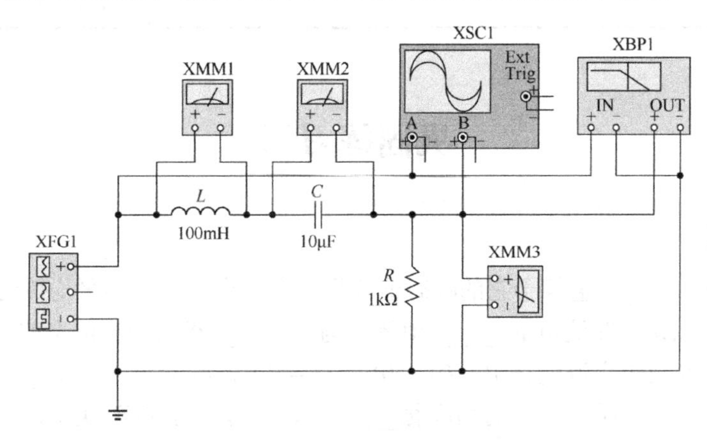

图 3.49 *RLC* 串联谐振仿真电路

（2）运行仿真软件“启动/停止”开关，启动电路。

（3）改变函数发生器的频率，用示波器或电压表监视电路，观察谐振现象，寻找谐振点，确定谐振频率。当示波器输入、输出波形同相位时谐振，或电压表测得 U_R=3V 时谐振。

（4）在谐振点 f_0（谐振频率的理论计算值为 f_0=159.23Hz），用电压表测量电阻上的电压 U_{R0}、电感电压 U_{L0} 和电容电压 U_{C0} 的值。

2. 测定 *RLC* 串联谐振曲线

分别取 R=1kΩ、R=500Ω 和 R=100Ω，计算电路的品质因数 Q。运行仿真“启动/停止”

开关，用波特图示仪观察不同 *R* 值时 *RLC* 串联谐振电路的幅频特性曲线，记录并比较幅频特性曲线，说明品质因数对幅频特性曲线有何影响？

四、考核评价

学生技能训练的考核评价如表 3.7 所示。

表 3.7　技能训练七考核评价表

考核项目	评分标准	配分	扣分	得分
电路创建	元件选取正确	10		
	电路连接正确	10		
	电路图规范	5		
元器件参数设置	参数设置熟练、正确	10		
仿真仪表使用	仪表选择正确	5		
	仪表连接正确	5		
	仪表使用熟练	5		
电路仿真测试	测试方法正确	10		
	测试结果正确	20		
	操作测试熟练	10		
安全文明操作	有不文明操作行为，或违规、违纪出现安全事故，工作台上脏乱，酌情扣 3～10 分	10		
合计		100		

巩固练习三

一、填空题

1．正弦量的_______值等于它的瞬时值的平方在一个周期内的平均值的_____，又称为方均根值。也可以说，交流电的______值等于与其______相同的直流电的数值。

2．*RL* 串联的正弦交流电路中，U_R=30V，U_L=40V，则端电压 *U* 为________。

3．能量转换中过程不可逆的功率称_______功功率，能量转换中过程可逆的功率称_____功功率；能量转换过程可逆的功率则意味着只_______不________。

4．*RL* 串联的正弦交流电路中，阻抗 *Z*=______；*RC* 串联的正弦交流电路中，阻抗 *Z*=_______；*RLC* 串联的正弦交流电路中，阻抗 *Z*=______。

5．有效值相量图中，各相量的线段长度对应了正弦量的____值，各相量与正向实轴之间的夹角对应正弦量的______。相量图直观地反映了各正弦量之间的_____关系和______关系。

6．*RLC* 串联电路中，电路阻抗虚部大于零时，电路呈____性；当电路复阻抗的虚部等于零时，电路呈_____性，此时电路中的总电压和电流相量在相位上呈_______关系，称电路发生串联_______。

7．*RLC* 并联电路中，电路导纳虚部大于零时，电路呈____性；导纳虚部小于零时，电路呈_____性；当电路导纳的虚部等于零时，电路呈____性，此时电路中的总电流、电压相量在相位上呈______关系，称电路发生并联_______。

8．*RLC* 并联电路中，测得电阻上通过的电流为 3A，电感上通过的电流为 8A，电容元上通过的电流是 4A，总电流是_____A，电路呈______性。

9．已知 $u = 310\sin(314t + 45^\circ)\,\text{V}$，则 U_m=______、U=______、ω=______、f=______、T=______、φ=_______。

10．*RLC* 串联电路，当 $f = f_0 =$_____时电路发生谐振，此时电路呈_____性，当 $f > f_0$ 时电路呈_____性，当 $f < f_0$ 时电路呈_____性。

11．只有同次谐波的电流、电压之间才能产生_____。

二、单项选择题

1．在正弦交流电路中，电感元件的瞬时值伏安关系可表达为________。

A．$u = iX_\text{L}$　　B．$u = \text{j}\omega Li$　　C．$u = L\dfrac{\text{d}i}{\text{d}t}$

2．已知工频电压有效值和初始值均为 380V，则该电压的瞬时值表达式为________。

A．$u = 380\sin 314t\ \text{V}$

B．$u = 537\sin(314t + 45^\circ)\ \text{V}$

C．$u = 380\sin(314t + 90^\circ)\ \text{V}$

3．一个电热器，接在 10V 的直流电源上，产生的功率为 *P*。把它改接在正弦交流电源上，使其产生的功率为 *P*/2，则正弦交流电源电压的最大值为________。

A．7.07V　　B．5V　　C．10V

4．已知 $i_1 = 10\sin(314t + 90^\circ)\,\text{A}$，$i_2 = 10\sin(628t + 30^\circ)\,\text{A}$，则________。

A．i_1 超前 i_2 60°　　B．i_1 滞后 i_2 60°　　C．相位差无法判断

5．电容元件的正弦交流电路中，电压有效值不变，当频率增大时，电路中电流将________。

A．增大　　B．减小　　C．不变

6．电感元件的正弦交流电路中，电压有效值不变，当频率增大时，电路中电流将________。

A．增大　　B．减小　　C．不变

7．实验室中的交流电压表和电流表，其读数是交流电的________。

A．最大值　　B．有效值　　C．瞬时值

8．314μF 电容组件用在 100Hz 的正弦交流电路中，所呈现的容抗值为________。

A．0.197Ω　　B．31.8Ω　　C．5.1Ω

9．在 *RL* 串联的交流电路中，*R* 上端电压为 16V，*L* 上端电压为 12V，则总电压为________。

A．28V　　B．20V　　C．4V

10．在 *RL* 串联的正弦交流电路中，复阻抗为________。

A．$Z = R + \text{j}L$　　B．$Z = R + \omega L$　　C．$Z = R + \text{j}X_\text{L}$

11．已知电路复阻抗 $Z=(3-j4)\Omega$，则该电路一定呈________。

A．感性　　B．容性　　C．阻性

12．电感、电容相串联的正弦交流电路，消耗的有功功率为________。

A．UI　　B．I^2X　　C．0

13．欲使 RLC 串联电路的品质因数增大，可以________。

A．增大 R　　B．增大 C　　C．增大 L

14．发生串联谐振的电路条件是________。

A．$\dfrac{\omega_0 L}{R}$　　B．$f_0=\dfrac{1}{\sqrt{LC}}$　　C．$\omega_0=\dfrac{1}{\sqrt{LC}}$

15．在 RLC 串联正弦交流电路中，已知 $X_L=X_C=20\Omega$，$R=20\Omega$，总电压有效值为 220V，电感上的电压为________V。

A．0　　B．220　　C．73.3

三、分析与计算题

1．RL 串联电路接到 220V 的直流电源时功率为 1.2kW，接到 220V、50Hz 的交流电源时功率为 0.6kW，试求它的 R 和 L 值。

2．如图 3.50 所示电路中，已知 $Z=(30+j30)\Omega$，$jX_L=j10\Omega$，又知 $U_Z=85V$，求路端电压有效值 U。

3．如图 3.51 所示的 RLC 并联电路，$u=60\sqrt{2}\sin(100t+90^\circ)$ V，$R=15\Omega$，$L=300mH$，$C=833\mu F$，求 A_1、A_2、A_3 的读数。

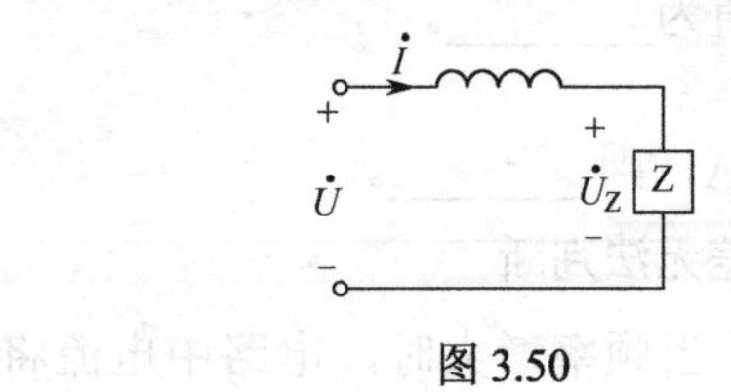

图 3.50

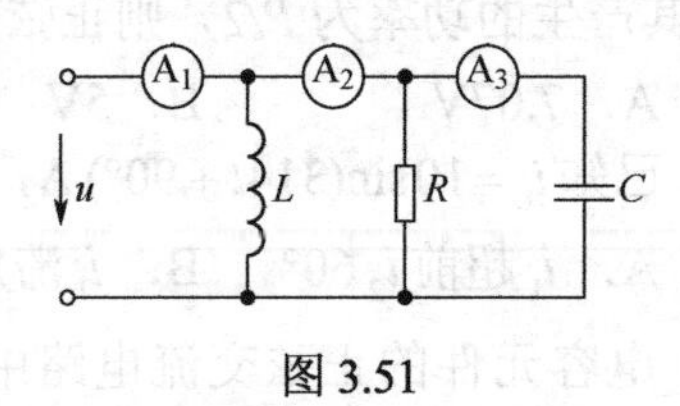

图 3.51

4．在图 3.52 所示电路中，已知 $u=141.4\cos314t$V，电流有效值 $I=I_C=I_L$，电路消耗的有功功率为 866W，求 i、i_L、i_C。

5．在图 3.53 所示电路中，已知阻抗 $Z_2=j60\Omega$，各交流电压的有效值分别为：$U_S=100V$，$U_1=171V$，$U_2=240V$，求阻抗 Z_1。

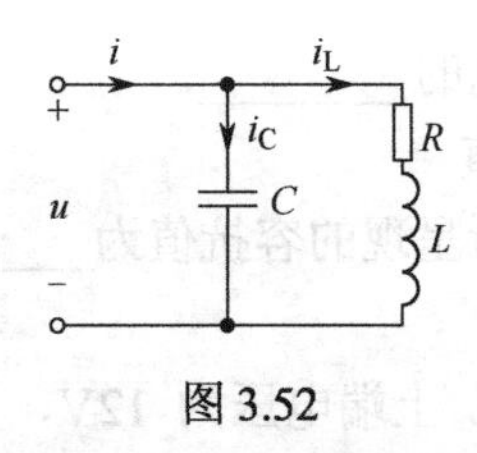

图 3.52

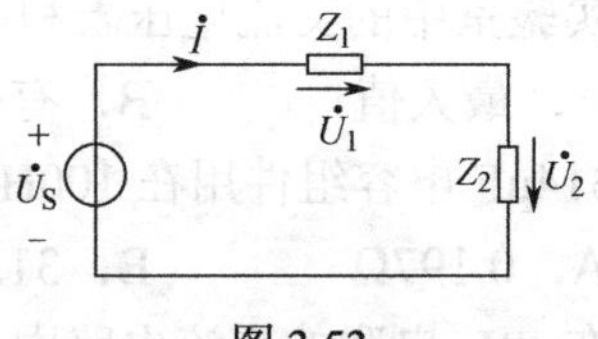

图 3.53

6．如图 3.54 所示电路中，已知电路中电流 $I_2=2A$，$U_S=7.07V$，求电路中总电流 I、电感元件电压两端电压 U_L 及电压源 U_S 与总电流之间的相位差角。

7．电路如图 3.55 所示。已知 $C=100pF$，$L=100\mu H$，$i_C=10\sqrt{2}\cos(10^7t+60^\circ)$ mA，电路消耗的功率 $P=100MW$，试求电阻 R 和电压 u。

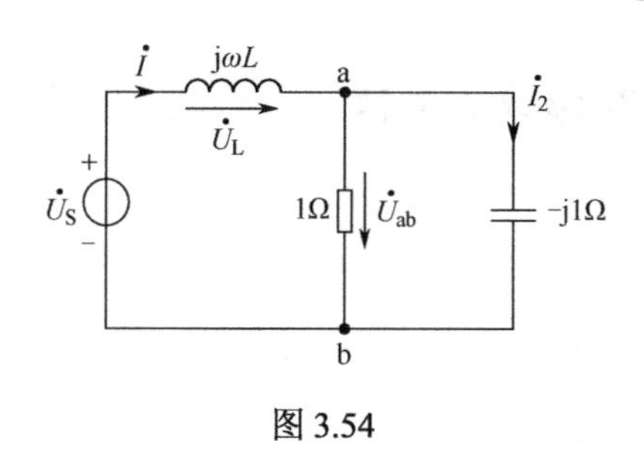

图 3.54

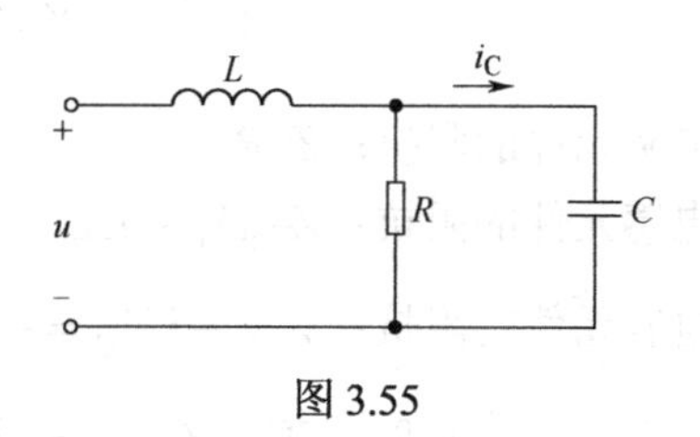

图 3.55

8．已知串联谐振电路的线圈参数为 R=1Ω，L=2mH，接在角频率 $\omega = 2500\text{rad/s}$ 的 10V 电压源上，求电容 C 为何值时电路发生谐振？求谐振电流 I_0、电容两端电压 U_C、线圈两端电压 U_L 及品质因数 Q。

9．如图 3.56 所示电路，其中 $u = 100\sqrt{2}\cos 314t$ V，调节电容 C 使电流 i 与电压 u 同相，此时测得电感两端电压为 200V，电流 I＝2A。求电路中参数 R、L、C，当频率下调为 $f_0/2$ 时，电路呈何种性质？

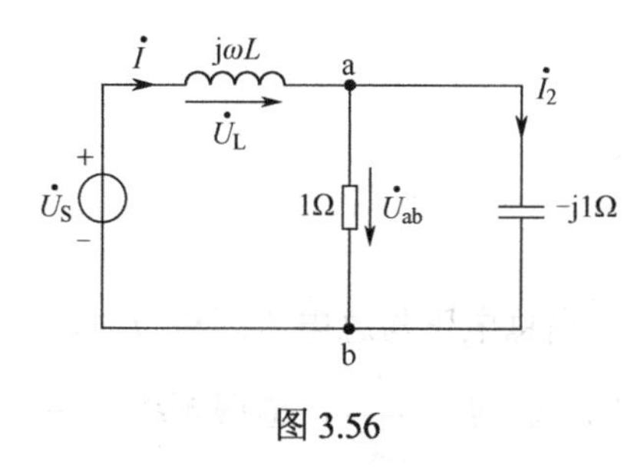

图 3.56

学习总结

1．正弦交流电的三要素及其表示

以电流为例，在确定参考方向下的解析式

$$i(t) = I_m \sin(\omega t + \psi_i) = \sqrt{2} I \sin(2\pi ft + \psi_i)$$

其中振幅值 I_m（有效值 I）、角频率 ω（或频率 f、周期 T）、初相 ψ_i 决定正弦交流电变化范围、变化快慢及其初始状态，称为正弦交流电的三要素。

正弦交流电也可以用波形图表示。正弦交流电还可以用相量表示 $\dot{I} = I\angle\psi_i$。

2．单一元件和连接约束的相量形式

（1）在关联参考方向下

$$\dot{U} = \dot{I}R\text{，}\ \dot{U}_L = \text{j}\dot{I}X_L\text{，}\ \dot{U}_C = -\text{j}\dot{I}X_C$$

（2）基尔霍夫定律的相量形式

$$\text{KCL：}\sum\dot{I} = 0\text{，KVL：}\sum\dot{U} = 0$$

3．阻抗与导纳

单口无源二端网络，在关联参考方向下定义网络的阻抗为

$$Z=\frac{\dot{U}}{\dot{I}}=|Z|\angle(\psi_{\mathrm{u}}-\psi_{\mathrm{i}})=|Z|\angle\varphi \text{ 或 } Z=R+\mathrm{j}X$$

电阻元件的阻抗：$Z=R$

电感元件的阻抗：$Z=\mathrm{j}X_{\mathrm{L}}=\mathrm{j}\omega L$

电容元件的阻抗：$Z=-\mathrm{j}X_{\mathrm{C}}=-\mathrm{j}\frac{1}{\omega C}$ $Z=\mathrm{j}\omega L$

RLC 串联电路的阻抗：$Z=R+\mathrm{j}X=R+\mathrm{j}(X_{\mathrm{L}}-X_{\mathrm{C}})$

导纳为 $$\dot{Y}=\frac{\dot{I}}{\dot{U}}=|Y|\angle\varphi'$$

4．功率

有功功率：$P=IU\cos\varphi$

无功功率：$Q=IU\sin\varphi$

视在功率：$S=IU$

功率因数：$\lambda=\cos\varphi=\frac{P}{S}$

5．*RLC* 串并联谐振

（1）在 RLC 串联电路中，当总电压与总电流同相位时，电路呈阻性的状态称为串联谐振。串联谐振的条件为 $X_{\mathrm{L}}=X_{\mathrm{C}}$，即 $\omega L=\frac{1}{\omega C}$，谐振频率 $f_0=\frac{1}{2\pi\sqrt{LC}}$。

（2）RLC 并联谐振电路。谐振条件为导纳虚部为零，当 $\omega=\omega_0=\frac{1}{\sqrt{LC}}$ 时电路发生并联谐振，ω_0 为谐振角频率。

6．非正弦周期波

（1）非正弦周期波可以展开成傅里叶级数。

（2）非正弦周期电流的有效值、平均值和平均功率分别为

$$I=\sqrt{I_0^2+I_1^2+I_2^2+\cdots}=\sqrt{I_0^2+\sum_{k-1}^{\infty}I_k^2}$$

$$I_{\mathrm{aV}}=\frac{1}{T}\int_0^T|I_{\mathrm{m}}\sin(\omega t)|\mathrm{d}t=0.637I_{\mathrm{m}}=0.898I$$

$$P=U_0I_0+\sum_{k=1}^{\infty}U_kI_k\cos\varphi_{\mathrm{k}}$$

自我评价

学生通过项目三的学习，按表 3.8 所示内容，实现学习过程的自我评价。

表 3.8　项目三自评表

序号	自评项目	自评标准	项目配分	项目得分	自评成绩
1	认识正弦交流电的三要素	①正弦交流电三要素	2		
		②交流电有效值的概念	2		
		③用解析式、波形图分析正弦量的相位差	4		
2	学习正弦交流电的相量表示法	①复数的运算	2		
		②正弦量的相量表示法	4		
		③用解析式、波形图、相量图表示正弦量	2		
3	分析单一参数的交流电路	①写出电阻、电感、电容元件的相量形式	5		
		②计算电感的感抗、无功功率和储存的磁场能	5		
		③计算电容的容抗、无功功率和储存的电场能	5		
4	探究基尔霍夫定律的相量表示法	用基尔霍夫定律的相量形式分析简单正弦交流电路	5		
5	认识电路的阻抗和导纳	①阻抗、导纳的概念	2		
		②阻抗串并联计算	3		
		③*RLC* 串并联电路的分析计算	20		
6	计算交流电路的功率	①计算交流电路的有功功率、无功功率、视在功率	10		
		②功率因数提高的意义和方法	5		
7	分析 *RLC* 串联谐振电路	①计算 *RLC* 串联谐振电路谐振频率、特征阻抗、品质因数和元件参数	10		
		②串联谐振电路特性曲线及选择性、通频带、品质因数等概念	5		
8	分析 *RLC* 并联谐振电路	会计算 *RLC* 并联谐振电路谐振频率、特征阻抗、品质因数和元件参数	5		
9	分析非正弦周期电流电路	会分析非正弦周期电流电路	4		
能力缺失					
弥补措施					

项目四

分析测试三相交流电路

学习指南

项目描述：

世界各国的电力系统绝大多数采用三相电路，三相电路是由三相电源、三相负载和三相输电线路组成的。三相电路有许多优点，例如，三相发电设备在同样功率、电压的条件下比单相交流简单、体积小、效率高、节省材料，而居民用户中的单相电源是三相电源中的一相。

三相电路具有正弦交流电路的共性，正弦交流电路的基本概念和分析方法仍是分析三相电路的依据；又具有三相的个性，三相电源的特点、电路结构上的特点，形成了一些独特的概念和简便的分析方法。学习时要立足共性，着重特殊性。

学习目标：

学习任务	知识目标	基本能力
认识对称三相电源	① 明确对称三相电压的特点； ② 理解三相电源的相序； ③ 理解三相电源的Y形联结； ④ 掌握Y形电源的相电压、线电压及其关系	① 能计算电源的线电压和相电压； ② 能判断三相电源的相序
分析负载星形联结的三相电路	① 明确负载的星形联结； ② 掌握负载相电压与线电压的关系； ③ 掌握线电流与相电流及其关系； ④ 熟悉中线电流及其中性的作用	① 会进行负载的星形联结； ② 能分析负载星形联结的三相电路
分析负载三角形联结的三相电路	① 明确负载的三角形联结； ② 掌握负载相电压与相电流的关系； ③ 掌握负载线电流与相电流的关系	① 会进行负载的三角形联结； ② 能分析负载三角形联结的三相电路
计算三相电路的功率	① 三相电路的功率计算公式； ② 理解三相电路功率的测量	① 会计算三相电路的功率； ② 会测量三相电路的功率

任务二十　认识对称三相电源

学一学

前面介绍的正弦交流电均指单相交流电，有时又称单相两线系统。国内外的电力系统普遍采用三相交流电。目前我国低压供电标准采用频率 50Hz，电压 380V/220V 和三相四线制供电方式。三相交流电被送到工矿企业和居民区。380V 三相交流电源可直接接三相电动机作为工矿企业的生产动力，所以称三相交流电为动力电；而在居民小区，三相交流电被分成三个单相 220V 交流电，分别送到千家万户供照明和家用电器使用，因此单相交流电又称照明电或民用电。

一、三相电源

三相电源由三个单相电压源组成，如图 4.1 所示。图中，正极性端 U_1、V_1、W_1 称为始端（或首端），负极性端 U_2、V_2、W_2 称为末端（或尾端），u_U、u_V、u_W 分别称为 U 相电压、V 相电压、W 相电压。

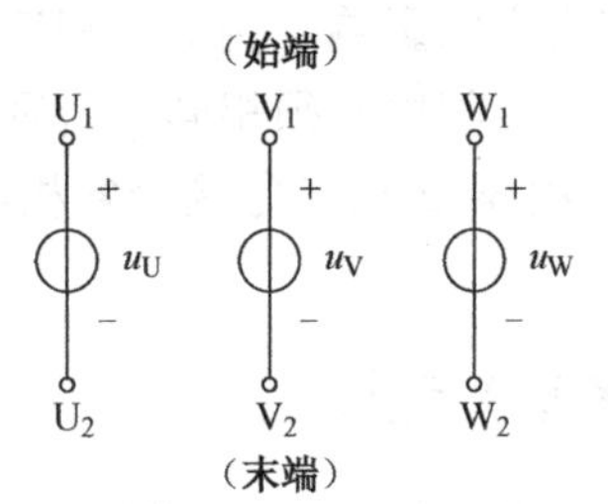

图 4.1　三相电压源

习惯上常选 u_U 为参考正弦量，即假设 u_U 的初相为零，则三相电压的瞬时值表达式为

$$\left.\begin{aligned} u_U &= \sqrt{2}U_P\sin(\omega t) \\ u_V &= \sqrt{2}U_P\sin(\omega t-120^\circ) \\ u_W &= \sqrt{2}U_P\sin(\omega t+120^\circ) \end{aligned}\right\} \tag{4.1}$$

由式（4.1）可知，三相电压的频率相同、幅值相等、相位依次相差 120°，故称为**对称三相电压，**它们对应的电源称为**对称三相电源。**

对称三相电压的相量表示为

$$\left.\begin{aligned} \dot{U}_U &= U_P\angle 0^\circ \\ \dot{U}_V &= U_P\angle -120^\circ \\ \dot{U}_W &= U_P\angle 120^\circ \end{aligned}\right\} \tag{4.2}$$

对称三相电压的波形与相量图如图 4.2 所示，从图中可以知道，**对称三相电压的瞬时值或相量之和都为零。**即

$$u_U + u_V + u_W = 0 \tag{4.3}$$

$$\dot{U}_U + \dot{U}_V + \dot{U}_W = 0 \tag{4.4}$$

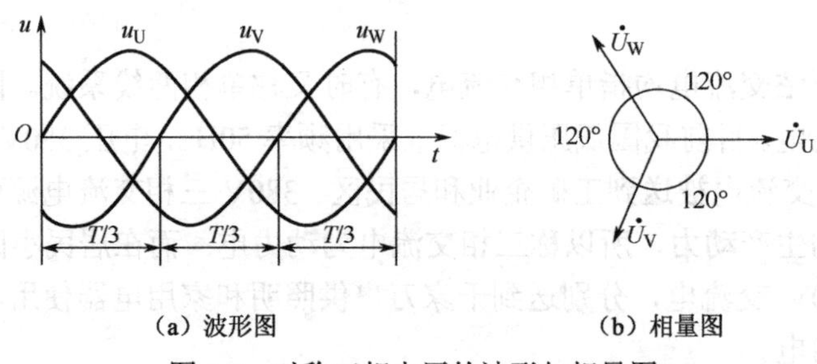

图 4.2　对称三相电压的波形与相量图

在对称三相电源中，三相电压在相位上的先后顺序称为**相序**（phase sequence）。图 4.2 所示的三相电压 u_U、u_V、u_W 依次滞后 120°，所以，该三相电源的相序是 U—V—W，称为正序或顺序。如果将 W 相电压的初相和 V 相电压的初相对调，则相序是 W—V—U，称为负序或逆序。工程中一般采用正序，本书无特殊说明均指正序。

电源的相序对所接的负载有很大的影响。例如，相序的改变将导致所接三相电动机旋转方向的改变；两发电机并联供电，相序必须相同，否则将使两发电机都遭到重大损害。为了防止接线错误，低压配电线路中规定用颜色区分各相，黄色表示 U 相，绿色表示 V 相，红色表示 W 相。

二、三相电源的星形（Y 形）连接

如果将二相电源的负极性端（末端）U_2、V_2、W_2 连接在一起，从正极性端（始端）分别引出三根输电线，则称为三相电源的**星形联结，又称 Y 形联结**，这种连接方式的电源又称为星形电源，如图 4.3 所示。图中，三个末端相连接的点称为电源中性点，从中性点引出的线称为**中性线（简称中线）**，当中点接地时，中线又称地线或零线。从始端引出的三根线称为**相线或端线，俗称火线**。在供配电系统中由三根相线和一根中线所组成的输电方式称为**三相四线制**；无中线的则称为**三相三线制**。

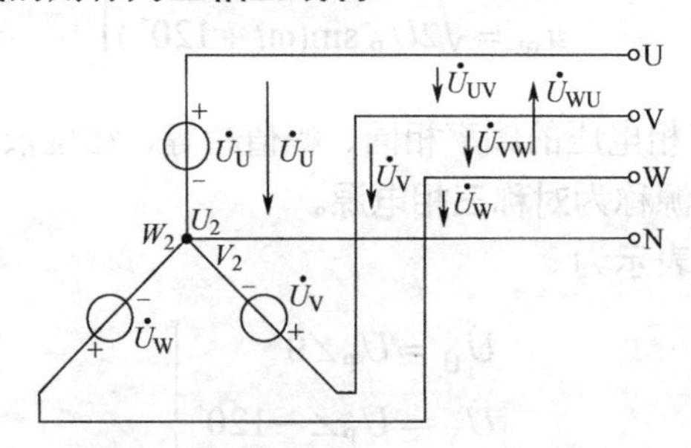

图 4.3　三相电源的星形（Y 形）联结

三相四线制供电系统可输送两种电压：

一是相线与中线之间的电压称为**相电压**，用 $\dot{U}_U$、$\dot{U}_V$、$\dot{U}_W$ 表示，相电压参考方向由

相线指向中线，如图 4.3 所示，对称的三个相电压的有效值常用 U_P 表示。

二是相线与相线之间的电压称为**线电压**，用 $\dot{U}_{UV}$、$\dot{U}_{VW}$、$\dot{U}_{WU}$ 表示，线电压参考方向为由第一下标的相线指向第二下标的相线，如图 4.3 所示，对称三相线电压的有效值常用 U_L 表示。

星形联结电源线电压与相电压的关系为

$$\left.\begin{aligned}\dot{U}_{UV}&=\dot{U}_U-\dot{U}_V\\\dot{U}_{VW}&=\dot{U}_V-\dot{U}_W\\\dot{U}_{WU}&=\dot{U}_W-\dot{U}_U\end{aligned}\right\}\tag{4.5}$$

在对称三相电源中，三个相电压满足式（4.2）。将式（4.2）代入式（4.5）中可得

$$\left.\begin{aligned}\dot{U}_{UV}&=U_P\angle0^\circ-U_P\angle-120^\circ=\sqrt{3}\dot{U}_U\angle30^\circ\\\dot{U}_{VW}&=U_P\angle-120^\circ-U_P\angle120^\circ=\sqrt{3}\dot{U}_V\angle30^\circ\\\dot{U}_{WU}&=U_P\angle120^\circ-U_P\angle0^\circ=\sqrt{3}\dot{U}_W\angle30^\circ\end{aligned}\right\}\tag{4.6}$$

由式（4.6）表明，**对称三相电源星形联结时，线电压和相电压的有效值关系为：$U_L=\sqrt{3}U_P$；相位关系为：线电压超前相应的相电压 30°。**

我国低压供电系统的线电压是 380V，相电压是 220V。负载可根据额定电压决定其接法：若负载额定电压是 380V，就接在两根相线之间；负载额定电压是 220V，就接在相线与中线之间。必须注意：不加说明的三相电源和三相负载的额定电压都是指线电压。

三、三相电源的三角形（△形）连接

将三相电源的始端与末端依次连接，再从三个连接点引出三根输电线，则称为三相电源的**三角形（△形）联结**，这种连接方式的电源又称为三角形电源，如图 4.4 所示。

由图 4.4 中可以看出，**三角形电源的线电压就是相电压**，即

$$\dot{U}_{UV}=\dot{U}_U,\ \dot{U}_{VW}=\dot{U}_V,\ \dot{U}_{WU}=\dot{U}_W$$

当对称三相电源三角形联结正确时，因 $\dot{U}_U+\dot{U}_V+\dot{U}_W=0$，所以，电源内部无环流。若接错，电源内部将产生很大的环流，致使电源烧坏。在大容量的三相交流发电机中很少采用三角形联结。

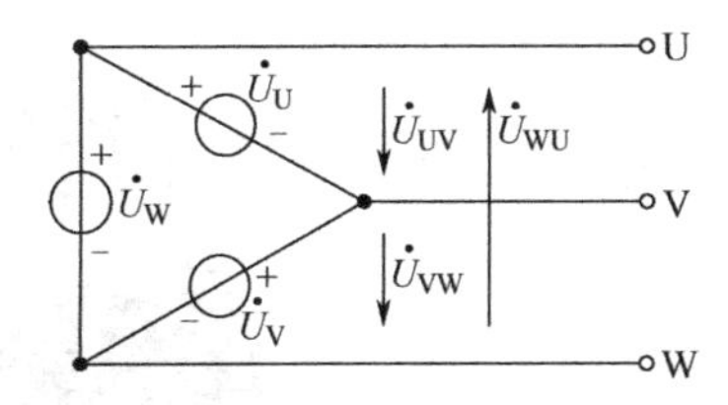

图 4.4　三相电源的三角形(△形)联结

例 4.1　三相 Y 形联结电源为正序，相电压 $\dot{U}_U=220\angle15^\circ$ V，试求其他两相电压和线电压。

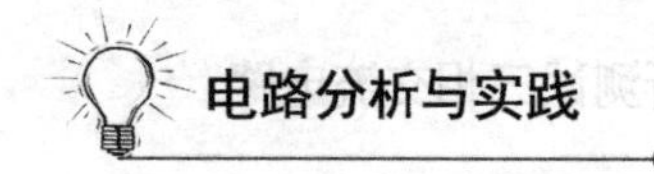

解：因相电压是对称三相电压，所以其他两相电压为

$$\dot{U}_{V}=220\angle(15^{\circ}-120^{\circ})\text{V}=220\angle-105^{\circ}\text{V}$$

$$\dot{U}_{W}=220\angle(15^{\circ}+120^{\circ})\text{V}=220\angle135^{\circ}\text{V}$$

根据线电压和相电压的关系，线电压为

$$\dot{U}_{UV}=\sqrt{3}\dot{U}_{U}\angle30^{\circ}=220\sqrt{3}\angle(15^{\circ}+30^{\circ})\text{V}=380\angle45^{\circ}\text{V}$$

$$\dot{U}_{VW}=\sqrt{3}\dot{U}_{V}\angle30^{\circ}=220\sqrt{3}\angle(-105^{\circ}+30^{\circ})\text{V}=380\angle-75^{\circ}\text{V}$$

$$\dot{U}_{WU}=\sqrt{3}\dot{U}_{W}\angle30^{\circ}=220\sqrt{3}\angle(135^{\circ}+30^{\circ})\text{V}=380\angle165^{\circ}\text{V}$$

特别提示

三相电源采用正序时，U 相可以任意指定，但 U 相一经确定，那么比 U 相滞后 120°的就是 V 相，比 U 相超前 120°的就是 W 相，这是不可混淆的。

我国工厂企业的低压配电线路中普遍使用的相电压为 220V，线电压为 380V；但在日本、西欧的某些国家采用 60Hz/110V 的供电标准，还有的采用 400Hz/240V 的标准，在使用进口电气设备时要特别注意，电压等级不符，会造成电气设备的损坏。

想一想

相序表

相序表是用来控制三相电源的相序的，如图 4.5 所示。当相序对了，相序表的继电器就吸合；相序不对，相序表的继电器就不吸合。三相电源中有 U 相、V 相、W 相，假如按 U—V—W 相序电源接入电动机，电动机是正转，则按 W—V—U 相序电源接入电动机，电动机就是反转，为了防止电动机反转，加入相序表来防止进来电源相序反相，造成电动机反转。

相序表可检测工业用电中出现的缺相、逆相、三相电压不平衡、过电压、欠电压五种故障现象，并及时将用电设备断开，起到保护作用。

最早的相序表内部结构类似三相交流电动机，有三相交流绕组和非常轻的转子，可以在很小的力矩下旋转，而三相交流绕组的工作电压范围很宽从几十伏到五百伏都可工作。测试时，依转子的旋转方向确定相序。也有通过阻容移相电路，使不同相序有不同的信号灯显示相序。

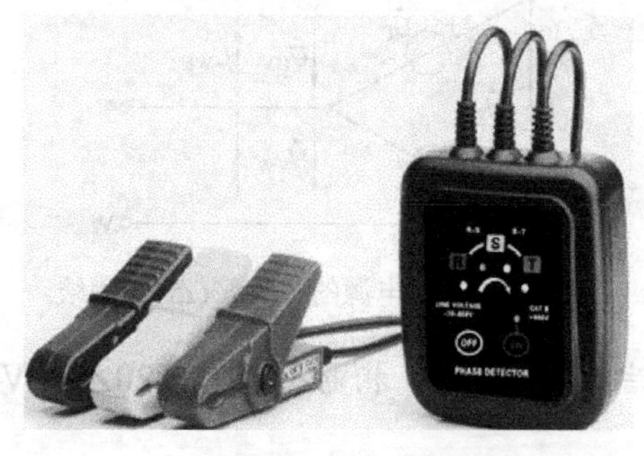

图 4.5　相序表

练一练

1．对称三相电压的______相同、______相等、______依次相差120°。

2．在三相电源中，三相电压在相位上的先后顺序称为______。正序的 U 相超前______相，滞后______相。

3．相线与中线之间的电压称为______，相线与相线之间的电压称为______。

4．三相电源有中线的供电系统称为________，三相电源没有中线的供电系统称为________。

5．对称三相电源作星形联结时，线电压为相电压的______倍，线电压超前相应的相电压______。

6．三相 Y 形联结电源为正序，相电压 $\dot{U}_U = 220\angle 45^\circ$ V，则相电压 $\dot{U}_V$ 为________，线电压 $\dot{U}_{UV}$ 为________。

任务二十一　分析负载星形联结的三相电路

学一学

一、三相负载的连接原则

根据使用方法的不同，电力系统的负载可以分为两类。一类是像电灯这样有两根接线的负载叫做单相负载，电风扇、电冰箱、电炉、电烙铁、单相电动机等都是单相负载。另一类是像三相电动机这样的有三个接线端的负载，叫做三相负载。

在三相负载中，如果每相负载的大小和性质完全相同，则称为**对称三相负载**，如三相电动机、三相变压器、三相电炉等。如果各相负载不同，就叫**不对称三相负载**，如三相照明电路中的负载。

三相负载的连接原则：一是负载的额定电压等于电源提供的电压；二是单相负载尽量均衡地分配到三相电源上，如图 4.6 所示。

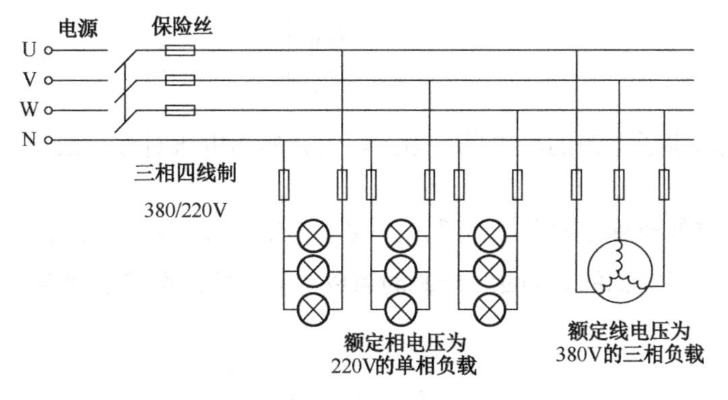

图 4.6　三相负载

二、负载星形联结的三相电路

将三相负载的一端连在一起后接到三相电源的中性线上，三相负载的另一端分别接到三相电源的相线上，这种连接方式称为**三相负载的星形（Y 形）联结**。负载星形联结的三相四线制电路如图 4.7 所示。图中，Z_U、Z_V、Z_W 分别为三相负载的阻抗。

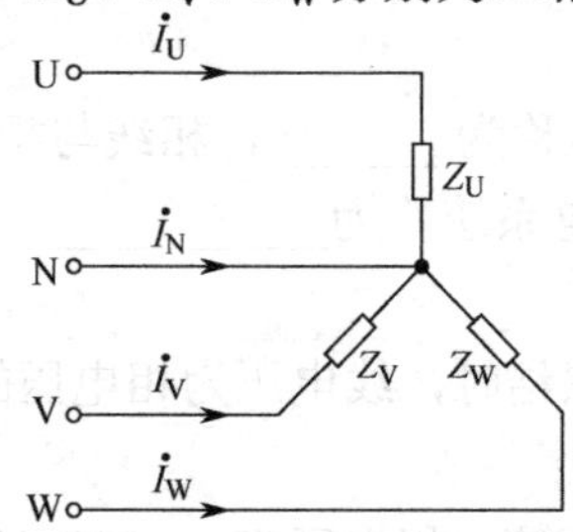

图 4.7　负载星形联结的三相四线制电路

1. 相电压与线电压

由图 4.7 可见，忽略输电线上的阻抗，**三相负载的线电压就是电源的线电压；三相负载的相电压就是电源的相电压**。于是星形负载的线电压与相电压之间也是 $\sqrt{3}$ 倍的关系，即

$$U_L = \sqrt{3}U_P \tag{4.7}$$

2. 相电流与线电流

在三相电路中，流过每相负载的电流称为**相电流**，其有效值一般用 I_P 表示；通过每根相线上的电流称为**线电流**，其有效值一般用 I_L 表示。由于在星形联结中，每根相线都与相应的每相负载串联，所以**线电流等于相电流**，即

$$I_L = I_P \tag{4.8}$$

知道每相负载两端的电压后，便可以计算每相负载电流。若忽略输电线阻抗，则有

$$\left.\begin{aligned} \dot{I}_U &= \frac{\dot{U}_U}{Z_U} \\ \dot{I}_V &= \frac{\dot{U}_V}{Z_V} \\ \dot{I}_W &= \frac{\dot{U}_W}{Z_W} \end{aligned}\right\} \tag{4.9}$$

负载的相电压等于电源的相电压。因三相电源的相电压对称，故三相负载相电压也是对称的。

对于星形联结的对称三相负载，即 $Z_U = Z_V = Z_W = Z = |Z|\angle\varphi$。由于负载相电压对称，所以负载相电流也是对称的。因此，计算时可以“算一相，推其余两相”。此时，负载相电流有效值为

$$I_U = I_V = I_W = I_P = \frac{U_P}{|Z|} \tag{4.10}$$

3. 中性线电流

中性线电流是指流过中性线的电流。根据基尔霍夫电流定律，中线电流为

$$\dot{I}_N = \dot{I}_U + \dot{I}_V + \dot{I}_W \tag{4.11}$$

对于对称三相负载，由于负载相电流对称，故中性线电流 $\dot{I}_N = 0$，可以**把中性线去掉从而构成三相三线制电路**。工业上大量使用的三相异步电动机就是典型的三相对称负载，就是以三相三线制供电的。顺便说明，大电网的三相负载可以认为基本上是对称的，在实际应用中高压输电线都采用三相三线制。

对于不对称三相负载，中性线电流 $\dot{I}_N \neq 0$，中性线不能去掉。否则，负载上相电压将会出现不对称现象，有的相电压高于额定电压，有的相电压低于额定电压，负载不能正常工作。所以，**星形联结的不对称三相负载，必须采用有中线的三相四线制电路，中性线的作用就是保证负载相电压对称。为了防止中性线突然断开，在中性线上不准安装开关或熔断器。**

例 4.2 星形联结的对称三相负载，每相负载阻抗 $Z = 10\angle 53^\circ \Omega$，接入线电压 $\dot{U}_{UV} = 380\angle 30^\circ$ V的三相电源上，求负载相电流。

解：根据三相电源线电压与相电压关系式（4.6），可以得到U相电压为

$$\dot{U}_U = \frac{\dot{U}_{UV}}{\sqrt{3}\angle 30^\circ} = \frac{380\angle 30^\circ}{\sqrt{3}\angle 30^\circ} \text{V} = 220\angle 0^\circ \text{ V}$$

星形联结的对称三相负载相电流对称，采用“算一相，推其余两相”法。U相负载相电流为

$$\dot{I}_U = \frac{\dot{U}_U}{Z} = \frac{220\angle 0^\circ}{10\angle 53^\circ} \text{A} = 22\angle -53^\circ \text{ A}$$

推知其余两相负载相电流为

$$\dot{I}_V = 22\angle(-53^\circ - 120^\circ)\text{A} = 22\angle -173^\circ \text{ A}$$

$$\dot{I}_W = 22\angle(-53^\circ + 120^\circ)\text{A} = 22\angle 67^\circ \text{ A}$$

例 4.3 对称三相电源，线电压为 380V。向一组负载供电，三相负载 Z_U=48.4Ω，Z_V=48.4Ω，Z_W=242Ω，为 Y_0 联结，不计中线阻抗。试求负载相电流及中线电流。

解：电源线电压为 380V，则相电压为 220V。

设 $\dot{U}_U = 220\angle 0^\circ$ V，$\dot{U}_V = 220\angle -120^\circ$ V，$\dot{U}_W = 220\angle 120^\circ$ V。

负载相电流为

$$\dot{I}_U = \frac{\dot{U}_U}{Z_U} = \frac{220\angle 0^\circ}{48.4} \text{A} = 4.55\angle 0^\circ \text{ A}$$

$$\dot{I}_V = \frac{\dot{U}_V}{Z_V} = \frac{220\angle -120^\circ}{48.4} \text{A} = 4.55\angle -120^\circ \text{ A}$$

$$\dot{I}_{W}=\frac{\dot{U}_{W}}{Z_{W}}=\frac{220\angle 120^{\circ}}{242}\text{A}=0.91\angle 120^{\circ}\text{ A}$$

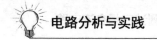

中线电流为

$$\dot{I}_{N}=\dot{I}_{U}+\dot{I}_{V}+\dot{I}_{W}=(4.55\angle 0^{\circ}+4.55\angle -120^{\circ}+0.91\angle 120^{\circ})\text{A}=3.64\angle -60^{\circ}\text{ A}$$

从本例可知：在日常生活中，即使三相负载不对称，但由于有中线，且中线阻抗很小，各相负载两端电压仍然对称，并保持正常的电压。

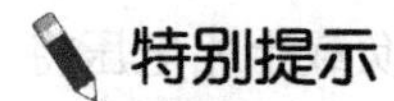

特别提示

三相负载星形联结有中线的三相四线制电路用 Y_0 表示，三相负载星形联结不带中线的三相三线制电路，用 Y 表示。

想一想

三相五线制供电方式

三相五线制中的五线是指：三根相线（U、V、W 线）、一根中性线（N 线）、一根地线（PE 线）。中性线（N 线）是工作零线，地线（PE 线）是保护零线。三相五线制标准导线颜色为：U 线黄色，V 线绿色，W 线红色，N 线淡蓝色，PE 线黄绿色。

凡是采用保护接零的低压供电系统，均是三相五线制供电方式。在三相四线制供电中，由于三相负载不对称时和低压电网的零线过长且阻抗过大时，零线将有零序电流通过，过长的低压电网，由于环境恶化，导线老化，受潮等因素，导线的漏电电流通过零线形成闭合回路，致使零线也带一定的电位，这对安全运行十分不利。在零干线断线的特殊情况下，断线以后的单相设备和所有保护接零的设备产生危险的电压，这是不允许的。如采用三相五线制供电，用电设备上所连接的工作零线 N 和保护零线 PE 是分别敷设的，工作零线上的电位不能传递到用电设备的外壳上，这样就能有效隔离了三相四线制供电方式所造成的危险电压，使用电设备外壳上电位始终处在“地”电位，从而消除了设备产生危险电压的隐患。

练一练

1．三相电路中的负载可分为_______三相负载和_______三相负载两种情况。

2．负载作星形联结，具有中线，并且输电线阻抗可以忽略时，负载的相电压与电源的相电压_______，负载的线电压与电源的线电压_______，负载的线电压与相电压的有效值关系是_______。

3．在三相电路中，流过每相负载的电流称为_______，通过每根相线上的电流称为_______。在星形联结中，线电流与相电流_______。

4．对称三相负载星形联结的三相电路，中性线电流为_______，可以把中性线去掉从

而构成三相________制电路。

5．不对称三相负载星形联结的三相电路，必须采用三相________制，中性线的作用就是保证负载相电压________，在中性线上不准安装________或________。

任务二十二　分析负载三角形联结的三相电路

学一学

三相负载有星形联结和三角形联结两种连接方式。将三相负载依次接在电源的两根相线之间，这种连接方式称为**三相负载的三角形联结**，这种接法像个“△”字，又称△形联结。负载三角形联结的三相电路如图 4.8 所示，三相负载的阻抗分别为 Z_{UV}、Z_{VW}、Z_{WU}，电流和电压的参考方向如图中所示。

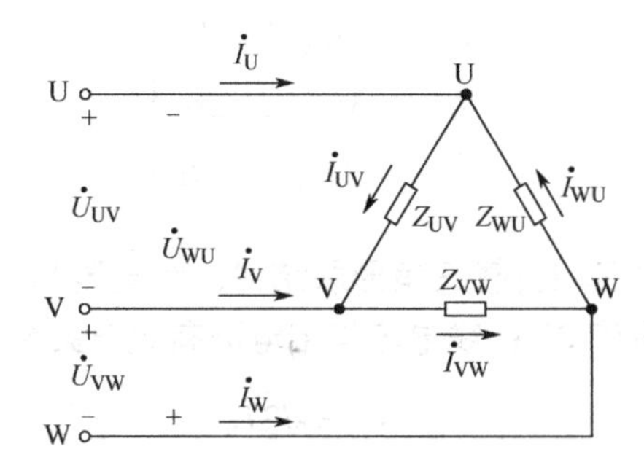

图 4.8　负载三角形联结的三相电路

一、相电压与相电流的关系

由图 4.8 可以看出，每相负载直接连接在电源的两根相线之间，**三角形联结负载的相电压等于电源的线电压，由于三相电源线电压是对称的，所以无论负载对称与否，负载的相电压是对称的**。负载相电压有效值为

$$U_P = U_L \tag{4.12}$$

在如图 4.8 所示电路中，各相负载的相电流为

$$\left.\begin{aligned} \dot{I}_{UV} &= \frac{\dot{U}_{UV}}{Z_{UV}} \\ \dot{I}_{VW} &= \frac{\dot{U}_{VW}}{Z_{VW}} \\ \dot{I}_{WU} &= \frac{\dot{U}_{WU}}{Z_{WU}} \end{aligned}\right\} \tag{4.13}$$

对于三角形联结的对称三相负载，即 $Z_{UV} = Z_{VW} = Z_{WU} = Z = |Z|\angle\varphi$。**由于负载相电压对称，所以负载相电流也是对称的。因此，计算时可以“算一相，推其余两相”**。此时，负

载相电流有效值为

$$I_{UV} = I_{VW} = I_{WU} = I_P = \frac{U_L}{|Z|} \tag{4.14}$$

二、线电流与相电流的关系

在如图 4.8 所示电路中，根据基尔霍夫电流定律，可得各线电流为

$$\left.\begin{aligned} \dot{I}_U &= \dot{I}_{UV} - \dot{I}_{WU} \\ \dot{I}_V &= \dot{I}_{VW} - \dot{I}_{UV} \\ \dot{I}_W &= \dot{I}_{WU} - \dot{I}_{VW} \end{aligned}\right\} \tag{4.15}$$

对于对称三相负载，因为负载相电流对称，所以线电流也是对称的。由式（4.15）可以推出，线电流与相电流之间满足如下关系

$$\left.\begin{aligned} \dot{I}_U &= \sqrt{3}\dot{I}_{UV}\angle -30^\circ \\ \dot{I}_V &= \sqrt{3}\dot{I}_{VW}\angle -30^\circ \\ \dot{I}_W &= \sqrt{3}\dot{I}_{WU}\angle -30^\circ \end{aligned}\right\} \tag{4.16}$$

由（4.16）表明，**对称三相负载三角形联结时，线电流和相电流的相位关系为：线电流的相位滞后于相应的相电流 30°；线电流与相电流有效值关系为**

$$I_L = \sqrt{3}I_P \tag{4.17}$$

三相电动机的绕组可以是星形联结，也可以是三角形联结。在电动机铭牌上都有标示，如 380V △形联结或 380V Y 形联结。Y/△ 380/220V，表示该电动机在电源线电压为 380V 时，为 Y 形联结；当电源线电压为 220V 时，为△形联结。可见，该电动机额定相电压是 220V。

例 4.4 对称三相负载作三角形联结，每相负载阻抗为 $Z = 5\angle 45^\circ\ \Omega$，接在线电压为 380V 的电源上，试求负载的相电流和线电流。

解：设 $\dot{U}_{UV} = 380\angle 0^\circ$ V，则相电流为

$$\dot{I}_{UV} = \frac{\dot{U}_{UV}}{Z} = \frac{380\angle 0^\circ}{5\angle 45^\circ}\text{A} = 76\angle -45^\circ\ \text{A}$$

因相电流对称，则其余两相电流为

$$\dot{I}_{VW} = 76\angle（-45^\circ - 120^\circ）\text{A} = 76\angle -165^\circ\ \text{A}$$

$$\dot{I}_{WU} = 76\angle（-45^\circ + 120^\circ）\text{A} = 76\angle 75^\circ\ \text{A}$$

根据线电流和相电流关系式（4.16），则有

$$\dot{I}_U = \sqrt{3}\dot{I}_{UV}\angle -30^\circ = 76\sqrt{3}\angle -45^\circ \cdot \angle -30^\circ\ \text{A} = 131.63\angle -75^\circ\ \text{A}$$

因线电流对称，所以有

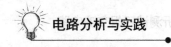

$$\dot{I}_V = 131.63\angle 165^\circ \text{ A}$$

$$\dot{I}_W = 131.63\angle 45^\circ \text{ A}$$

例 4.5　三角形联结不对称负载阻抗为 $Z_{UV} = 10\angle 25^\circ \Omega$，$Z_{VW} = 20\angle 60^\circ \Omega$，$Z_{WU} = 15\angle 0^\circ \Omega$，三相电源线电压有效值为 300V，正相序。试求图 4.9 中三只电流表的读数。

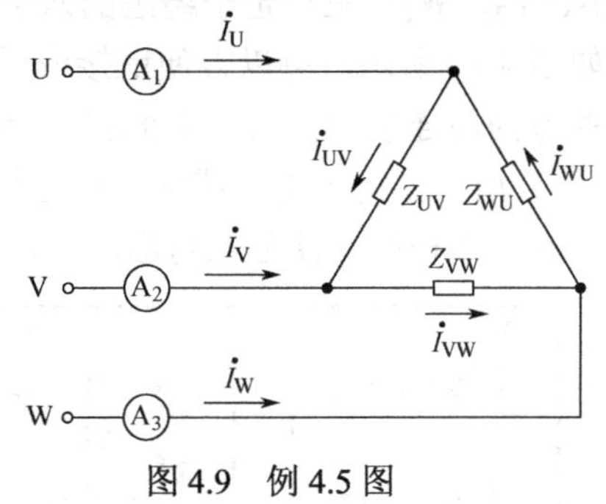

图 4.9　例 4.5 图

解：设 $\dot{U}_{UV} = 300\angle 0^\circ \text{ V}$，$\dot{U}_{VW} = 300\angle -120^\circ \text{ V}$，$\dot{U}_{WU} = 300\angle 120^\circ \text{ V}$。

由式（4.13）可得，各相电流为

$$\dot{I}_{UV} = \frac{\dot{U}_{UV}}{Z_{UV}} = \frac{300\angle 0^\circ}{10\angle 25^\circ} \text{A} = 30\angle -25^\circ \text{ A}$$

$$\dot{I}_{VW} = \frac{\dot{U}_{VW}}{Z_{VW}} = \frac{300\angle -120^\circ}{20\angle 60^\circ} \text{A} = 15\angle -180^\circ \text{ A}$$

$$\dot{I}_{WU} = \frac{\dot{U}_{WU}}{Z_{WU}} = \frac{300\angle 120^\circ}{15\angle 0^\circ} \text{A} = 20\angle 120^\circ \text{ A}$$

由式（4.15）可得，各线电流为

$$\dot{I}_U = \dot{I}_{UV} - \dot{I}_{WU} = 30\angle -25^\circ - 20\angle 120^\circ \text{ A} = 47.8\angle -38.89^\circ \text{ A}$$

$$\dot{I}_V = \dot{I}_{VW} - \dot{I}_{UV} = 15\angle -180^\circ - 30\angle -25^\circ \text{ A} = 44.1\angle 163.27^\circ \text{ A}$$

$$\dot{I}_W = \dot{I}_{WU} - \dot{I}_{VW} = 20\angle 120^\circ - 15\angle -180^\circ \text{ A} = 18\angle 73.90^\circ \text{ A}$$

三个电流表的读数分别为：电流表 A_1 的读数为 47.8A，电流表 A_2 的读数为 44.1A，电流表 A_3 的读数为 18A。

特别提示

三相负载与三相电源的连接方式是由每相负载的额定电压和电源电压关系决定的。当负载的额定电压等于电源线电压时，则负载采用三角形联结；当负载额定电压等于电源相电压时，则负载采用星形联结。如照明负载的额定电压为 220V，接在线电压 380V 的三相电源上工作时，该负载应该接成星形。若误接成三角形，该负载上的电压和电流都会超过额定值，导致负载烧坏。

想一想

三相异步电动机定子绕组的连接方式

三相异步电动机内部有三相定子绕组：U_1-U_2、V_1-V_2、W_1-W_2，首端分别标为U_1、V_1、W_1，末端分别标为U_2、V_2、W_2。三相定子绕组的六个出线端都引到接线盒上，六个接线头在接线盒里的排列如图 4.10 所示，可以方便地接成星形联结和三角形联结。

将上面三个接线头横的方向用连接片短接，下面三个接线头接三相电源的三根相线，即为星形联结，如图 4.10（a）所示；拆下上面横的方向连接片，改为竖的方向上下连接，下面三个接线头接三相电源的三根相线，便是三角形联结，如图 4.10（b）所示。

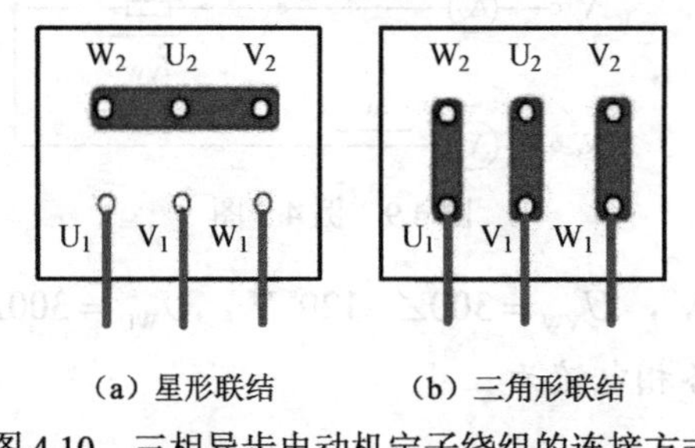

（a）星形联结　　（b）三角形联结

图 4.10　三相异步电动机定子绕组的连接方式

练一练

1．在三相电路中，负载有________和________两种连接方式。

2．对称三相负载三角形联结时，线电流大小为相电流大小的________倍，线电流的相位滞后于相应的相电流________。

3．当负载的额定电压等于电源线电压时，则负载采用________联结；当负载额定电压等于电源相电压时，则负载采用________联结。

4．在对称三相电路中，已知电源线电压有效值为 380V，若负载作星形联结，负载相电压为________V；若负载作三角形联结，负载相电压为________V。

任务二十三　计算三相电路的功率

学一学

一、三相电路的功率

三相负载的有功功率等于各相负载的有功功率之和，即

$$P = P_U + P_V + P_W = I_U U_U \cos\varphi_U + I_V U_V \cos\varphi_V + I_W U_W \cos\varphi_W \tag{4.18}$$

式中，φ_U、φ_V、φ_W为相电压和相电流之间的相位差。

对于对称三相负载，每相负载的有功功率均相同，故三相有功功率是一相有功功率的3倍，即

$$P = 3P_{\mathrm{P}} = 3U_{\mathrm{P}}I_{\mathrm{P}}\cos\varphi \tag{4.19}$$

由于在三相电路中测量线电压和线电流比较方便，所以三相功率在对称负载情况下可用线电压和线电流来计算。

当对称负载作星形联结时

$$U_{\mathrm{L}} = \sqrt{3}U_{\mathrm{P}}，\ I_{\mathrm{L}} = I_{\mathrm{P}}$$

所以

$$P = 3U_{\mathrm{P}}I_{\mathrm{P}}\cos\varphi = 3\frac{U_{\mathrm{L}}}{\sqrt{3}}I_{\mathrm{L}}\cos\varphi = \sqrt{3}I_{\mathrm{L}}U_{\mathrm{L}}\cos\varphi$$

当对称负载作三角形联结时

$$U_{\mathrm{L}} = U_{\mathrm{P}}，\ I_{\mathrm{L}} = \sqrt{3}I_{\mathrm{P}}$$

所以

$$P = 3U_{\mathrm{P}}I_{\mathrm{P}}\cos\varphi = 3U_{\mathrm{L}}\frac{I_{\mathrm{L}}}{\sqrt{3}}\cos\varphi = \sqrt{3}I_{\mathrm{L}}U_{\mathrm{L}}\cos\varphi$$

综上所述，**无论负载是作星形联结还是三角形联结，对称三相电路的有功功率（简称三相功率）均可按下式计算**

$$P = \sqrt{3}I_{\mathrm{L}}U_{\mathrm{L}}\cos\varphi \tag{4.20}$$

式中，φ是相电压与相电流之间的相位差。

同理，**三相负载对称时，三相无功功率和三相视在功率的计算公式为**

$$Q = \sqrt{3}I_{\mathrm{L}}U_{\mathrm{L}}\sin\varphi \tag{4.21}$$

$$S = \sqrt{3}I_{\mathrm{L}}U_{\mathrm{L}} \tag{4.22}$$

三相负载的功率因数为

$$\lambda = \frac{P}{S} \tag{4.23}$$

对于对称三相负载，$\lambda = \cos\varphi$，即为一相负载的功率因数。

例4.6　有一对称三相负载，每相负载复阻抗$Z = 10\angle 53.1^\circ\,\Omega$，接在线电压为380V的三相对称电源上，试分别计算负载作三角形联结和星形联结时的三相有功功率，并比较其结果。

解： 每相负载阻抗值$|Z| = 10\Omega$，每相负载功率因数$\cos\varphi = \cos 53.1^\circ = 0.6$。

（1）负载作三角形联结时

相电压　　$U_{\mathrm{P}} = U_{\mathrm{L}} = 380\mathrm{V}$

相电流　　$I_{\mathrm{P}} = \dfrac{U_{\mathrm{P}}}{|Z|} = \dfrac{380}{10}\mathrm{A} = 38\mathrm{A}$

线电流 $$I_L=\sqrt{3}I_P=38\sqrt{3}\,\mathrm{A}=66\mathrm{A}$$

有功功率 $$P_{\triangle}=\sqrt{3}I_L U_L\cos\phi=\sqrt{3}\times 66\times 380\times 0.6\,\mathrm{W}=26\mathrm{kW}$$

（2）负载作星形联结时

相电压 $$U_P=\frac{U_L}{\sqrt{3}}=\frac{380}{\sqrt{3}}\mathrm{V}=220\mathrm{V}$$

线电流 $$I_L=I_P=\frac{U_P}{|Z|}=\frac{220}{10}\mathrm{A}=22\mathrm{A}$$

有功功率 $$P_Y=\sqrt{3}I_L U_L\cos\varphi=\sqrt{3}\times 22\times 380\times 0.6\,\mathrm{W}=8.7\mathrm{kW}$$

比较两种结果，得 $$\frac{P_{\triangle}}{P_Y}=\frac{26}{8.7}\approx 3$$

可见，当三相电源线电压不变时，三相对称负载作三角形联结时所消耗的有功功率是星形联结时的 3 倍。所以，要使负载正常工作，负载的接法必须正确。若正常工作是星形联结而误接为三角形，将因每相负载承受过高电压，导致功率过大而烧坏；若正常工作是三角形联结而误接为星形，则会因功率过小而不能正常工作。

二、三相电路功率的测量

功率可以用功率表（瓦特表）来测量。功率表内有两个线圈：一个线圈固定，称为电流线圈，使用时与负载串联。另一个线圈可动，称为电压线圈，使用时与负载并联。

对称三相四线制电路中，各相负载的功率相等，只要测出其中一相负载的功率，然后乘以 3 就是三相电路的总功率，称为**“一功率表”法**。

不对称三相四线制电路，需要分别测出各相负载功率然后相加，得到三相电路的总功率，测量电路如图 4.11（a）所示，称为**“三功率表”法**。

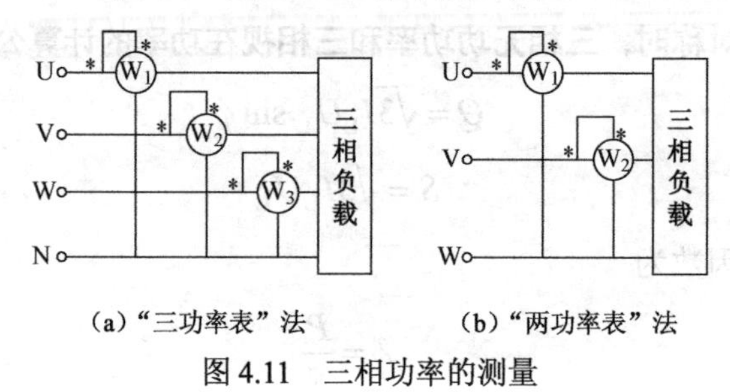

（a）“三功率表”法　　（b）“两功率表”法

图 4.11　三相功率的测量

在三相三线制电路中，无论负载对称与否，也不管负载是星形还是三角形联结，都可以使用两个功率表测量三相总功率，如图 4.11（b），这种方法称为**“两功率表”法**。两只功率表的接线原则是：两只功率表的电流线圈分别串联在任意两根相线中，而电压线圈分别并联在本相线与第三根相线中。这样连接后，各只功率表的读数不再是任一相的功率，但两只功率表的读数的代数和就是三相电路的总功率。

两只功率表的读数的代数和为

$$P_1+P_2=I_U U_{UW}\cos\varphi_1+I_V U_{VW}\cos\varphi_2 \tag{4.24}$$

式中，P_1 和 P_2 分别是功率表 W_1 和 W_2 的读数，φ_1 是线电压 $\dot{U}_{UW}$ 与线电流 $\dot{I}_U$ 之间的相位差，

φ_2 是线电压 $\dot{U}_{VW}$ 与线电流 $\dot{I}_V$ 之间的相位差。

在一定条件下，当 $\varphi_1>90^\circ$ 或 $\varphi_2>90^\circ$ 时，相应的功率表读数为负值，这样求总功率时将负值代入。

在三相四线制电路中，“两功率表”法不适用于不对称电路。因为 $i_U+i_V+i_W\neq 0$。

例 4.7　已知三相负载是对称的，线电压为 380V，线电流为 5.5A，各相负载功率因数角为 79°（滞后），求两只功率表的读数和三相总功率。

解：功率表 W_1 的读数为

$$P_1=I_U U_{UW}\cos\varphi_1=300\times 5.5\cos(79^\circ-30^\circ)\text{W}=1371.16\text{W}$$

功率表 W_2 的读数为

$$P_2=I_V U_{VW}\cos\varphi_2=300\times 5.5\cos(79^\circ+30^\circ)\text{W}=-680.44\text{W}$$

三相总功率为

$$P=P_1+P_2=(1371.16-680.44)\text{W}=690.72\text{W}$$

特别提示

对称三相电路的瞬时功率 $p=p_U+p_V+p_W=P$。这表明，对称三相电路的瞬时功率是一个常数，其值等于平均功率，这种性质称为瞬时功率平衡，所以对称三相电路又称平衡制电路。如果三相负载是电动机，由于三相瞬时功率是定值，因而电动机的转矩是恒定的，这是三相电胜于单相电的一个优点。

想一想

三相电能表的接线

对于直接式三相四线制电能表，有 11 个接线端头，从左至右按 1、2、3、4、5、6、7、8、9、10、11 编号。其中，1、4、7 号是电源相线的进线端头，3、6、9 号是电源相线的出线端头，10、11 号是电源中性线的进线和出线端头，如图 4.12（a）所示，接线盒内有三块连接片分别连接 1 与 2、5 与 6、8 与 9，这三块连接片不可拆下，并应连接可靠。对于直接式三相三线制电能表，共有 8 个接线端头，1、4、6 号是电源相线进线端头，3、5、8 号是电源相线出线端头，如图 4.12（b）所示。接线盒内连接 1 与 2、6 与 7 这两块连接片应连接可靠。

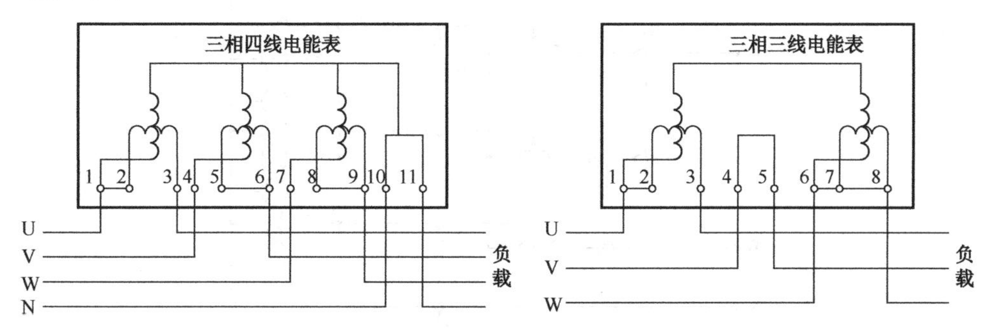

图 4.12　三相电能表的接线

练一练

1．对称三相电路的有功功率 P=__________，无功功率 Q=__________，视在功率 S=__________，功率因数 λ=__________。

2．对称三相电路的瞬时功率是一个常数，其值等于__________，这种性质称为瞬时功率__________，所以对称三相电路又称__________制电路。

3．对称三相四线制电路中，各相负载的功率相等，只要测出其中一相负载的功率，然后乘以 3 就是三相电路的总功率，称为“__________”法。

4．不对称三相四线制电路，需要分别测出各相负载功率然后相加，得到三相电路的总功率称为“__________”法。

5．当三相电源线电压不变时，三相对称负载作三角形联结时所消耗的有功功率是星形联结时的__________倍。

技能训练八　三相电路电流、电压的测量

一、训练目标

1．掌握三相负载的星形联结和三角形联结方法；

2．理解三相四线供电系统中性线的作用；

3．验证三相负载星形和三角形联结时，相电压和线电压、相电流和线电流之间的关系。

二、仪器、设备及元器件

1．交流电压表（0～500V）、交流电流表（0～5A）、万用表各一只，

2．三相自耦调压器、三相灯组负载（220V/15W 白炽灯 9 只）。

3．插座三只和导线若干。

三、训练内容

1．三相负载星形联结

（1）按图 4.13 连接成三相负载的星形联结电路。三相灯组负载经三相自耦调压器接通三相对称电源。

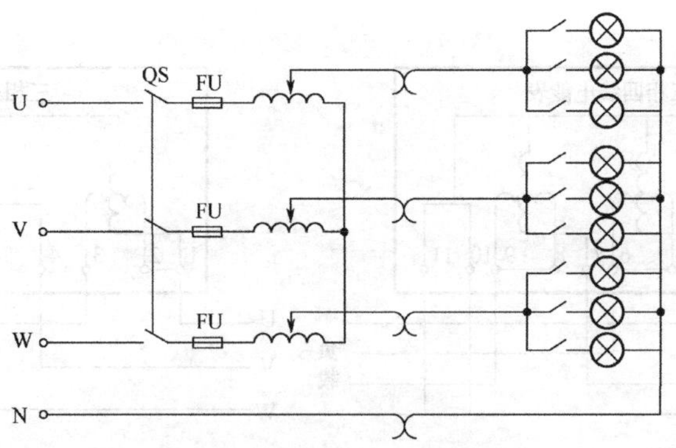

图 4.13　三相负载的星形联结

（2）将三相调压器的旋柄置于输出为0V的位置（即逆时针旋到底），经指导教师检查合格后，方可开启试验台电源，然后调节调压器输出三相线电压为220V。

（3）分别测量三相负载的线电压、相电压、相电流、线电流、中线电流，将所测得的数据记入表4.1中，并观察各项灯组亮暗的变化程度，特别要注意观察中线的作用。

表4.1　负载星形联结测量数据

负载情况	开灯盏数			线电流			线电压			相电压			中线电流
	U相	V相	W相	I_U	I_V	I_W	U_{UV}	U_{VW}	U_{WU}	U_U	U_V	U_W	I_N
Y_O形联结对称负载	3	3	3										
Y形联结对称负载	3	3	3										
Y_O形联结不对称负载	1	2	3										
Y形联结不对称负载	1	2	3										
Y_O形联结U相断开	1		3										
Y形联结U相断开	1		3										
Y形联结U相断开	1		3										

2．三相负载三角形联结

（1）按图4.14连接成三相负载三角形联结电路。

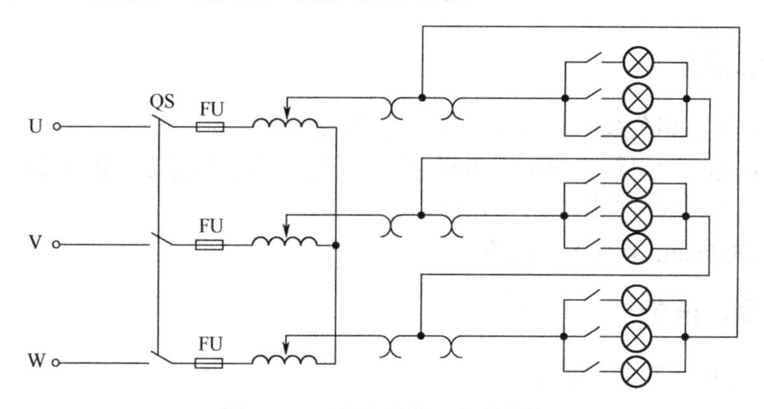

图4.14　三相负载的三角形联结

（2）将三相调压器的旋柄置于输出为0V的位置（即逆时针旋到底），经指导教师检查合格后，方可开启试验台电源，然后调节调压器输出三相线电压为220V。

（3）分别测量三相负载的线电压、相电压、相电流、线电流，并将测得的数据记入

表 4.2 中。

表 4.2　负载三角形联结测量数据

负载情况	开灯盏数			线电压=相电压（V）			线电流（A）			相电流（A）		
	U—V	V—W	W—U	U_{UV}	U_{VW}	U_{WU}	I_U	I_V	I_W	I_{UV}	I_{VW}	I_{WU}
三相对称负载	3	3	3									
三相不对称负载	1	2	3									

四、考核评价

学生技能训练的考核评价如表 4.3 所示。

表 4.3　技能训练八考核评价表

考核项目	评分标准	配分	扣分	得分
三相负载星形联结	电路连接准确可靠	15		
	量程选择正确	10		
	读数准确	10		
	结论正确	10		
三相负载三角形联结	电路连接准确可靠	15		
	量程选择正确	10		
	读数准确	10		
	结论正确	10		
安全文明操作	有不文明操作行为，或违规、违纪出现安全事故，工作台上脏乱，酌情扣 3～10 分	10		
合计		100		

技能训练九　三相交流电路的仿真分析

一、训练目标

1．加深理解三相负载的星形联结和三角形联结。

2．理解对称三相电路的线电压和相电压、线电流和相电流之间的关系。

3．明确三相四线制电路中线的作用。

4．学会 Multisim 软件的使用方法。

二、仪器、设备

Multisim 虚拟仿真实训平台

三、训练内容

1．三相负载星形联结电路

（1）利用 Multisim 11 软件创建出如图 4.15 所示的三相负载星形联结电路，并设置好电

路元件的参数。图中，V1 为三相电源，U1、U2、U3 为 4A 的保险丝，X1、X2、X3、X4 是 4 个 100V/100W 的灯泡，J1、J2 是 2 个开关，XMM1～XMM7 是 7 只万用表。其中，XMM1、XMM2、XMM3 是用来测量三相负载对称和不对称时的各相电流的，XMM7 是用来测量中线电流的，XMM4、XMM5、XMM6 是用来测量各相电压的。J1 是用来进行负载对称和不对称切换的，J2 是用来进行中线有无切换的。

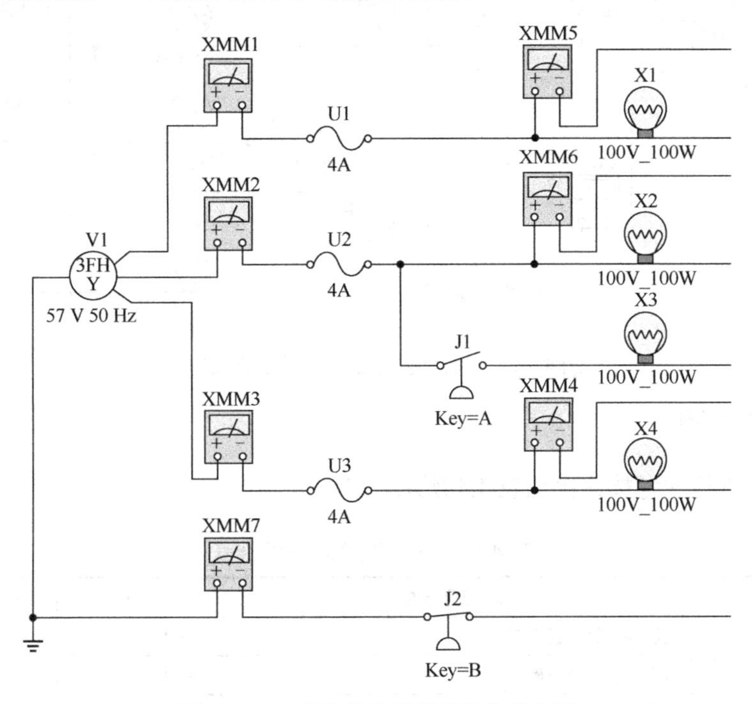

图 4.15　三相负载的星形联结仿真电路

（2）三相对称负载的测量。开关 J1 断开，开关 J2 闭合（有中线）和开关 J2 断开（无中线）两种情况下，开启仿真开关，测量相电流、相电压和中线电流，并说明线电流与相电流、线电压与相电压之间的关系。

（3）三相不对称负载的测量。开关 J2 闭合，开关 J2 闭合（有中线）和开关 J2 断开（无中线）两种情况下，开启仿真开关，观察灯泡亮度，测量相电流和相电压，并说明中线的作用。

2. 三相负载三角形联结电路

（1）利用 Multisim 11 软件创建出如图 4.16 所示的三相负载三角形联结电路，并设置好电路元件的参数。图中，XMM1、XMM2、XMM3 是用来测量三相负载对称和不对称时的各线电流的，XMM4、XMM5、XMM6 是用来测量各相电流的，XMM7、XMM8、XMM9 是用来测量各相电压的。J1 是用来进行负载对称和不对称切换的。

（2）三相对称负载的测量。开关 J1 断开，开启仿真开关，测量相电流、线电流和相电压，并说明线电流与相电流、线电压与相电压之间的关系。

（3）三相不对称负载的测量。开关 J2 闭合，开启仿真开关，测量相电流、线电流和相电压，并得出结论。

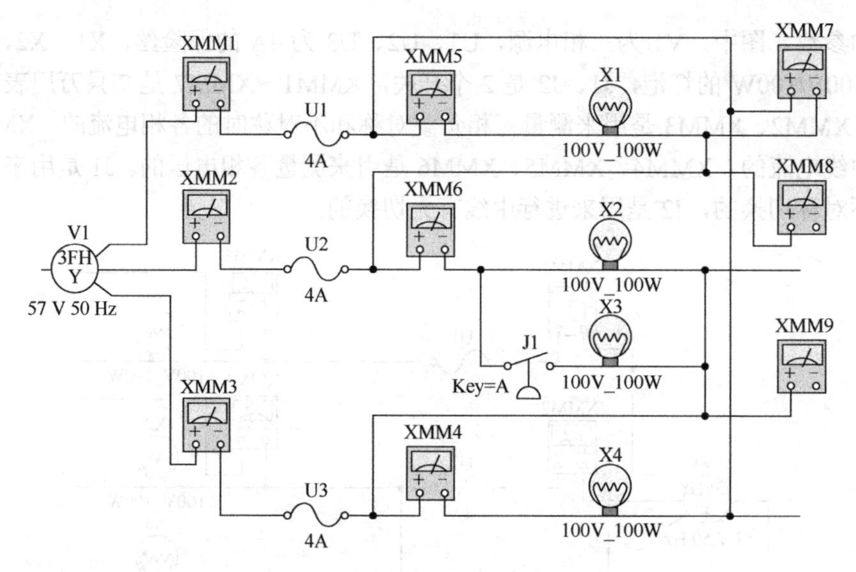

图 4.16　三相负载的三角形联结仿真电路

四、考核评价

学生技能训练的考核评价如表 4.4 所示。

表 4.4　技能训练九考核评价表

考核项目	评分标准	配分	扣分	得分
三相负载星形联结电路的仿真	元器件参数设置正确	5		
	仿真仪表选择正确	5		
	电路连接正确	10		
	测试方法正确	10		
	测试结果正确	15		
三相负载三角形联结电路的仿真	元器件参数设置正确	5		
	仿真仪表选择正确	5		
	电路连接正确	10		
	测试方法正确	10		
	测试结果正确	15		
安全文明操作	有不文明操作行为，或违规、违纪出现安全事故，工作台上脏乱，酌情扣 3～10 分	10		
合计		100		

巩固练习四

一、填空题

1．对称三相电压的瞬时值之和为________，三相电源的相序 U—V—W，称为________。

2．在供配电系统中由三根相线和一根中线所组成的输电方式称为________；无中线的

则称为________。

3. 我国低压供电系统的相电压是________V，线电压是________V。

4. 像电灯这样有两根接线的负载叫做________负载，像三相电动机这样的有三个接线端的负载，叫做________负载。

5. 三相负载的连接原则是负载的额定电压________电源提供的电压，单相负载尽量均衡地分配到________电源上。

6. 对称三相负载作 Y 形联结，接在 380V 的三相四线制电源上。负载相电压等于________倍的线电压；相电流等于________倍的线电流；中线电流等于________。

7. 在三相对称负载三角形联结的电路中，线电压为 220V，每相电阻均为 110Ω，则相电流 I_P 为________A，线电流 I_L 为________A。

8. 负载的额定电压等于三相电源的线电压时，应将负载接成________联结；负载的额定电压等于三相电源的相电压时，应将负载接成________联结。

9. 三相四线制供电系统适用于________负载，三相三线制供电系统适用于________负载。

10. 在三相三线制电路中，无论负载对称与否，也不管负载是星形还是三角形联结，都可以使用两个功率表测量三相总功率，这种方法称为“________”法。两只功率表的读数的________就是三相电路的总功率。

二、单项选择题

1. 正序对称三相电源 $\dot{U}_U = 100\angle 180^\circ$ V，则 $\dot{U}_V$ 为________。

A. $\dot{U}_V = 100\angle -120^\circ$ V

B. $\dot{U}_V = 100\angle -60^\circ$ V

C. $\dot{U}_V = 100\angle 60^\circ$ V

2. 三相电源的正序是 U—V—W，则负序是________。

A. V—W—U　　B. W—V—U　　C. W—U—V

3. 对称三相负载星形联结时________。

A. $I_L = I_P$，$U_L = \sqrt{3}U_P$

B. $I_L = \sqrt{3}I_P$，$U_L = U_P$

C. 都不正确

4. 对称三相负载作三角形联结时________。

A. $I_L = \sqrt{3}I_P$，$U_L = U_P$

B. $I_L = I_P$，$U_L = \sqrt{3}U_P$

C. 不一定

5. 若要求三相负载中各相电压均为电源相电压，则负载应接成________。

A. 星形有中线　　B. 星形无中线　　C. 三角形联结

6. 若要求三相负载中各相电压均为电源线电压，则负载应接成________。

A. 星形有中线　　B. 星形无中线　　C. 三角形联结

7. 三相四线制中，中线的作用是______。

A．保证三相负载对称

B．保证三相电压对称

C．保证三相电流对称

8．对称三相电路是指________的电路。

A．三相电源对称 B．三相负载对称 C．三相电源和三相负载对称

9．对称三相负载作三角形联结，接到相电压为220V的三相电源，则每相负载的阻抗值为10Ω，则线电流有效值为________。

A．$38\sqrt{3}$ A　　B．$22\sqrt{3}$ A　　C．38 A　　D．22 A

10．三个100Ω的电阻接成星形联结，接到线电压380V的对称三相电源上，则每相负载的相电流有效值为________。

A．2.2 A　　B．$2.2\sqrt{3}$ A　　C．38A

11．三相电动机每相绕组的额定电压为220V，电源线电压为380V，则三相绕组的连接方式为________。

A．星形联结　　B．三角形联结　　C．星形、三角形联结均可

12．三相对称交流电路的瞬时功率是________。

A．一个随时间变化的量

B．一个常量，其值等于有功功率

C．0

13．某对称三相负载测得其线电压为380V，线电流为2A，功率因数为0.5，则三相总功率为________。

A．658W　　B．558kW　　C．1140W

14．对称三相电路总有功功率$P=\sqrt{3}I_{\mathrm{L}}U_{\mathrm{L}}\cos\varphi$，式中的$\varphi$是________。

A．线电压与线电流之间的相位差角　　B．相电压与相电流之间的相位差角

C．线电压与相电流之间的相位差角　　D．相电压与线电流之间的相位差角

15．测量三相电路功率有很多方法，其中“三功率法”是测量________电路的功率。

A．三相三线制　　B．对称三相三线制　　C．三相四线制

三、分析与计算题

1．三相Y形联结电源为正序，已知相电压$\dot{U}_{\mathrm{V}}=220\angle 40^{\circ}$ V，试求线电压$\dot{U}_{\mathrm{UV}}$、$\dot{U}_{\mathrm{VW}}$和$\dot{U}_{\mathrm{WU}}$。

2．三相Y形联结电源为正序，已知线电压$\dot{U}_{\mathrm{UV}}=380\angle 70^{\circ}$ V，试求相电压$\dot{U}_{\mathrm{U}}$、$\dot{U}_{\mathrm{V}}$和$\dot{U}_{\mathrm{W}}$。

3．对称Y-Y三相电路，已知U_{L}=380V，各相负载阻抗为$Z=22\angle 20^{\circ}\Omega$，试求各线电流。

4．Y-Y三相四线制电路，电源对称，正序，线电压有效值为240 V，三相负载阻抗为$Z_{\mathrm{U}}=3\angle 0^{\circ}\Omega$，$Z_{\mathrm{V}}=4\angle 60^{\circ}\Omega$，$Z_{\mathrm{W}}=5\angle 90^{\circ}\Omega$，试求每相负载电流及中线电流。

5．如图4.17所示的三相电路，电源线电压为380V，每相负载的阻抗均为10Ω。该三相负载是否为对称负载？并求各相电流和中线电流。

6．三相四线制电路如图4.18所示，电源线电压为380 V，负载Z_{U}=11Ω，Z_{V}=Z_{W}=22Ω。

试求：（1）负载相电压、相电流和中线电流；（2）若中线断开，各负载相电压；（3）若无中线，U 相短路时，各负载相电压和相电流；（4）无中线且 W 相断路时，另外两相的电压和电流。

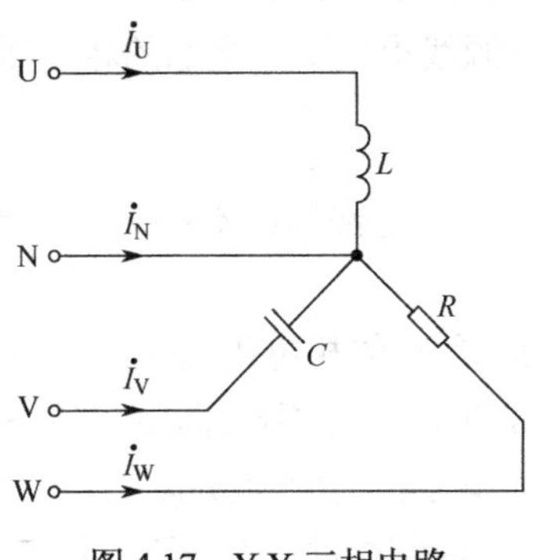

图 4.17　Y-Y 三相电路

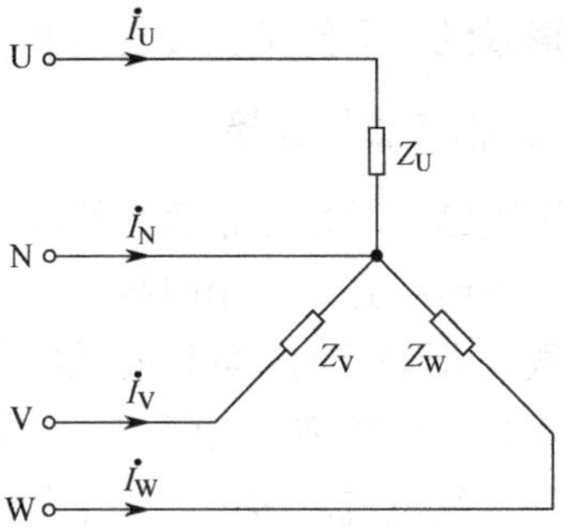

图 4.18　三相四线制电路

7．对称三相负载作三角形联结，每相负载阻抗为 $Z = 10\angle 45^\circ\,\Omega$，接在线电压为 380V 的电源上，试求负载的相电流和线电流。

8. 三角形联结不对称负载阻抗为 $Z_{UV} = 10\angle 25^\circ\,\Omega$，$Z_{VW} = 20\angle 60^\circ\,\Omega$，$Z_{WU} = 15\angle 0^\circ\,\Omega$，三相电源线电压有效值为 300V，正相序，试求负载相电流。

9．三相对称负载每相阻抗为 Z=6+j8Ω，每相负载的额定电压为 380V。已知电源线电压为 380V，问此三相负载应如何连接？试计算相电流和线电流。

10．对称三相电阻炉作三角形连接，每相电阻为 38Ω，接于线电压为 380V 的对称三相电源上，试求负载相电流 I_P、线电流 I_L 和三相有功功率 P。

11．对称三相负载三角形联结，每相阻抗为 Z=3−j4Ω，已知线电压为 380V。求每相负载的有功功率、无功功率和视在功率。

12. 对称三相感性负载星形联结，线电压为 380V，线电流为 5.8A，三相功率为 1.322kW，求三相负载的功率因数和每相负载阻抗 Z。

学习总结

1．对称三相电压

对称三相电压的幅值相同，频率相同，彼此相位差为 120°，即为

$$\left.\begin{aligned} \dot{U}_U &= U_P\angle 0^\circ \\ \dot{U}_V &= U_P\angle -120^\circ \\ \dot{U}_W &= U_P\angle 120^\circ \end{aligned}\right\}$$

$$\dot{U}_U + \dot{U}_V + \dot{U}_W = 0$$

三相电压依次出现正的最大值（或零值）的先后次序，称为三相电源的相序。相序 U-V-W 称为正相序。

2．对称三相电源的连接

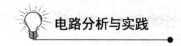

Y 形联结：三相四线制，有中线，提供两组电压，线电压和相电压。线电压比相应相电压超前 120°，其值是相电压的$\sqrt{3}$倍；三相三线制，无中线，提供线电压。

△形联结：只能是三线三线制，提供一组电压，电源线电压即为电源的相电压。

3．三相负载的连接

Y 形联结：对称三相负载接成 Y 形，供电电路只需三相三线制；不对称三相负载接成 Y 形，供电电路必须三相四线制。

负载 Y 形联结时，负载的线电压就是电源的线电压；负载的相电压就是电源的相电压，每相负载相电压对称且为线电压$1/\sqrt{3}$；流过每相负载的电流称为相电流，通过每根相线上的电流称为线电流，线电流等于相电流。流过中性线的电流称为中性线电流，对于对称三相负载，中性线电流为零，可以把中性线去掉构成三相三线制电路。对于不对称三相负载，中性线电流不为零，必须采用有中线的三相四线制电路。中性线的作用就是保证负载相电压对称。为了防止中性线突然断开，在中性线上不准安装开关或熔断器。

△形联结：三相负载接成△形，供电电源只需三相三线制。

负载△形联结时，负载的相电压等于电源的线电压，无论负载对称与否，负载的相电压是对称的。对于三相对称负载，线电流的相位滞后于相应的相电流 30°，线电流的值是相电流的$\sqrt{3}$倍。

4．三相电路的功率

对于对称三相电路，三相电路的功率

$$P=\sqrt{3}I_{\mathrm{L}}U_{\mathrm{L}}\cos\varphi$$

$$Q=\sqrt{3}I_{\mathrm{L}}U_{\mathrm{L}}\sin\varphi$$

$$S=\sqrt{3}I_{\mathrm{L}}U_{\mathrm{L}}$$

$$\lambda=\frac{P}{S}$$

对称三相四线制电路中，各相负载的功率相等，只要测出其中一相负载的功率，然后乘以 3 就是三相电路的总功率，称为“一功率表”法。

不对称三相四线制电路，需要分别测出各相负载功率然后相加，得到三相电路的总功率，称为“三功率表”法。

在三相三线制电路中，无论负载对称与否，也不管负载是星形还是三角形联结，都可以使用两个功率表测量三相总功率，称为“两功率表”法

自我评价

学生通过项目四的学习，按表 4.5 所示内容，实现学习过程的自我评价。

表 4.5　项目四自评表

序号	自评项目	自评标准	项目配分	项目得分	自评成绩
1	认识对称三相电源	对称三相电源	2		
		三相电源的相序	2		
		三相电源的星形联结	2		
		三线四线制和三相三线制	2		
		线电压与相电压	5		
		线电压与相电压的关系	5		
2	分析负载星形联结的三相电路	负载的连接原则	2		
		负载的星形联结	4		
		负载的相电压与线电压	10		
		负载相电流与线电流	10		
		中线电流	4		
		中线作用	4		
3	分析负载星形联结的三相电路	负载的三角形联结	4		
		相电压与相电流的关系	12		
		线电流与相电流的关系	12		
4	计算三相电路的功率	三相电路功率计算公式	12		
		三相电路的总瞬时功率	4		
		三相功率的测量方法	4		
能力缺失					
弥补措施					

项目五

分析测试互感电路

学习指南

项目描述：

互感现象在电子和电子技术中应用很广，通过互感，线圈可以使能量或信号由一个线圈很方便地传递到另外一个线圈。利用互感现象原理我们可以制成变压器、感应圈等。

学习目标：

学习任务	知识目标	基本能力
认识磁场的基本物理量	① 了解磁场的基本概念； ② 理解磁感应强度、磁通和磁场强度的概念； ③ 掌握电磁感应现象及感应电动势的公式	① 能判断感应电动势和感应电流的方向
认识互感与互感电压	① 理解互感耦合现象； ② 理解互感系数和耦合系数意义； ③ 掌握互感电压的定义。	① 能理解互感现象在实际生产生活中的应用； ② 会写出互感电压表示式
判断互感线圈的同名端	① 理解同名端的含义； ② 掌握同名端标注的方法； ③ 明确影响同名端变换的因素	① 会标注耦合线圈的同名端
学习互感线圈的连接	① 明确互感电压正负的判断方法； ② 掌握耦合线圈端口电压与电流关系的表达式； ③ 掌握互感线圈连接时等效电感求取公式	① 会分析互感线圈端口电压、电流关系； ② 会判断线圈的不同连接方法
探究理想变压器的原理	① 了解理想变压器的特点； ② 掌握理想变压器的作用	① 会分析含理想变压器的电路

任务二十四　认识磁场的基本物理量

学一学

磁场在日常生产生活中的应用是非常广泛的，例如，指南针、扬声器、电磁炉、收录两用机、电吉他、变压器等。因此学习磁场的基本物理量是分析互感电路的基础。

一、磁场基本物理量

1．磁场与磁感线

将一根磁铁放在另一根磁铁的附近，两根磁铁的磁极之间会产生互相作用的磁力，同名磁极互相排斥，异名磁极互相吸引。磁极之间相互作用的磁力，是通过磁极周围的磁场传递的。磁极在自己周围空间里产生的磁场，对处在它里面的磁极均产生磁场力的作用。

磁场可以用磁感线来表示，磁感线存在于磁极之间的空间中。磁感线的方向从北极出来，进入南极，磁感线在磁极处密集，并在该处产生最大的磁场强度，离磁极越远，磁感线越疏。

磁铁在自己周围的空间产生磁场，通电导体在其周围的空间也产生磁场。通电直导线产生的磁场如图 5.1 所示，磁感线（磁场）方向可用安培定则（也叫右手螺旋法则）来判定。通电线圈产生的磁场如图 5.2 所示，磁感线是一些围绕线圈的闭合曲线，其方向也可用安培定则来判定。

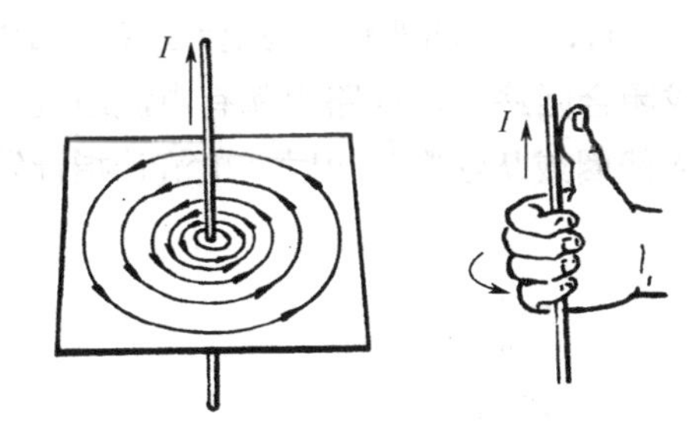

图 5.1　通电直导线产生的磁场

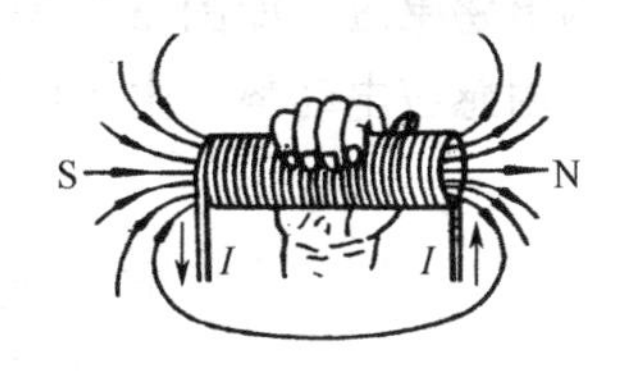

图 5.2　通电线圈产生的磁场

2．磁感应强度与磁通量

磁感应强度 B 是表征磁场中某点的磁场强弱和方向的物理量。可用磁感线的疏密程度来表示，在磁感线密的地方磁感应强度大，在磁感线疏的地方磁感应强度小，单位为 T（特斯拉）。

磁感应强度 B 与垂直于磁场方向的面积 S 的乘积，称为通过该面积的**磁通量** Φ。即

$$\Phi=BS \tag{5.1}$$

磁通量 Φ 的单位为 Wb（韦伯），工程上有时用 Mx（麦克斯韦）。1Wb＝10Mx。

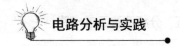

3．磁场强度与磁导率

为了分析磁场和电流的依存关系，在物理学中引入磁场强度矢量 H。在磁场中，各点磁场强度的大小只与电流的大小和导体的形状有关，而与媒质的性质无关。H 的单位为 A/m（安/米）。

磁场强度 H 与磁感应强度 B 之间的关系为

$$B = \mu H \tag{5.2}$$

式中，μ 为磁导率，**磁导率是一个用来衡量物质导磁能力的物理量**。

真空中的磁导率是一个常数，用 μ_0 表示，即 $\mu_0 = 4\pi \times 10^{-7}\ \text{H/m}$，其他任一媒质的磁导率与真空的磁导率的比值称为相对磁导率，用 μ_r 表示。即

$$\mu_r = \frac{\mu}{\mu_0} \tag{5.3}$$

非铁磁性物质的 $\mu_r \approx 1$，$\mu \approx \mu_0$；非铁磁性物质的 μ_r 很大，如硅钢 $\mu_r \approx 6000 \sim 8000$。

二、电磁感应定律

现代社会，工农业生产和日常生活中，我们都离不开电能，而我们使用的电能是如何产生的？交流发电机是电能生产的关键部件，而交流发电机就是利用电磁感应原理来发出交流电的。

1．电磁感应现象

只要与导线或线圈交链的磁通发生变化（包括方向、大小的变化），就会在导线或线圈中感应电动势，当感应电动势与外电路相接，形成闭合回路时，回路中就有电流通过，这种现象称为**电磁感应**。如图 5.3 所示，将磁铁插入线圈或从线圈抽出时，电流计指针发生偏转，表明由感应电动势产生了电流。

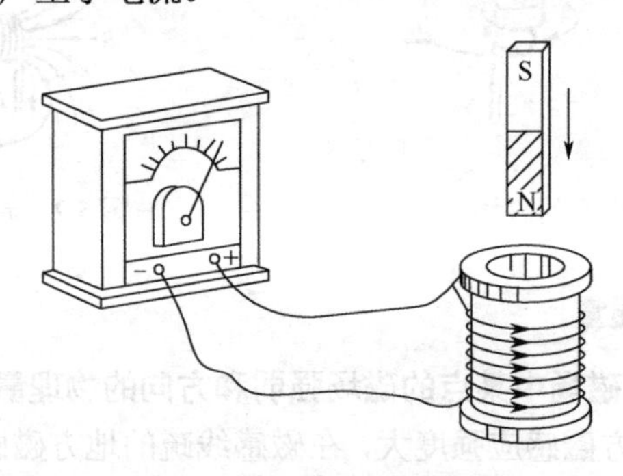

图 5.3　线圈的电磁感应现象

2．电磁感应定律

法拉第电磁感应定律表述为：当与线圈交链的磁场发生变化时，线圈中将产生感应电动势，感应电动势的大小与线圈交链的磁通变化率成正比。感应电动势的大小为

$$e=-\frac{\Delta\Phi}{\Delta t} \tag{5.4}$$

式中，e 为感应电动势，单位为 V（伏特）。

如果线圈有 N 匝，而且磁通全部穿过 N 匝线圈，则与线圈相交链的总磁通为 $N\Phi$，称为磁链，用“Ψ”表示，单位还是 Wb，则线圈的感应电动势为

$$e=-\frac{\Delta\Psi}{\Delta t}=-\frac{\Delta N\Phi}{\Delta t}=-N\frac{\Delta\Phi}{\Delta t} \tag{5.5}$$

感应电动势的方向与其产生的感应电流方向相同，可用右手定则来判定：感应电流产生的磁通总是阻碍原磁通的变化。

特别提示

磁通量 Φ 表示穿过回路的磁力线的条数，与电磁感应无直接关系；磁通的变化量 $\Delta\Phi$ 表示穿过回路磁通的变化情况，是产生感应电动势的必备条件；磁通的变化率 $\Delta\Phi/\Delta t$ 表示穿过回路的磁通量变化的快慢，决定感应电动势的大小。

想一想

生活中哪些电器是通过磁场的原理工作的

在日常学习、生活中，我们大家使用较多的电器是收录两用机。收录机用于记录声音的器件是磁头和磁带。磁头由环形铁芯、绕在铁芯两侧的线圈和工作气隙组成。环形铁芯由软磁材料制成。收录机中的磁头包括录音磁头和放音磁头。声音的录音原理利用了磁场的特点与性质，首先将声音变成电信号，然后将电信号记录在磁带上；放音原理同样利用磁场的特点与性质，再将记录在磁带上的电信号变换成声音播放出来。

电吉他的弦是磁性物质，可被永磁体磁化。当被磁化的弦振动时，会造成穿过线圈的磁通量发生变化，所以有感应电流产生，感应电流输送到放大器、喇叭，把声音播放出来。因此，电吉他的弦不能改用尼龙材料，因为尼龙材料不会被磁化，当弦振动时，不会造成穿过线圈的磁通量发生变化，没有感应电流产生。

练一练

1. ________是表征磁场中某点的磁场强弱和方向的物理量。其大小可用________的疏密程度来表示，其单位为________。
2. 在磁场中，各点磁场强度的大小只与________有关，而与________无关。
3. 用来衡量物质导磁能力的物理量是________。
4. 请问磁场强度和磁感应强度是一个物理量吗？如果不是，有何区别？
5. 磁通和磁通链有何关系？
6. 感应电动势是如何产生的，其大小和方向是怎样的？

任务二十五 认识互感与互感电压

学一学

互感和互感电压是互感电路中的基本物理量。

一、互感现象

载流线圈之间通过彼此的磁场相互联系的物理现象称为**磁耦合**。存在磁耦合的两相邻线圈，当一个线圈中电流变化时， 它所产生的变化的磁场会在另一个线圈中产生感应电动势， 这种现象叫**互感耦合或互感现象**。其中，产生互感的那个电流称为施感电流；这两个线圈称为耦合线圈。互感现象在电力和电子技术中应用很广，通过互感，线圈可以使能量或信号由一个线圈很方便地传递到另外一个线圈。利用互感现象原理我们可以制成变压器、感应圈等。

二、互感电压

如图 5.4（a）所示，线圈 1 和线圈 2，它们绕在同一个铁芯上。设线圈 1 的两个端子为 A、X，线圈 2 的两个端子为 B、Y，两线圈虽然没有导线直接相连，但对线圈 1 施加交变电流 i_1 时，产生自感磁通 Φ_{11}，Φ_{11} 的一部分穿过了线圈 2，这一部分磁通称为互感磁通 Φ_{21}，Φ_{21} 的变化将在线圈 2 的 BY 两端会产生感应电压 u_{21}。**u_{21} 称为电流 i_1 的变化在线圈 2 上产生的互感电压**。同理，在图 5.4（b）中，对线圈 2 施加交变电流 i_2 时，在线圈 1 的 AX 两端会产生感应电压 u_{12}。**u_{12} 称为电流 i_2 的变化在线圈 1 上产生的互感电压**。

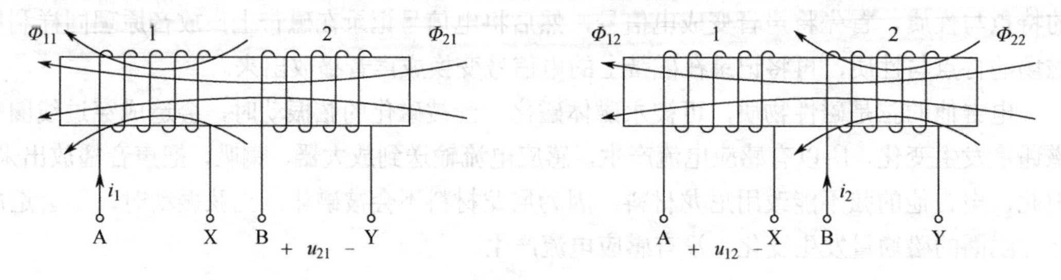

图 5.4 两个线圈的互感

三、互感系数与耦合系数

1. 互感系数

设线圈 1 的互感磁链为 Ψ_{12}，线圈 2 的互感磁链为 Ψ_{21}。类似于自感系数的定义，**互感系数**定义为互感磁链与产生它的电流的比值，即

$$\left.\begin{aligned} M_{21} &= \frac{\Psi_{21}}{i_1} \\ M_{12} &= \frac{\Psi_{12}}{i_2} \end{aligned}\right\} \tag{5.6}$$

式中，M_{21}称为线圈1对线圈2的互感系数，它等于穿过线圈2的互感磁链Ψ_{21}与激发该磁链的电流i_1之比；M_{12}称为线圈2对线圈1的互感系数，它等于穿过线圈1的互感磁链Ψ_{12}与激发该磁链的电流i_2之比。实验和理论均可证明，$M_{21}=M_{12}=M$。所以以后可以不再加下标，一律用M表示。在国际单位制（SI）中，M的单位为H（亨利[亨]）。

可以证明，**互感电压的大小就等于互感系数与其施感电流变化率的乘积**，即

$$\left.\begin{aligned}u_{21}&=M\frac{\mathrm{d}i_1}{\mathrm{d}t}\\u_{12}&=M\frac{\mathrm{d}i_2}{\mathrm{d}t}\end{aligned}\right\}\tag{5.7}$$

2．耦合系数

在工程中常用**耦合系数k表示两个线圈中磁耦合的紧密程度**。耦合系数定义为

$$k=\frac{M}{\sqrt{L_1L_2}}\tag{5.8}$$

式中，L_1和L_2分别为两个线圈的自感系数。因互感磁通是自感磁通的一部分，所以$k\leqslant1$。当k约为零时，为松耦合；k近似为1时，为紧耦合；$k=1$时，为全耦合，表示无漏磁通。

特别提示

两个线圈之间的耦合程度或互感系数的大小与线圈的结构、两个线圈的相互位置以及周围磁介质的性质有关。改变或调整它们之间的相互位置可以改变耦合系数的大小。当L_1和L_2一定时，也就相应改变互感M的大小，应用这一原理可制作可变电感器。

想一想

互感现象的利与弊

互感现象在电工电子技术中有着广泛的应用，变压器就是互感现象应用的重要例子。变压器一般由绕在同一铁芯上的两个匝数不同的线圈组成，当其中一个线圈中通上交流电时，另一线圈中就会感应出数值不同的感应电动势，输出不同的电压，从而达到变换电压的目的。利用这个原理，可以把十几伏特的低电压升高到几万甚至几十万伏特。如高压感应圈，电压、电流互感器等。图5.5（a）为收音机电路，内部的“磁性天线”利用互感将广播信号从一个线圈传到另一个线圈。图5.5（b）是延时继电器的原理图，也是通过互感实现“延时”工作的。

互感现象在某些情况下也会带来不利的影响，由于互感的存在，电子电路中许多电感性器件之间存在着不希望有的互感场干扰，这种干扰影响电路中信号的传输质量。例如，有线电话往往由于电话之间的互感而可能造成串音。在电子线路中，由于线圈位置安排不当，或者导线及部件之间的互感造成干扰，甚至使电路不能正常工作，在这种情况下应设法减少互感耦合。例如，把线圈间的距离增大或使用两线圈垂直放置。在某些特殊情况下还可以把线圈或其他元件用铁磁材料屏蔽，以消除互感的有害影响。

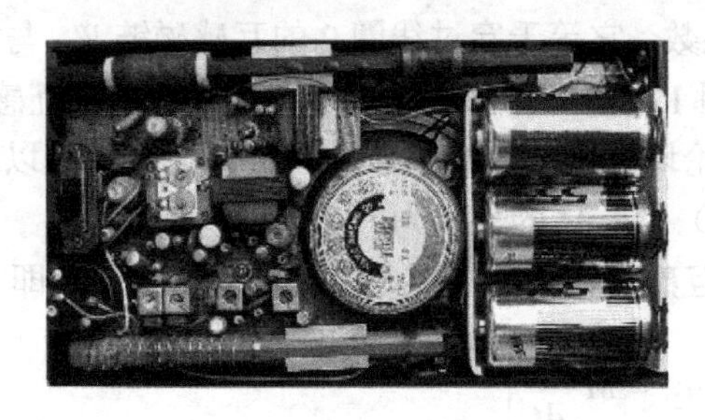

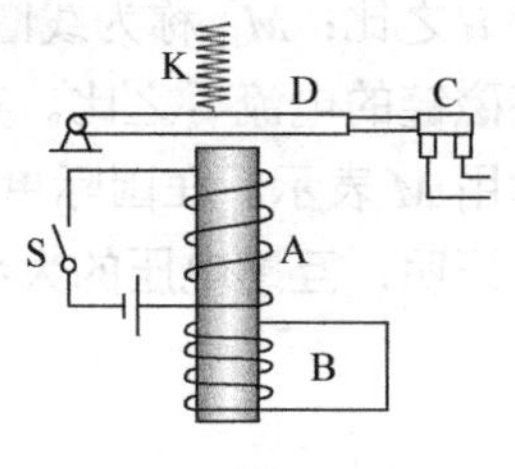

（a）收音机电路　　（b）延时继电器

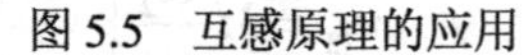

图 5.5　互感原理的应用

练一练

1．当流过一个线圈中的电流发生变化时，在线圈本身所引起的电磁感应现象称为________现象，若本线圈电流变化在相邻线圈中引起感应电压，则称为________现象。

2．存在磁耦合的两相邻线圈，线圈 1 对线圈 2 的互感系数为________（M_{21} 或 M_{12}），线圈 2 对线圈 1 的互感系数为________（M_{21} 或 M_{12}）。

3．线圈 1 的交变电流在线圈 2 两端产生的互感电压可表示为________（u_{12} 或 u_{21}），此时，施感电流是________。线圈 2 的电流在线圈 1 两端产生的感应电压可表示为________（u_{12} 或 u_{21}），此时，施感电流是________。

任务二十六　判断互感线圈的同名端

学一学

实际应用中，电气设备中的线圈都是密封在壳体内，一般无法看到线圈的绕向，因此在电路图中常常也不采用将线圈绕向绘出的方法，而是采用“同名端标记”表示绕向一致的两相邻线圈的端子。

一、同名端的概念

将电流分别从两个线圈各自的一个端子流入时，若产生的磁通是“互助”的（即相同方向的磁通），则两线圈的这一对端子称为**同名端**；若产生的磁通是“互消”的（即相反方向的磁通），则这一对端子称为**异名端**。实际工程中，确定为同名端的两线圈端子用“*”或“•”进行标记。在图 5.6（a）中，线圈 1 和线圈 2 分别通入电流 i_1、i_2，它们产生的磁通是“互助”的（磁通 Φ_{11} 和 Φ_{22} 方向相同），所以这两个线圈的电流流入端即线圈 1 的 A 端和线圈 2 的 B 端为一对同名端，用“•”进行标记。

任何一个线圈的电流方向发生改变，不会改变两线圈的同名端。如图 5.6（b）所示，电流 i_2 的方向发生了改变，由 Y 端流入，两个线圈产生的磁通是“互消”的，所以线圈 1 的 A 端与线圈 2 的 Y 端互为异名端，即线圈 1 的 A 端和线圈 2 的 B 端为一对同名端，与图 5.6（a）比较，同名端没有发生变化。

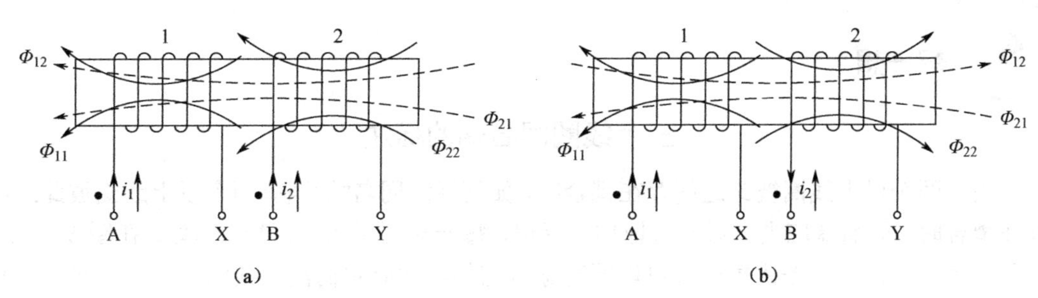

图 5.6　互感线圈的同名端

二、影响同名端变化的因素

1. 线圈绕向改变

两线圈任意一者的实际绕向发生改变，也会使两线圈的同名端发生变化。如图 5.7 中，较之图 5.6（a），线圈 2 的实际绕向发生了改变，两线圈产生的磁通也变成了“互消”，所以线圈 1 的 A 端与线圈 2 的 Y 端互为同名端。

2. 两线圈相互位置改变

两线圈的相互位置发生改变，也会使两线圈的同名端发生变化。如图 5.8 所示，较之图 5.6（a），两线圈的绕向、电流方向没有变化，但其相互位置发生了改变，两线圈产生的磁通变成了“互消”，所以线圈 1 的 A 端与线圈 2 的 Y 端互为同名端。

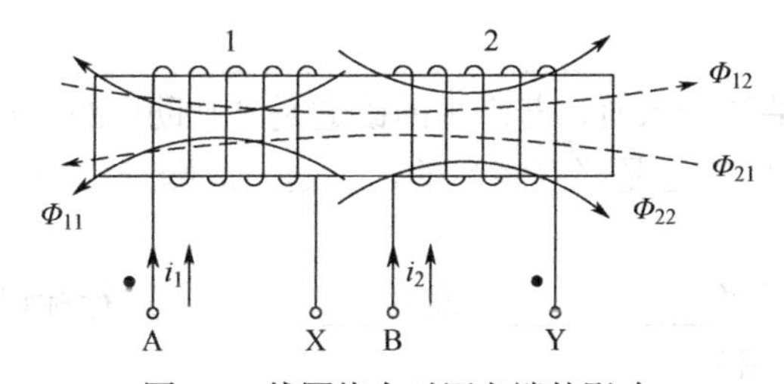

图 5.7　线圈绕向对同名端的影响

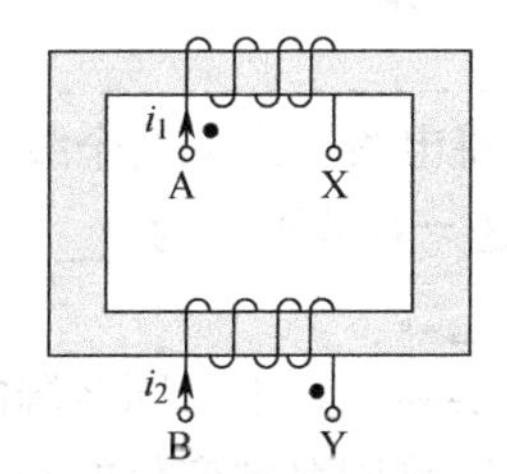

图 5.8　线圈相互位置对同名端的影响

特别提示

在工程实际中，如变压器、互感器等电力设备，都是由制造方在引线端子上做好同名端标记。没有标记，或是标记不清楚的，可以通过现场测试，测得同名端后再做标记。引入同名端标记后，有耦合的两个线圈就可以用一个耦合电感元件来模拟。如图 5.9 所示为耦合电感的电路符号，它是由相互靠近的两个线圈的示意图和其同名端组成的。

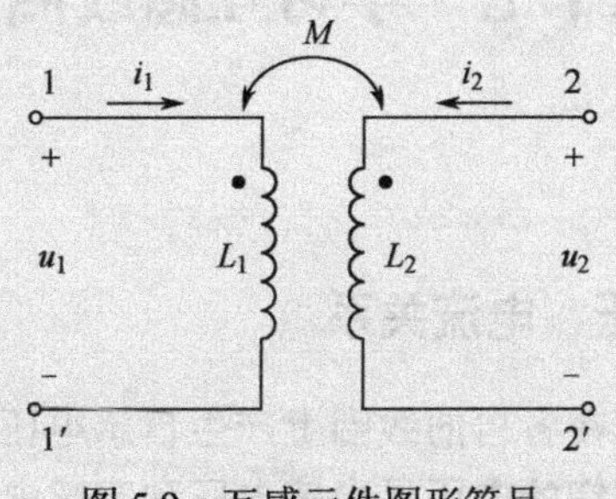

图 5.9　互感元件图形符号

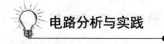

想一想

三个线圈同名端的标注

当有两个以上线圈彼此之间存在耦合时，如何标注同名端?当有两个以上线圈彼此之间存在耦合时，同名端应当一对一对地加以标记，每一对要用相同符号。例如，在图 5.10 中，由于三个线圈没有一条磁感应线可以同时穿过它们，因此它们没有共同的一组同名端，只能每两个线圈之间具有同名端。利用同名端标记方法可知，线圈 1 的 1 端和线圈 2 的 4 端是同名端，用“•”标记；线圈 2 的 3 端和线圈 3 的 5 端是同名端，用“△”标记，线圈 1 的 1 端和线圈 3 的 5 端是同名端，用“*”标记。

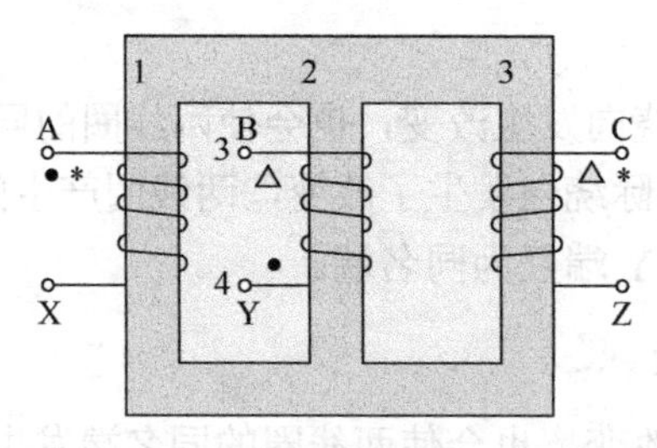

图 5.10 三个线圈的同名端标注

练一练

1．将电流分别从两个线圈各自的一个端子流入时，若产生的磁通是“互助”的，则两线圈的这一对端子称为__________；若产生的磁通是“互消”的，则这一对端子称为__________。

2．实际工程中，同名端的两线圈端子用“__________”或“__________”进行标记。

3．影响同名端变化的因素是__________和__________。

4．试标注图 5.11 中耦合线圈的同名端。

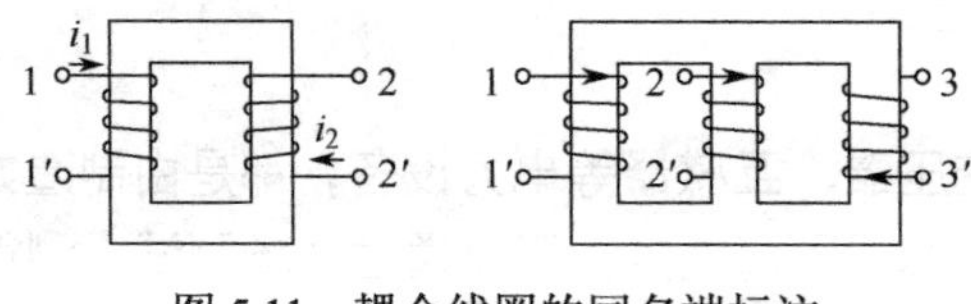

图 5.11 耦合线圈的同名端标注

任务二十七 学习互感线圈的连接

学一学

一、互感线圈端钮电压、电流关系

具有磁耦合的两线圈，既在各自的线圈上产生自感电压，又在相互耦合的线圈上产生互感电压。所以，**耦合线圈端钮的电压是自感电压和互感电压相叠加的结果，也称为全电**

压。自感电压项和互感电压项正、负号的取法如下：

自感电压 $L\dfrac{di}{di}$ 项：其正负号取决于端钮电压与电流的参考方向是否为关联的。若为关联参考方向，则自感电压项取正号，否则取负号。

互感电压 $M\dfrac{di}{di}$ 项：当两线圈电流均从同名端流入或流出时，互感电压与该线圈中的自感电压同号，即自感电压取正号时互感电压也取正号，自感电压取负号时互感电压也取负号；否则，当两线圈电流均从异名端流入或流出时，互感电压与该线圈中的自感电压异号，即自感电压取正号时互感电压取负号，自感电压取负号时互感电压取正号。

在图 5.12（a）中，左边线圈的端钮电压 u_1 与电流 i_1 为关联参考方向，自感电压取正号；两个线圈电流均从同名端流入，互感电压与自感电压同号，即互感电压也取正号。所以，左边线圈的端钮电压为

$$u_1 = L_1\frac{di_1}{dt} + M\frac{di_2}{dt} \tag{5.9}$$

右边线圈的端钮电压 u_2 与电流 i_2 为非关联参考方向，自感电压取负号；两个线圈电流均从同名端流入，互感电压与自感电压同号，即互感电压也取负号。所以，右边线圈的端钮电压为

$$u_2 = -L_2\frac{di_2}{dt} - M\frac{di_1}{dt} \tag{5.10}$$

同理，图 5.12（b）所示的互感线圈端钮电压为

$$\left.\begin{aligned} u_1 &= L_1\frac{di_1}{dt} - M\frac{di_2}{dt} \\ u_2 &= L_2\frac{di_2}{dt} - M\frac{di_1}{dt} \end{aligned}\right\} \tag{5.11}$$

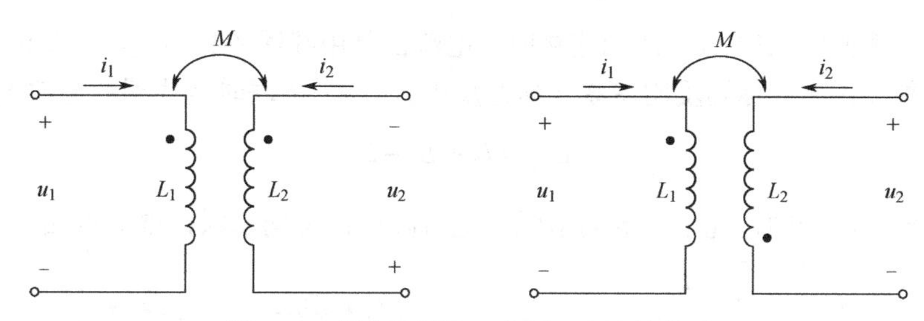

图 5.12　耦合线圈端口电压、电流的关系

例 5.1　如图 5.13 所示的耦合线圈。（1）写出每个线圈上的电压、电流关系式；（2）设 M=18mH，$i_1 = 2\sqrt{2}\sin 1000t\,\text{A}$，在 B、Y 接入一电磁式电压表，求其读数为多少？

解：（1）电压、电流的参考方向如图 5.13 所示，耦合线圈的端钮电压表达式为

$$\left.\begin{aligned} u_1 &= L_1\frac{di_1}{dt} - M\frac{di_2}{dt} \\ u_2 &= -L_2\frac{di_2}{dt} + M\frac{di_1}{dt} \end{aligned}\right\}$$

（2）在 B、Y 接入一电磁式电压表，可认为 B、Y 端开路，i_2=0，此时

$$u_2 = M\frac{di_1}{dt}$$

代入数据得

$$u_2 = 18\times10^{-3}\frac{d}{dt}\left(2\sqrt{2}\sin1000t\right)V = 36\sqrt{2}\cos1000t\,V$$

所以，电压表测得的电压为有效值，电压表读数为 36V。

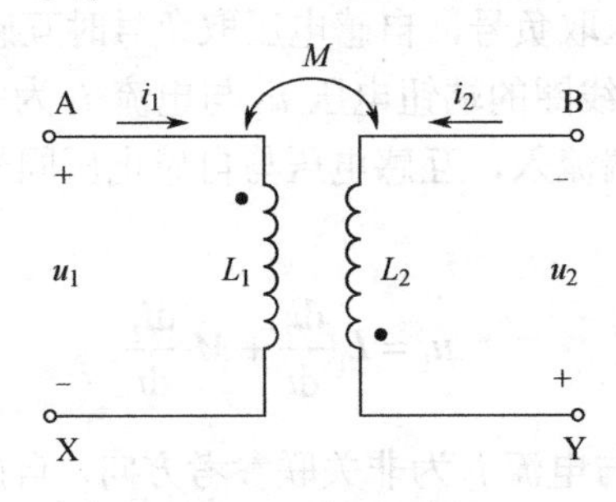

图 5.13　例 5.1 图

二、互感线圈的连接

1. 互感线圈的串联

具有互感耦合的两个线圈有两种串联方式——顺向串联和反相串联。

两个线圈流过同一电流，且电流都是由线圈的同名端流入或流出，即异名端相接，这种连接方式称为**顺向串联**（简称顺串），如图 5.14（a）所示。可以推出，顺向串联时两线圈的等效电感为

$$L_{顺} = L_1 + L_2 + 2M \tag{5.12}$$

当两个线圈如图 5.14（b）所示连接时，电流都是由线圈的异名端流入或流出，即同名端相接，这种连接方式称为**反向串联**（简称反串）。反向串联时两线圈的等效电感为

$$L_{顺} = L_1 + L_2 - 2M \tag{5.13}$$

在电源电压不变的情况下，顺向串联，电流减小；反向串联，电流增加。

（a）顺向串联　（b）反向串联

图 5.14　互感线圈的串联

2. 互感线圈的并联

具有互感耦合的两个线圈并联也有两种接法：一种是同名端在同一侧，称为**同侧并联**；另一种是同名端在异侧，称为**异侧并联**。

如图 5.15（a）所示，两对同名端分别相连后并联在电路两端，是同侧并联。此时等效

电感为

$$L_{同} = \frac{L_1L_2 - M^2}{L_1 + L_2 - 2M} \tag{5.14}$$

在图 5.15（b）中，两对异名端分别相连后并接在电路两端，为异侧并联。此时等效电感为

$$L_{异} = \frac{L_1L_2 - M^2}{L_1 + L_2 + 2M} \tag{5.15}$$

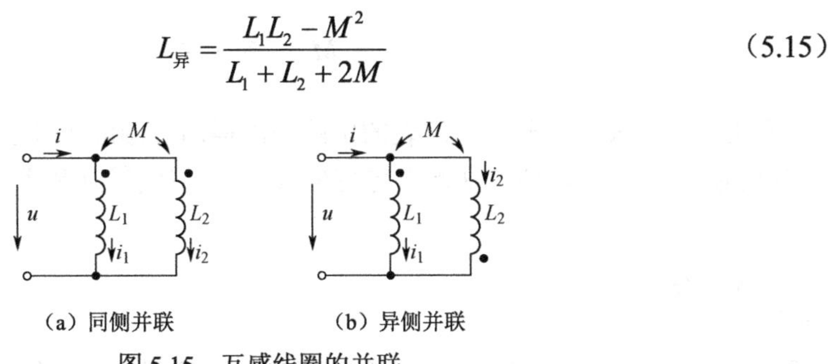

图 5.15　互感线圈的并联

例 5.2　电路如图 5.16 所示，已知 $u = 100\sqrt{2}\sin 628t\,\text{V}$，$L_1$=1H，$L_2$=2H，$M$=0.5H，$R_1$=$R_2$=1kΩ，试求电流 i。

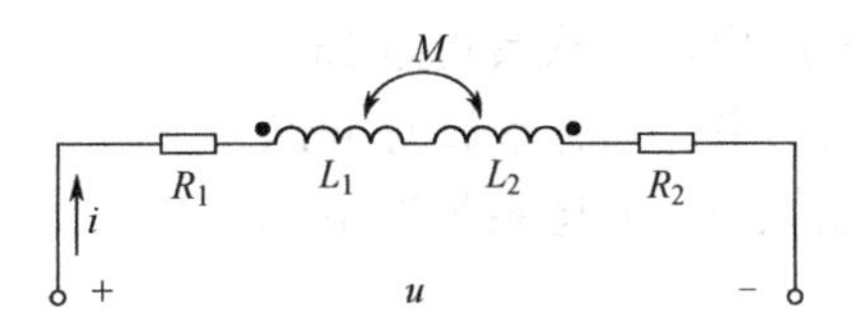

图 5.16　例 5.2 图

解：利用相量关系求解。

$$\begin{aligned} Z &= R_1 + R_2 + \text{j}\omega(L_1 + L_2 - 2M) \\ &= 2000 + \text{j}628(1 + 2 - 2\times 0.5)\ \Omega \\ &= 2000 + \text{j}1.256\Omega \\ &= 2362\angle 32.1°\ \Omega \end{aligned}$$

又因为
$$\dot{U} = 100\angle 0°\ \text{V}$$

所以
$$\dot{I} = \frac{\dot{U}}{Z} = \frac{100\angle 0°}{2362\angle 32.1°} = 42.3\angle -32.1\text{mA}$$

$$i = 42.3\sqrt{2}\sin(628t - 32.1°)\text{mA}$$

特别提示

当互感线圈顺向串联时，等效电感增加，反向串联时，等效电感减小；同侧并联时，耦合电感并联的等效电感较大，异侧并联时，则等效电感较小。因此，应注意同名端的连接对等效电路参数的影响。

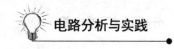

想一想

两耦合线圈的互感系数 *M* 的测量

当两线圈顺串时，等效电感为 $L_{顺}=L_1+L_2+2M$；两线圈反串时，等效电感为 $L_{反}=L_1+L_2-2M$。所以，此两式相减，可得到 $L_{顺}-L_{反}=4M$。即

$$M=\frac{L_{顺}-L_{反}}{4}$$

利用这一等式，只要用万用表的电感挡测得两线圈顺串和反串时的电感（有的万用表没有电感挡，则可用其他方法测取电感值），就可得到其互感系数。

练一练

1．线圈 AB 与线圈 CD 存在互感，图 5.17（a）、（b）所示为两个线圈两种不同的连接方式，（a）图中 L_{AC}=16mH，（b）图中 L_{AD}=24mH，则________。

A．（a）图为两个线圈顺串，互感系数为 2mH

B．（b）图为两个线圈顺串，互感系数为 2mH

C．（a）图为两个线圈顺串，互感系数为 4mH

D．（b）图为两个线圈顺串，互感系数为 4mH

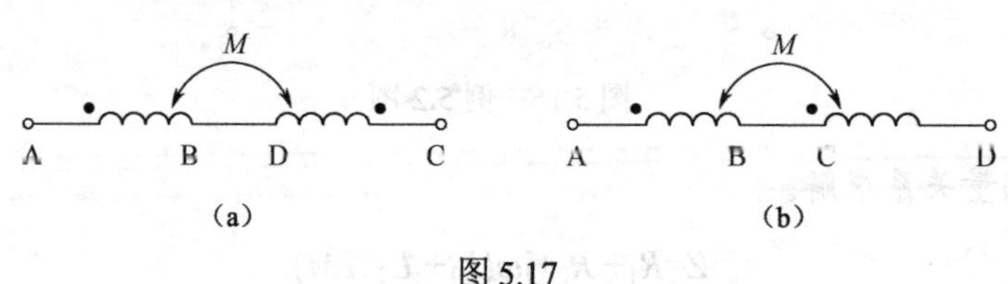

图 5.17

2．具有互感耦合的两线圈串联，已知 L_1=8mH，L_2=2mH，耦合系数 k=0.8，试求 L_1、L_2 顺串及反串时的等效电感。

任务二十八　探究理想变压器的原理

学一学

理想变压器为一耦合元件，它是从实际变压器中抽象出来的一种理想化模型。当实际变压器满足下述三个条件时常称作**理想变压器**，所以也称其为理想条件。

（1）无损耗。

（2）全耦合，即无漏磁通，耦合系数 k=1。

（3）导磁材料磁导率 μ 为无穷大（即自感系数 L_1，L_2 为无穷大，但 L_2/L_1=常数）。

一、理想变压器的电流、电压关系

理想变压器的电路模型如图 5.18（a）所示。图中，原、副边电压、电流参考方向对同名端一致，其原、副边电压、电流的关系为

$$u_1 = nu_2 \tag{5.16}$$

$$i_1 = -\frac{1}{n}i_2 \tag{5.17}$$

式（5.16）和式（5.17）分别称为**理想变压器的电压变换关系和电流变换关系**。式中，n 称为理想变压器的变压比，$n=N_1/N_2$，N_1 为原边匝数，N_2 为副边匝数。

由式（5.16）和式（5.17）可以得出确定理想变压器电流、电压关系式中的正负号方法如下。

（1）确定电压关系式中正负号的方法是：两边电压参考极性与同名端位置一致时，取正号，否则取负号。

（2）确定电流关系式中正负号的方法是：当两边电流均为流入或流出同名端时，取正号，否则取负号。

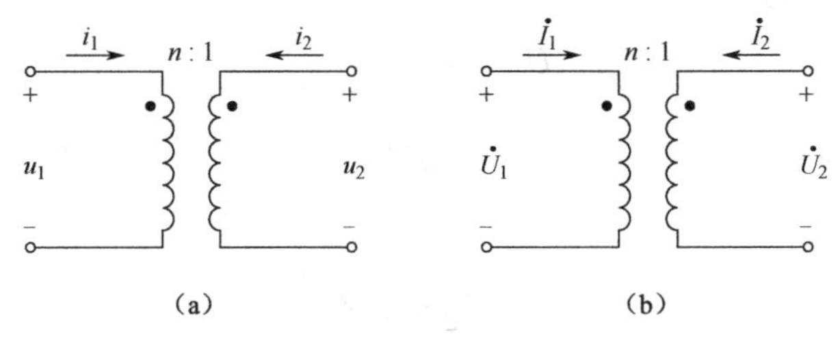

图 5.18　理想变压器

由式（5.16）和式（5.17）可以写出对应的相量形式为

$$\dot{U}_1 = n\dot{U}_2 \tag{5.18}$$

$$\dot{I}_1 = -\frac{1}{n}\dot{I}_2 \tag{5.19}$$

其相量模型如图 5.18（b）所示。

例 5.3　写出图 5.19 中理想变压器的电流、电压关系式。

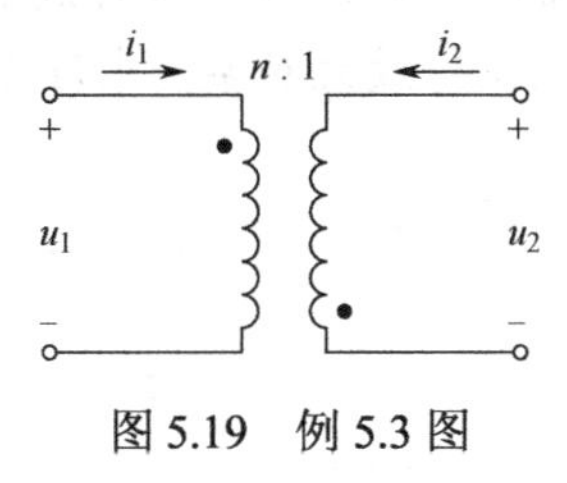

图 5.19　例 5.3 图

解：因为原边电压“+”极性端与副边电压“+”极性端为一对异名端，原边电流流入端与副边电流流入端为异名端，所以理想变压器的电流、电压关系为

$$u_1 = -nu_2$$

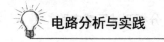

$$i_1 = \frac{1}{n} i_2$$

二、理想变压器的阻抗变换作用

如图 5.20（a）所示，理想变压器的原边线圈 1、2 两端接上电源，副边线圈 3、4 两端直接接上负载 Z_L。

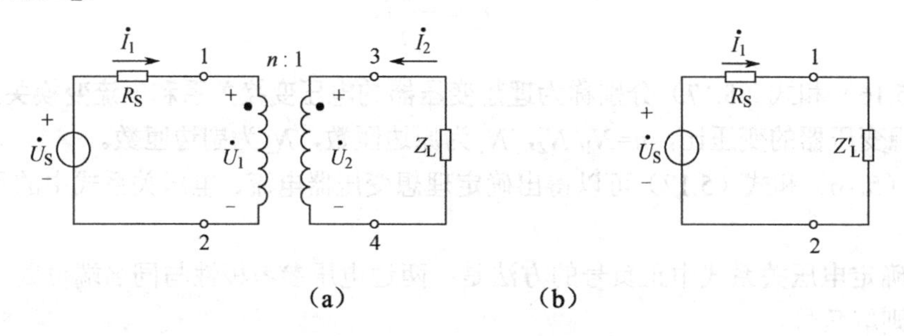

图 5.20　理想变压器的阻抗变换

从原边看入的阻抗为

$$Z'_L = \frac{\dot{U}_1}{\dot{I}_1} = \frac{n\dot{U}_2}{-\frac{1}{n}\dot{I}_2} = n^2(-\frac{\dot{U}_2}{\dot{I}_2})$$

所以

$$Z'_L = n^2 Z_L \tag{5.20}$$

式（5.20）称为理想变压器的阻抗变换关系。**它的物理意义是：在理想变压器的副边接一阻抗 Z_L，对原边而言，相当于在原边线圈两端的位置接上一个 Z_L 的 n^2 倍的阻抗。**所以，对原边的电路而言，图 5.20（a）电路可等效为 5.20（b）所示电路。

由式（5.20）还可以看出，负载阻抗 Z_L 通过变压器变换后的等效阻抗 Z'_L 大小由变压器变比 n 决定。因此通过选择适当的变比 n 可以获得所匹配的阻抗。在“功率放大器”中，就要利用变压器的阻抗变换关系，以求得“阻抗匹配”，达到最大功率的目的。

综上所述，**理想变压器具有电压变换、电流变换和阻抗变换的作用。**

例 5.4　在图 5.21（a）所示电路中，设放大器的戴维宁等效电路的内阻 R_S 为 800Ω，为使扬声器（负载电阻 R_L=8Ω）能获得最大功率，求理想变压器的变压比 n。

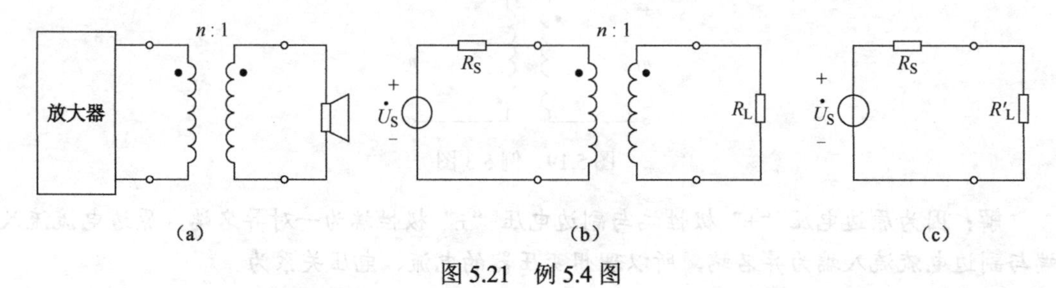

图 5.21　例 5.4 图

解： 放大器对外可用一戴维南等效电路去等效，所以图 5.21（a）等效变换为图 5.21（b）所示。由图 5.21（c）可得，当 $R_L' = R_S$ 时实现阻抗匹配，扬声器获得最大功率。

$$n^2 R_L = R_S$$

即

$$8n^2 = 800$$

所以

$$n = 10$$

特别提示

应用变压器的电压变换关系可以制作电压互感器，应用变压器的电流变换关系可制作电流互感器或钳形电流表，应用变压器的阻抗变换作用，通过改变变比 n 来改变输入电阻，以实现与电源匹配，使负载获得最大功率。

想一想

理想变压器的瞬时功率

对于图 5.18(a)所示的理想变压器，在任一瞬间消耗的能量为

$$p = u_1 i_1 + u_2 i_2 = u_1 i_1 + \frac{1}{n} u_1 \times (-n i_1) = 0$$

上式表明，理想变压器从两边吸收的功率在任何时刻都等于零，即理想变压器在电路中既不消耗能量，也不储存能量，只对信号和能量起传递作用。

练一练

1．实际变压器满足__________、__________和__________条件时常称作理想变压器。

2．理想变压器具有__________、__________和__________的作用。

3．理想变压器从两边吸收的功率在任何时刻都等于__________，即理想变压器在电路中既不消耗能量，也不储存能量，只是在__________能量。

4．在收音机的输出电路中，其最佳负载为 1024Ω，而扬声器的电阻为 16Ω，电路如图 5.22 所示，若要使电路匹配该变压器的变比为多大？

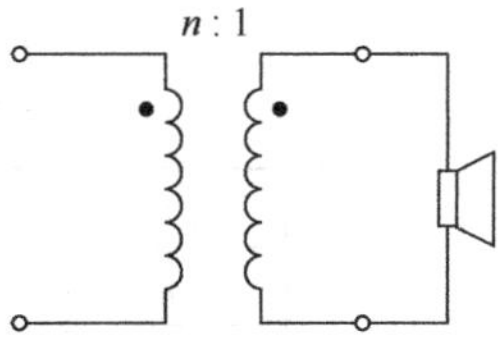

$n:1$

图 5.22

技能训练十　变压器同名端的测定

一、训练目标

1．加深理解同名端的含义。
2．理解同名端标注法在实际工程中的意义。
3．学会用直流法和交流法两种方法测定变压器的同名端。

二、仪器、设备及元器件

1．单相变压器、直流稳压源、单相调压器。
2．直流电流表、交流电压表、单刀开关/导线。

三、训练内容

1．直流判别法

（1）将变压器线圈按图 5.23 所示连接电路，在原边线圈 N_1 两端 AX 经开关 S 与一直流电压源相连，在副边线圈 N_2 回路中接入一直流电流表（也可以用直流电压表）。

（2）闭合开关 S，闭合瞬间，观察电流表指针的偏转方向，记录实验数据如下表 5.1。

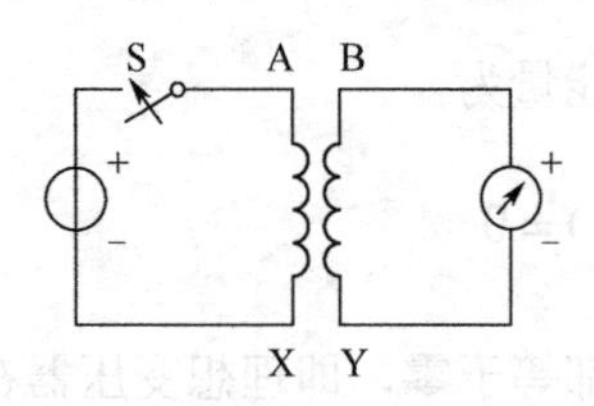

图 5.23　同名端直流法测试电路

表 5.1　直流法测试实验数据

开关 S 状态	电流表指针偏转方向	同名端
闭合		
断开		

（3）根据开关通断瞬间指针的偏转情况，来确定原边线圈 N_1 和副边线圈 N_2 的同名端。如果 S 闭合瞬间，电流表指针正偏，则 A、B 为同名端，若电流表指针反偏，则 A、Y 为同名端。

2．交流判别法

（1）如图 5.24 所示连接电路。将原边线圈 N_1 的一端 X 与副边线圈 N_2 的一端 Y 用导线相连。

（2）在线圈 N_1 两端加单相交流电压（注意流过线圈的电流不能过大），用交流电压表分别测出 u_{BY}、u_{AB}。记入表 5.2 中。

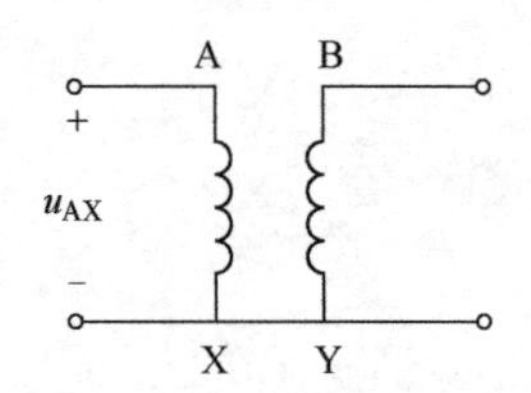

图 5.24　同名端交流法测试电路

表 5.2　交流法测试实验数据

项目	交流电压表数值	同名端
u_{BY}		
u_{AB}		

（3）判断线圈同名端。若$U_{AB}=\left|U_{AX}-U_{BY}\right|$，说明 A 与 B 或 X 与 Y 互为同名端。若$U_{AB}=\left|U_{AX}+U_{BY}\right|$，说明 A 与 Y 或 X 与 B 互为同名端。

四、考核评价

学生技能训练的考核评价如表 5.3 所示。

表 5.3　技能训练十考核评价表

考核项目	评分标准	配分	扣分	得分
直流判别法	电路连接准确可靠	15		
	量程选择正确	15		
	结论正确	15		
交流判别法	电路连接准确可靠	10		
	量程选择正确	10		
	读数准确	15		
	结论正确	10		
安全文明操作	有不文明操作行为，或违规、违纪出现安全事故，工作台上脏乱，酌情扣 3～10 分	10		
合计		100		

巩固练习五

一、填空题

1．当流过一个线圈中的电流发生变化时，在线圈本身所引起的电磁感应现象称________现象，若本线圈电流变化在相邻线圈中引起感应电压，则称为________现象。

2．当端口电压、电流为________参考方向时，自感电压取正；若端口电压、电流的参考方向________，则自感电压为负。

3．互感电压的正负与电流的________及________端有关。

4．两个具有互感的线圈顺向串联时，其等效电感为________；它们反向串联时，其等效电感为________。

5．两个具有互感的线圈同侧并联时，其等效电感为______________；它们异侧并联时，其等效电感为______________。

6．理想变压器的理想条件是：①变压器中无________，②耦合系数 k=________，③线圈的________量和________量均为无穷大。

7．理想变压器的变压比 n=________。

8．理想变压器的阻抗变换关系为________。

二、单项选择题

1．符合全耦合、参数无穷大、无损耗 3 个条件的变压器称为________。

A．空芯变压器　　B．理想变压器　　C．实际变压器

2．线圈几何尺寸确定后，其互感电压的大小正比于相邻线圈中电流的________。

A．大小　　B．变化量　　C．变化率

3．两互感线圈的耦合系数 k 为________。

A．$\dfrac{\sqrt{M}}{L_1L_2}$　　B．$\dfrac{M}{\sqrt{L_1L_2}}$　　C．$\dfrac{M}{L_1L_2}$

4．两互感线圈同侧相并时，其等效电感量为________。

A．$\dfrac{L_1L_2-M^2}{L_1+L_2-2M}$　　B．$\dfrac{L_1L_2-M^2}{L_1+L_2+2M^2}$

C．$\dfrac{L_1L_2-M^2}{L_1+L_2-M^2}$

5．两互感线圈顺向串联时，其等效电感量为________。

A．L_1+L_2-2M　　B．L_1+L_2+M

C．L_1+L_2+2M

三、分析与计算题

1．如图 5.25 所示的耦合线圈，试写出每个线圈上的电压、电流关系式。

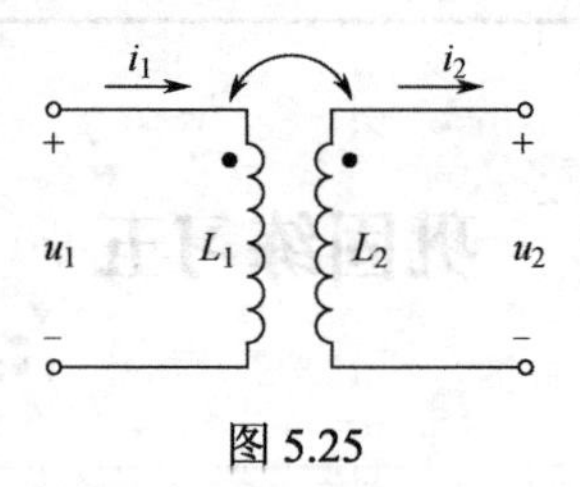

图 5.25

2．互感线圈如图 5.26 所示，已知 M=0.01H，i_1=10sin(314t−30°)A，求互感电压 u_{21}。

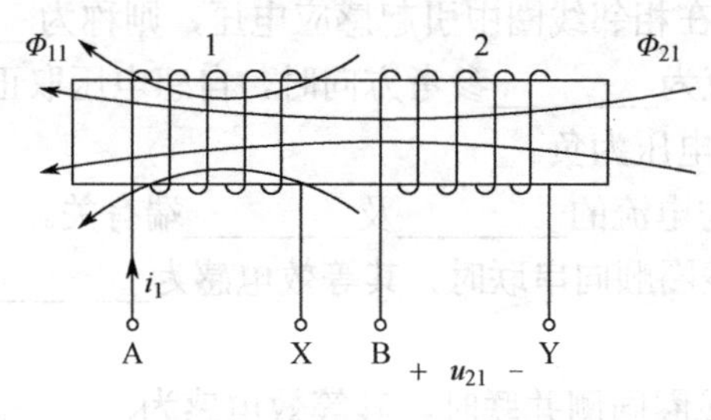

图 5.26

3．求图 5.27 所示电路的等效感抗。

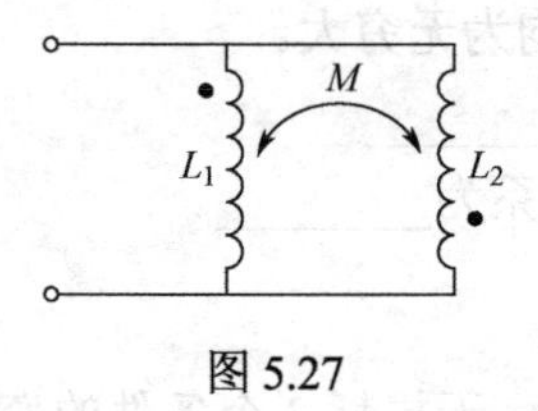

图 5.27

4．两线圈串联电路如图 5.28 所示。已知 $u = 220\sqrt{2}\sin 100t\,\text{V}$，$L_1$=3H，$L_2$=10H，$M$=5H，$R_1$=$R_2$=100Ω。试求（1）电路中的电流 I；（2）电路的功率 P。

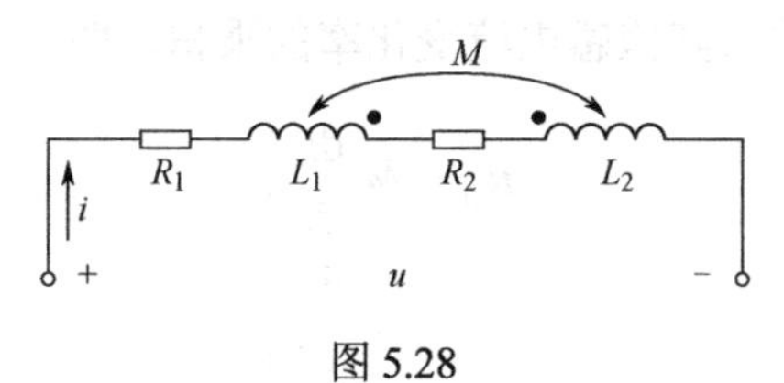

图 5.28

5．在收音机的输出电路中，其最佳负载为 1152Ω，而扬声器的电阻为 8Ω，电路如图 5.29 所示，若要使电路匹配，该变压器的变比为多大？

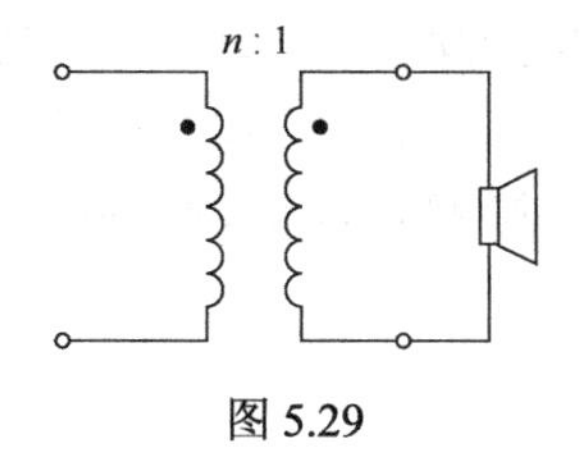

图 5.29

6．电路如图 5.30 所示，已知 $\dot{U}_S = 100\angle 0^\circ\,\text{V}$，$R_S$=10kΩ，$R_L$=1Ω。（1）试选择合适的匝数比，使传输到负载上的功率达到最大；（2）求负载上获得的最大功率。

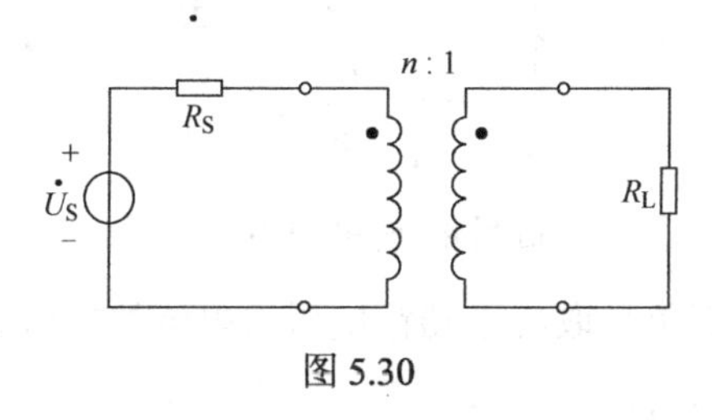

图 5.30

学习总结

1．磁场的基本物理量

（1）磁通。磁通是磁感应强度的通量，$\Phi=BS$；磁感应强度 B 的大小与磁场强度有关，也与介质的磁导率有关，$B = \mu H$。

（2）感应电动势。当与线圈交链的磁场发生变化时，线圈中将产生感应电动势，感应电动势的大小与线圈交链的磁通变化率成正比。感应电动势的大小为 $e = -\dfrac{\Delta\Phi}{\Delta t}$，方向由右手定则来确定。

2．互感与互感电压

（1）互感现象。存在磁耦合的两相邻线圈，当一个线圈中电流变化时， 它所产生的变化的磁场会在另一个线圈中产生感应电动势，这种现象叫互感。

（2）互感电压。耦合线圈中因另外一个线圈电流变化而产生的电压为互感电压。互感电压的大小就等于互感系数与其施感电流变化率的乘积，即

$$\left.\begin{aligned} u_{21} &= M\frac{\mathrm{d}i_1}{\mathrm{d}t} \\ u_{12} &= M\frac{\mathrm{d}i_2}{\mathrm{d}t} \end{aligned}\right\}$$

3．互感线圈的同名端

（1）同名端标注。当电流分别从两个线圈各自的一个端子流入时，若产生的磁通是“互助”的，则两线圈的这一对端子称为**同名端**；若产生的磁通是“互消”的，则这一对端子称为**异名端**。实际工程中，确定为同名端的两线圈端子用“*”或“•”进行标记。

（2）影响同名端变化的因素。影响同名端变化的因素：一是线圈绕向改变；二是线圈相互位置改变。

4．互感线圈的连接

（1）互感线圈端钮电压、电流关系。

$$\begin{cases} u_1 = \pm L_1\dfrac{\mathrm{d}i_1}{\mathrm{d}t} \pm M\dfrac{\mathrm{d}i_2}{\mathrm{d}t} \\ u_2 = \pm L_2\dfrac{\mathrm{d}i_2}{\mathrm{d}t} \pm M\dfrac{\mathrm{d}i_1}{\mathrm{d}t} \end{cases}$$

自感电压项和互感电压项正、负号的取法如下。

自感电压 $L\dfrac{\mathrm{d}i}{\mathrm{d}i}$ 项：其正负号取决于端钮电压与电流的参考方向是否为关联的。若为关联参考方向，则自感电压项取正号，否则取负号。

互感电压 $M\dfrac{\mathrm{d}i}{\mathrm{d}i}$ 项：当两线圈电流均从同名端流入或流出时，互感电压与该线圈中的自感电压同号；当两线圈电流均从异名端流入或流出时，互感电压与该线圈中的自感电压异号。

（2）互感线圈的连接。两互感线圈串联时的等效电感 $L_{顺} = L_1 + L_2 \pm 2M$ ，顺向串联时取“+”，反向串联时取“-”。

同侧并联时的等效电感：$L_{同} = \dfrac{L_1L_2 - M^2}{L_1 + L_2 - 2M}$；

异侧并联时的等效电感：$L_{异} = \dfrac{L_1L_2 - M^2}{L_1 + L_2 + 2M}$。

5．理想变压器

理想变压器可以实现电压变换、电流变换和阻抗变换作用，其变换关系为

$$u_1 = nu_2\text{，}\ i_1 = -\frac{1}{n}i_2\text{，}\ Z_{\mathrm{L}}' = n^2Z_{\mathrm{L}}\text{，}\ n = \frac{N_1}{N_2}$$

自我评价

学生通过项目五的学习，按表 5.4 所示内容，实现学习过程的自我评价。

表 5.4　项目五自评表

序号	自评项目	自评标准	项目配分	项目得分	自评成绩
1	认识磁场的基本物理量	磁场的基本概念	5		
		电磁感应现象	5		
		感应电动势	5		
2	认识互感与互感电压	互感耦合现象	5		
		互感系数	5		
		耦合系数	5		
		互感电压	5		
3	判断互感线圈的同名端	同名端的含义	5		
		同名端标注的方法	10		
		影响同名端变换的因素	5		
4	学习互感线圈的连接	互感电压正负的判断方法	5		
		耦合线圈端口电压与电流的关系	10		
		互感线圈的串联	5		
		互感线圈的并联	5		
5	探究理想变压器的基本原理	理想变压器的特点	5		
		理想变压器的伏安特性	10		
		阻抗变换特性	5		
能力缺失					
弥补措施					

项目六

分析测试线性动态电路

学习指南

项目描述：

在工程实践中，分析研究电路的动态响应十分重要。换路定律是分析动态电路的重要依据；三要素法是求解一阶电路的一种简洁方法；零状态响应、零输入响应和全响应是一阶电路的三种动态响应；微分电路与积分电路是一阶电路的两种典型应用。

学习目标：

学习任务	知识目标	基本能力
计算动态电路的初始值	① 明确动态过程及其产生原因； ② 掌握换路定律及其表达式； ③ 掌握电路初始值的计算	① 能判断电路的暂态过程； ② 能计算动态电路的初始值
求解一阶电路的三要素法	① 掌握直流一阶电路三要素公式； ② 熟悉三要素求解方法； ③ 掌握一阶电路三要素法	① 会求解直流一阶电路的三要素； ② 会用三要素法求解直流一阶电路的动态响应
分析一阶电路的动态响应	① 理解电路的零状态响应； ② 理解电路的零输入响应； ③ 理解电路的全响应及其分解； ④ 熟悉电路的时间常数	① 能判断一阶电路暂态响应的类型； ② 能计算电路的时间常数
认识 *RC* 微分与积分电路	① 明确微分电路构成条件； ② 理解微分电路工作原理； ③ 明确积分电路构成条件； ④ 理解积分电路工作原理	① 会分析微分与积分电路工作原理

任务二十九　计算动态电路的初始值

学一学

前面讨论的电路，无论是直流电路还是交流电流，电路的连接方式和参数是不变的，电路中所描述的电流或电压是恒定的或周期性变化的。电路的这种工作状态称之为稳定状态，简称稳态。

一、电路的动态过程

自然界的许多现象说明，稳定状态并不是一下达到的。例如，电饭煲煮饭从加热到保温时温度的变化，电动机从启动到稳速运行时转速的变化等，都经历了一个逐渐变化的过程。电路也是如此，当电路含有储能元件（如电容、电感），且电路的结构或元件参数发生改变时，电路从一种稳态变化到另一种稳态，需要一个动态变化的中间过程，这个过程称为**动态过程**，也称过渡过程或暂态过程。电路在动态过程中的工作状态称为暂态，动态过程中各处的电流、电压称作**动态响应**，把这种含有储能元件的电路称为**动态电路**。

如图 6.1 所示电路，三个并联支路分别由电阻、电感、电容与灯泡串联组成。当开关接通的瞬间，就会发现电阻支路中的灯泡立即发亮，而且亮度始终不变；电感支路的灯泡由暗逐渐变亮，最后亮度达到稳定；电容支路的灯泡立即发亮，逐渐变暗直至熄灭。

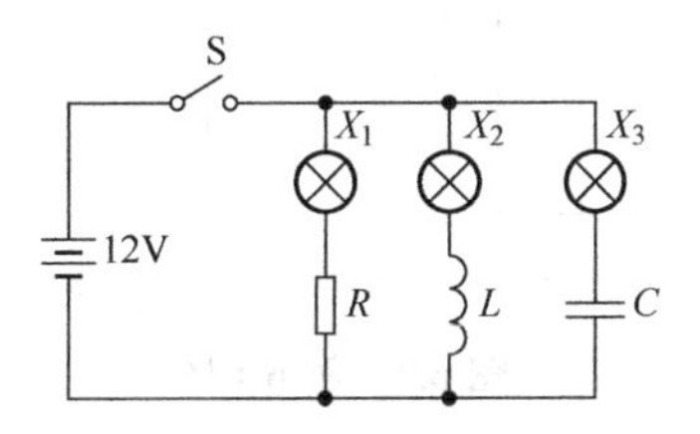

图 6.1　动态过程的产生过程

比较以上三种情况，不难看出，引起动态过程的支路含有电容元件或电感元件。而电容和电感均为储能元件，所以，**电路产生动态过程的内因是电路中含有储能元件 L 或 C，外因是电路的结构或电路参数发生变化**。例如，开关的闭合或断开。

二、换路定律

电路工作状态的改变称为**换路**，如电路的接通、断开、短路、改路及电路元件参数发生变化等。由于换路，使电路的能量发生交换，这种能量是不能跃变的。在电感元件中，储有磁场能 $Li_L^2/2$，当换路时，磁场能不能跃变，反应在电感元件中的电流 i_L 不能跃变。在电容元件中，储有电场能 $Cu_C^2/2$，当换路时，电场能不能跃变，反应在电容元件上的电压 u_C 不能跃变。可见，电路的动态过程是由于储能元件的能量不能跃变而产生的。

由以上分析可知，电路在换路瞬间，电容元件两端电压和电感元件中的电流都不能发生跃变，即换路后一瞬间电容元件上的电压等于换路前一瞬间电容元件两端的电压；换路后一瞬间电感元件中的电流等于换路前一瞬间的电流，这个规律称为**换路定律**。设 t=0 为

换路瞬间，则以 t=0₋表示换路前一瞬间，t=0₊表示换路后的一瞬间，则换路定律表示为

$$u_C(0_+)=u_C(0_-) \quad (6.1)$$

$$i_L(0_+)=i_L(0_-) \quad (6.2)$$

三、电流、电压的初始值

动态电路中电流和电压在换路后一瞬间（即 $t=0_+$）的值称为**初始值**，电容电压 u_C 和电感电流 i_L 的初始值，即 $u_C(0_+)$和 $i_L(0_+)$称为电路的初始条件。

确定电路中电流、电压的初始值通常用 0_+等效电路法，其具体步骤如下：

（1）由换路前（$t=0_-$）的稳态电路确定电容电压 0_-值 $u_C(0_-)$和电感电流 0_-值 $i_L(0_-)$。

（2）由换路定律确定电容电压初始值 $u_C(0_+)$和电感电流初始值 $i_L(0_+)$。

（3）画出换路后 $t=0_+$的等效电路。若 $u_C(0_+)$和 $i_L(0_+)$为零，则把电容元件视为短路，电感元件视为开路；若 $u_C(0_+)$和 $i_L(0_+)$不为零，则电容元件用电压值等于 $u_C(0_+)$的电压源替代，电感元件用电流值等于 $i_L(0_+)$的电流源替代。

（4）按 $t=0_+$的等效电路图，由电路基本定律求出其他电流和电压的初始值。

例 6.1　在如图 6.2（a）所示电路中，已知电源电压 U_S=10V，R_1=5Ω，R_2=3Ω，开关 S 闭合前电容电压 u_C 为 0。试求开关 S 闭合后各电流和电压的初始值。

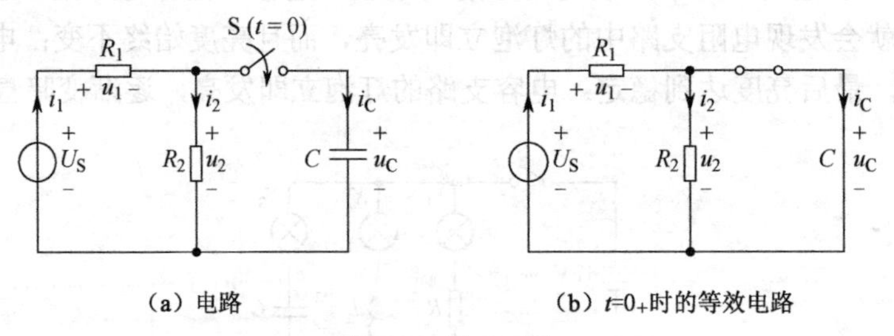

（a）电路　　（b）$t=0_+$时的等效电路

图 6.2　例 6.1 图

解：根据题意，开关 S 闭合前 $u_C(0_-)$=0，S 闭合后根据换路定律有

$$u_C(0_+)=u_C(0_-)=0$$

将图 6.2（a）中的电容 C 用短路线代替，则 $t=0_+$的等效电路如图 6.2（b）所示。由电路基本定律求出其他电压和电流的初始值。

$$u_2(0_+)=u_C(0_+)=0\text{，}\ i_2(0_+)=\frac{u_2(0_+)}{R_2}=0\text{，}\ u_1(0_+)=U_S=10\,\text{V}$$

$$i_1(0_+)=\frac{u_1(0_+)}{R_1}=\frac{10}{5}\text{A}=2\,\text{A}\text{，}\ i_C(0_+)=i_1(0_+)-i_2(0_+)=(2-0)\text{A}=2\,\text{A}$$

例 6.2　在如图 6.3（a）所示电路中，已知电源电压 U_S=12V，R_1=1Ω，R_2=2Ω，开关 S 闭合前电路处于稳态。试求开关 S 闭合后各电流及电感上电压的初始值。

解：开关 S 闭合前，电路处于稳态，电感相当于短路，则

$$i_L(0_-)=\frac{U_S}{R_1+R_2}=\frac{12}{1+2}\text{A}=4\,\text{A}$$

将图 6.3（a）中的电感 L 用 $i_L(0_+)$的电流源替代，则 $t=0_+$的等效电路如图 6.3（b）所示。开关 S 闭合后，R_2被短接，此时，$i_2(0_+)=0$。根据换路定律有

$$i_L(0_+)=i_L(0_-)=4\text{A}$$

应用基尔霍夫定律，有

$$i_3(0_+)=i_L(0_+)-i_2(0_+)=(4-0)\text{A}=4\text{A}$$

$$u_L(0_+)=U_S-i_L(0_+)R_1=(12-4\times1)\text{V}=8\text{V}$$

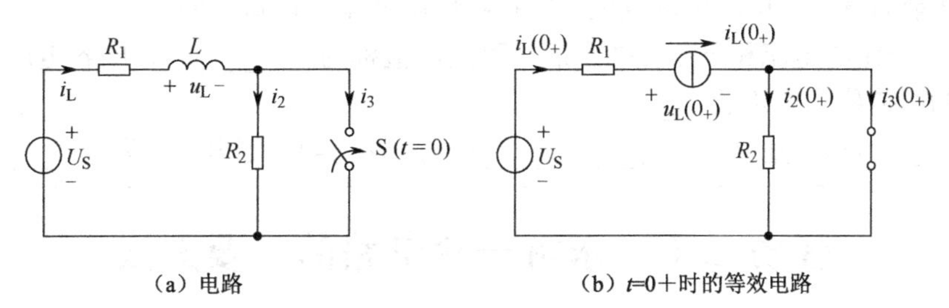

（a）电路　　（b）$t=0+$时的等效电路

图 6.3　例 6.2 图

特别提示

电路中动态过程会产生暂时的过电压或过电流，造成一定的危害，我们要预防。但动态过程有时可以加以利用，如在电子技术中，常利用电路的动态过程改善波形或产生某特定的波形信号。

换路定律是分析动态过程的重要依据。换路定律给出的是在换路瞬间电感电流和电容电压不能跃变，但其余的量，如电感电压、电容电流、电阻电压或电流等在换路瞬间都可以跃变。因为它们的跃变不会引起能量的跃变。

想一想

相控开关技术中对过电压与过电流的防范

电网的无功功率对系统电压影响很大。无功功率的过大或不足会引起电网电压的大幅波动，通常的解决方法是通过相控开关技术投切并联电容组，来动态平衡电网电压的功率因数。但是在随机投切电容组的过程中，可能产生过电压、过电流、涌流和低压侧过电压升高等危害用户和设备的暂态过程。

相控开关技术是根据线路电压或电流的相位来合理控制高压开关的分合时刻，以实现用低成本的小容量开关来分断大容量电流的需求。同时，还可以避免系统的不稳定、抑制电网中的过电压和涌流。控制单元是整个装置的核心。控制单元通过对电压电流的监测，在关合命令到来时，选择最近电压（电流）的零点作为基础，预测出下次电压（电流）过零点的时刻作为可能的目标时间。并考虑开关单元的执行时间，从而得到对最近满足执行时间延迟的目标时间的提前量。得到提前量和具体目标时间后，控制单元将使开关在提前量位置投切电容组，经过执行机构动作延迟时，将正好在目标时间所表示的电压（电流）零点关合，从而缩短暂态过程的时间，减小暂态危害。

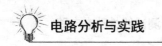

练一练

1．动态过程也称__________，动态过程中各处的电流电压称作__________，把这种含有储能元件的电路称为__________。

2．电路产生动态过程的内因是电路中含有______________，外因是______________。

3．电路在换路瞬间，电容元件两端__________和电感元件中的__________都不能发生跃变。但其余的量，如电阻电压或电流等在换路瞬间都可以跃变的。

4．动态电路中电流和电压在换路后一瞬间的值称为__________，电容电压 u_C 和电感电流 i_L 的初始值称为电路的__________。

5．若 $u_C(0_+)=0$，则电容视为__________；若 $i_L(0_+)=0$，则电感视为__________。

任务三十　求解一阶电路的三要素法

学一学

在动态电路中，通常把只含有一个储能元件（电容或电感）的电路称为**一阶电路**，*RC* 电路和 *RL* 电路就是典型的一阶电路。一阶电路在激励后所产生的反应（电流和电压）称为一阶电路的动态响应。一阶电路的数学分析涉及一阶微分方程，对微分方程这里不去讨论。

一、一阶电路的三要素公式

对于直流一阶电路，电路动态响应的表达式为

$$f(t)=f(\infty)+[f(0_+)-f(\infty)]\mathrm{e}^{-\frac{t}{\tau}} \quad (t\geqslant 0) \tag{6.3}$$

该表达式中响应 $f(t)$ 主要由初始值 $f(0_+)$、稳态值 $f(\infty)$ 和时间常数 τ 三个因素决定，因此称 $f(0_+)$、$f(\infty)$ 和 τ 为**一阶电路的三要素**，而式（6.3）称为**一阶电路的三要素公式**。

经过对一阶电路的数学分析，证明 **τ 值取决于一阶电路的结构和电路参数。**

对于 *RC* 电路，有

$$\tau=RC \tag{6.4}$$

对于 *RL* 电路，有

$$\tau=\frac{L}{R} \tag{6.5}$$

利用三要素公式求解一阶线性电路很方便，只要求出一阶电路的三个要素，代入三要素公式，其响应就随即而知。

二、一阶电路的三要素法

三要素法求解直流一阶电路的动态响应的具体步骤如下：

（1）求初始值 $f(0_+)$。利用换路定律和 $t=0_+$ 的等效电路求。

（2）求稳态值 $f(\infty)$。由 $t=\infty$ 的等效电路求。稳态时电容视为开路，电感视为短路。

（3）求时间常数 τ。RC 电路 $\tau=RC$，RL 电路 $\tau=L/R$。其中电阻 R 是将换路后的电路所有独立电源置零，从动态元件 L 或 C 两端看进去的戴维南等效电阻。如果电路中有多个电阻，则此时 R 为换路后元件 L 或 C 两端电阻网络的等效电阻。

（4）求响应。应用三要素公式求。

下面通过实例说明时间常数的计算。

例 6.3　一阶电路如图 6.4 所示，求开关 S 打开时电路的时间常数。

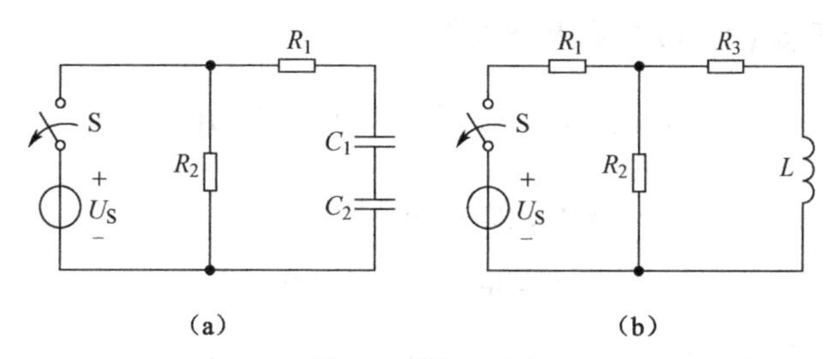

图 6.4　例 6.3 图

解：（1）图 6.4（a）在开关动作后电路电容 C_1 与 C_2 串联，则等效电容 $C=\dfrac{C_1C_2}{C_1+C_2}$。从电容端看进去电阻 R_1 与 R_2 串联，则等效电阻 $R=R_1+R_2$，所以该电路时间常数为

$$\tau=RC=(R_1+R_2)\frac{C_1C_2}{C_1+C_2}$$

（2）图 6.4（b）在开关动作后电路电阻 R_2 与 R_3 串联，则等效电阻 $R=R_2+R_3$。所以该电路的时间常数为

$$\tau=\frac{L}{R}=\frac{L}{R_2+R_3}$$

例 6.4　电路如图 6.5 所示，已知 U_S=9V，R_1=3kΩ，R_2=6kΩ，C=10μF，开关 S 闭合前电路处于稳态，t=0 时开关 S 闭合，试求 $t\geqslant0$ 时的电容电压 $u_C(t)$。

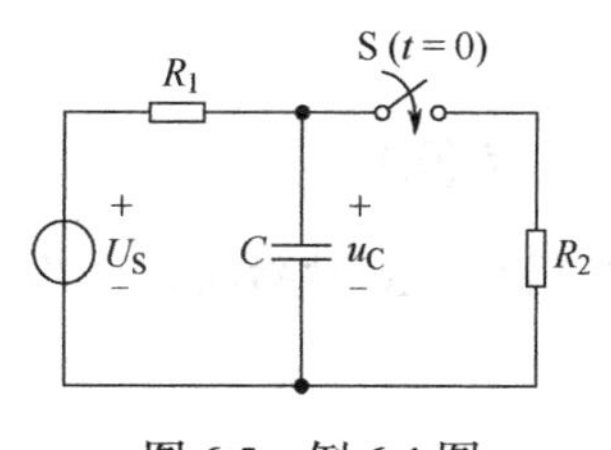

图 6.5　例 6.4 图

解：用三要素法求解

（1）求初始值 $u_C(0_+)$。在开关闭合前电路处于稳态，电容相当于开路，有 $u_C(0_-)=U_S$=9V，由换路定律得

$$u_C(0_+)=u_C(0_-)=9\,\text{V}$$

（2）求稳态值 $u_C(\infty)$。换路后电路处于新的稳态，电容相当于开路，因此

$$u_C(\infty)=\frac{R_2}{R_1+R_2}U_S=\frac{6}{3+6}\times 9\,\text{V}=6\,\text{V}$$

（3）求时间常数 τ。开关闭合后电压源置零，从电容两端看进去的等效电阻 R 为 3kΩ 与 6kΩ 的并联电阻值。所以

$$\tau=RC=(R_1 /\!/ R_2)C=\frac{3\times 6}{3+6}\times 10^3\times 10\times 10^{-6}\,\text{s}=2\times 10^{-2}\,\text{s}$$

（4）求电容电压 $u_C(t)$。由三要素公式得

$$\begin{aligned}u_C(t)&=u_C(\infty)+[u_C(0_+)-u_C(\infty)]e^{-\frac{t}{\tau}}\\&=6+(9-6)e^{-\frac{t}{2\times10^{-2}}}\,\text{V}\\&=(6+3e^{-50t})\,\text{V}\ \ (t\geqslant 0)\end{aligned}$$

例 6.5 电路如图 6.6 所示，已知 U_S=20V，R_1=2Ω，R_2=3Ω，L=1H，开关 S 闭合前电路处于稳态，t=0 时开关 S 闭合，试求 $t\geqslant 0$ 时的电感电流 $i_L(t)$。

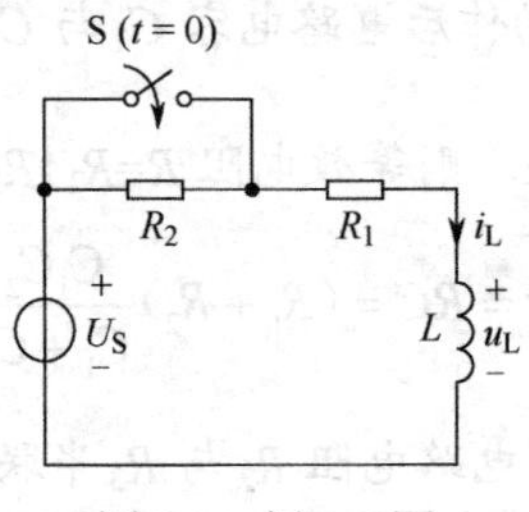

图 6.6 例 6.5 图

解：用三要素法求解

（1）求初始值 $i_L(0_+)$。在开关闭合前电路处于稳态，电容相当于短路，所以有

$$i_L(0_-)=\frac{U_S}{R_1+R_2}=\frac{20}{2+3}\text{A}=4\,\text{A}$$

由换路定律得

$$i_L(0_+)=i_L(0_-)=4\text{A}$$

（2）求稳态值 $i_L(\infty)$。开关 S 闭合，R_2 被短接，电路处于新的稳态，电感相当于短路，因此

$$i_L(\infty)=\frac{U_S}{R_1}=\frac{20}{2}\text{A}=10\,\text{A}$$

（3）求时间常数 τ。开关闭合后，电压源置零从电感两端看进去的等效电阻 R=R_1=2Ω，所以

$$\tau = \frac{L}{R} = \frac{1}{2}\text{s} = 0.5\text{s}$$

（4）求电感电流 $i_L(t)$。由三要素公式得

$$i_L(t) = i_L(\infty) + [i_L(0_+) - i_L(\infty)]e^{-\frac{t}{\tau}}$$

$$= 10 + (4 - 10)e^{-\frac{t}{0.5}} \text{V}$$

$$= (10 - 6e^{-2t})\text{V} \quad (t \geqslant 0)$$

例 6.6 电路如图 6.7（a）所示，开关 S 闭合前电路处于稳态，t=0 时开关 S 闭合，试求 $t \geqslant 0$ 时的电容电压 u_C 和电流 i_C。

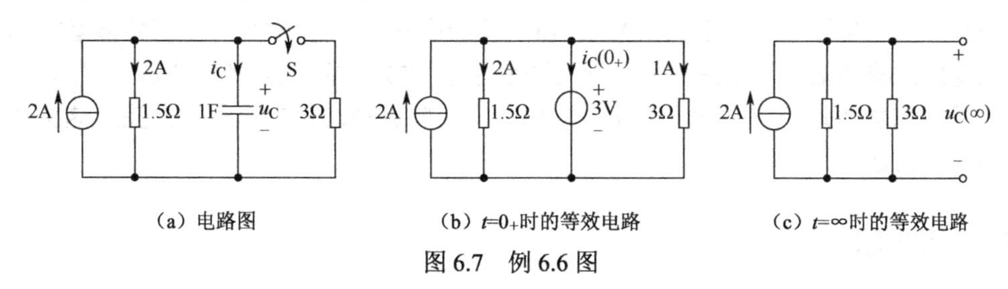

图 6.7 例 6.6 图

解：用三要素法求解

（1）求初始值。开关闭合前电路处于稳态，电容相当于短路，所以有

$$u_C(0_-)=1.5\times2\text{V}=3\text{V}$$

根据换路定律得

$$u_C(0_+)=u_C(0_-)=3\text{V}$$

t=0_+时的等效电路如图 6.7（b）所示，由 KCL 可得

$$2-2-i_C(0_+)-1=0$$

所以

$$i_C(0_+)=2-2-1=-1\text{A}$$

（2）求稳态值。t=∞时的等效电路如图 6.7（c）所示，电容开路。故得

$$u_C(\infty) = 2\times\frac{1.5\times3}{1.5+3}\text{V} = 2\text{V}$$

$$i_C(\infty)=0\text{A}$$

（3）求时间常数。开关闭合后，求电流源置零时从电容两端看进去的等效电阻，其值为 1.5Ω 与 3Ω 的并联电阻。所以

$$\tau = RC = \frac{1.5\times3}{1.5+3}\times1\text{s} = 1\text{s}$$

（4）求响应电压和电流。应用三要素公式得到

$$u_C(t)=u_C(\infty)+[u_C(0_+)-u_C(\infty)]e^{-\frac{t}{\tau}}$$

$$i_L(t)=i_L(\infty)+[i_L(0_+)-i_L(\infty)]e^{-\frac{t}{\tau}}$$

代入数据整理得

$$u_C(t)=(2+e^{-t})\text{V}\quad (t\geqslant 0)$$

$$i_L(t)=-e^{-t}\text{A}\quad (t\geqslant 0)$$

特别提示

一阶电路的动态响应规律可以用三要素公式描述，实际上它可以归结为两种趋向——增加或衰减。当电路的稳态值大于初始值时，该电路变量按指数规律从初始值增加到稳态值；当电路的稳态值小于初始值时，该电路变量按指数规律从初始值衰减到稳态值。

不管是增加还是衰减，它们都是从旧稳态值趋向新稳态值的过程，而完成这个过程的速度与时间常数 τ 有关。

想一想

闪光灯

闪光灯是一种补光设备，在实际生活中，使用场合非常多。在光线比较暗的条件下照相，需要闪光灯照亮场景一定时间，将影像记录在胶卷或内存上。有些场合使用闪光灯作为危险警告。例如，高架天线塔、建筑工地和安全地带等。

根据实际需要设计闪关灯电路。例如，闪光灯是否通过操作开关手工控制（照相机就是这种情况）；闪光灯是否按照预设频率重复自拍；闪光灯是一个固定安装设备（如在天线上）或临时安装（如在建筑工地上）；闪光灯使用电源是否方便等。

闪光灯电路由直流电源、电阻、电容和一个临界电压下能进行放电闪光的灯所组成。闪光灯不导通时，相当于开路。当灯表现为开路时，直流电压源通过电阻向电容充电，一旦闪光灯电压达到 U_{max} 时，闪光灯开始导通，电容开始放电，当电容放电至 U_{min}，闪光灯将开路，电容又开始充电。

练一练

1．一阶电路的三要素是__________、__________和__________。

2．RC 电路的时间常数为__________，RL 电路时间常数为__________。

3．一阶电路的三要素公式是______________________________。

4．初始值利用换路定律和__________等效电路求，稳态值由__________等效电路求。

5．动态电路处于稳态时，电容视为__________，电感视为__________。

任务三十一　分析一阶电路的动态响应

学一学

在一阶动态电路中，*RC* 电路在电子电路中广泛应用，下面就以直流一阶 *RC* 电路为例来分析一阶电路的响应。

一、一阶电路的零状态响应

当电路的初始状态为零即[$u_C(0_+)=0$ 或 $i_L(0_+)=0$]时，仅由外加电源在电路产生的响应（电压或电流）称为电路的**零状态响应**。

如图 6.8（a）所示的 *RC* 电路，开关 S 闭合前电路处于稳态，电容初始状态为零（或电容没有初始储能），即 $u_C(0_-)=0$。合上开关 S 后，仅由外加电源 U_S 激励所产生的响应就是 *RC* 电路的零状态响应。

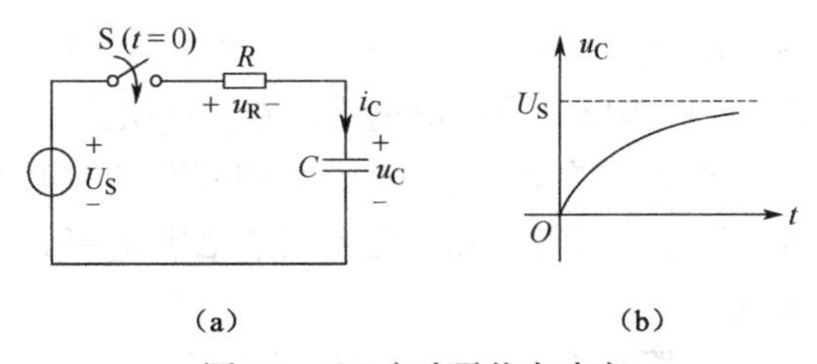

图 6.8　*RC* 电路零状态响应

设在 t=0 时开关 S 闭合，电源 U_S 经过电阻 *R* 以电流 i_C 对电容充电，由于电容两端电压不能跃变，因此，$u_C(0_+)=u_C(0_-)=0$，此时电路中的充电电流 $i_C(0_+)=U_S/R$。

随着电容积累的电荷逐渐增多，电容两端的电压 u_C 也随之升高。电阻分压 u_R 减少，电路充电电流 $i_C=u_R/R$ 也不断下降，充电速度越来越慢。经过一段时间后，电容两端电压 $u_C=U_S$，电路中的充电电流 $i_C=0$，充电动态过程结束，电路处于稳态。

电路初始状态为零即 $f(0_+)=0$，由三要素公式可知，**一阶电路零状态响应表达式为**

$$f(t)=f(\infty)(1-\mathrm{e}^{-\frac{t}{\tau}})\qquad(t\geqslant 0)\tag{6.6}$$

式（6.6）表明，电路变量 $f(t)$ 按指数规律增加。τ 值大，电路变量增加的速度就慢；τ 值小，电路变量增加的速度就快。所以，τ 值决定动态过程持续时间的长短。

在图 6.8（a）所示电路中，电容电压的稳态值 $u_C(\infty)=U_S$，电路的时间常数 $\tau=RC$。所以，***RC* 电路的零状态响应**的 $u_C(t)$ 为

$$u_C(t)=U_S(1-\mathrm{e}^{-\frac{t}{\tau}})\qquad(t\geqslant 0)\tag{6.7}$$

由式（6.7）可知，零状态响应的 u_C 按指数规律增加。当 $t=\tau$ 时，$u_C=0.632U_S$，即 u_C 增加到 $0.632U_S$ 所对应的时间即为 τ。从理论上讲，$t=\infty$时，$u_C=U_S$，即充电要经历无限长时间才结束。实际上，当 $t=5\tau$ 时，$u_C=0.993U_S$。因此工程上一般认为，经过 5τ 时间，电容充电这一动态过程基本结束。电容电压 u_C 随时间按指数规律变化曲线如图 6.8（b）所示。

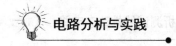

二、一阶电路的零输入响应

当电路的外施电源为零时，仅由储能元件的初始储能在电路中产生的响应（电压或电流）称为电路的**零输入响应**。

如图 6.9（a）所示的 *RC* 电路，设开关 S 在闭合前，电容两端的初始电压为 U_0，即 $u_C(0_-)=U_0$。合上开关 S 后，外加输入激励电源为零，仅由电容元件的初始电压 U_0 激励产生的响应就是 *RC* 电路的零输入响应。

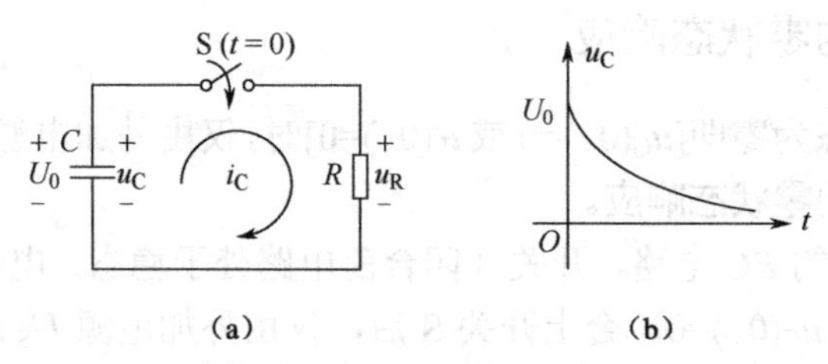

图 6.9　*RC* 电路零输入响应

在 t=0 时合上开关 S，电容通过电阻 R 以电流 i_C 放电。由于电容两端电压不能跃变，因此，$u_C(0_+)=u_C(0_-)=U_0$，此时电路中的放电电流 $i_C(0_+)=U_0/R$。

随着放电过程的进行，电容上的电荷逐渐减少，电容两端的电压 u_C 也越来越小，放电电流 $i_C=u_C/R$ 也不断下降。经过一段时间后，电容两端电压 u_C=0，放电电流 i_C=0，放电动态过程结束，电路处于稳态。

根据三要素公式，**一阶电路零输入响应的表达式为**

$$f(t)=f(0_+)\mathrm{e}^{-\frac{t}{\tau}}\quad (t\geqslant 0) \tag{6.8}$$

式（6.8）表明，电路变量 $f(t)$ 按指数规律衰减。τ 值大，电路变量衰减的速度就慢；τ 值小，电路变量衰减的速度就快。

在图 6.9（a）所示电路中，电容电压的初始值 $u_C(0_+)=U_0$，电路的时间常数 $\tau=RC$。所以，***RC* 电路的零输入响应**的 $u_C(t)$ 为

$$u_C(t)=U_0\mathrm{e}^{-\frac{t}{\tau}}\quad (t\geqslant 0) \tag{6.9}$$

式（6.9）表明，零输入响应的 u_C 按指数规律衰减。τ 值大，电压衰减的速度就慢；τ 值小，电压衰减的速度就快。当 $t=\tau$ 时，u_C= 0.368U_0，即 u_C 衰减到 0.632U_0 所对应的时间即为 τ。工程中，经过 5τ 时间，可以认为电容放电这一动态过程基本结束。电容两端电压 u_C 随时间按指数规律变化的曲线如图 6.9（b）所示。

三、一阶电路的全响应

由外施激励电源和储能元件初始储能[$u_C(0_+)\neq 0$ 或 $i_L(0_+)\neq 0$]共同作用在电路中产生的响应（电压或电流）称为**电路的全响应**。

如图 6.10（a）所示 *RC* 电路，设开关 S 闭合之前电容器已充电到 U_0，即 $u_C(0_+)=u_C(0_-)=U_0$，t=0 时，开关 S 合上。此动态过程中，由电容的初始电压 U_0 和外加电源 U_S 共同激励所产生的响应就是 *RC* 电路的全响应。

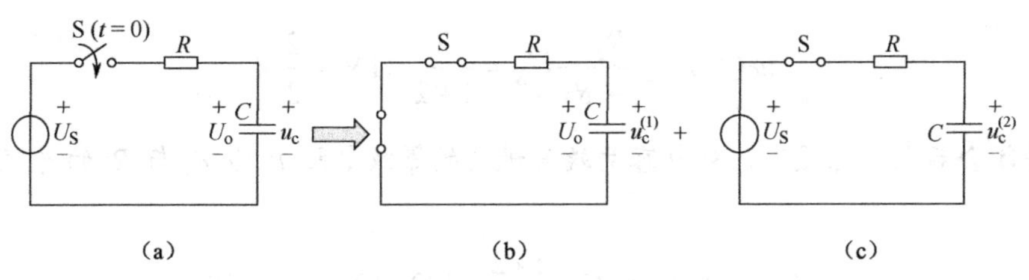

图 6.10　*RC* 电路的全响应

由图 6.10 表明，全响应总可以分解为零输入响应和零状态响应之和，即**全响应=零输入响应＋零状态响应**。零输入响应是全响应在输入激励信号为零的情况，如图 6.10（b）所示；零状态响应是全响应在储能元件初始储能为零的情况，如图 6.10（c）所示。

在图 6.10（b）所示电路中，*RC* 电路的零输入响应为

$$u_C^{(1)} = U_0 e^{-\frac{t}{\tau}}$$

在图 6.10（c）所示电路中，*RC* 电路的零状态响应为

$$u_C^{(2)} = U_S(1 - e^{-\frac{t}{\tau}})$$

所以，*RC* 电路的全响应为

$$u_C = u_C^{(1)} + u_C^{(2)} = U_0 e^{-\frac{t}{\tau}} + U_S(1 - e^{-\frac{t}{\tau}})$$

整理得

$$u_C(t) = U_S + (U_0 - U_S)e^{-\frac{t}{\tau}} \quad (t \geqslant 0) \tag{6.10}$$

式中，第一项在任意时刻保持稳定，称为稳态响应；第二项按指数规律衰减，当 $t=\infty$ 时，该项为 0，称为暂态响应。

由式（6.10）表明，全响应总可以分解为稳态响应和暂态响应之和，即**全响应=稳态响应＋暂态响应**。

例 6.7　电路如图 6.11 所示，已知 U_S=2V，R_1=2Ω，R_2=1Ω，C=300μF。开关闭合前电路处于稳态，t=0 时开关 S 闭合。试求 $t \geqslant 0$ 时电容电压 $u_C(t)$，并分析出零状态响应和零输入响应。

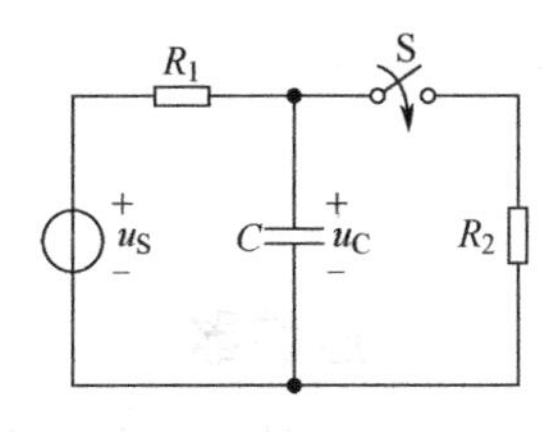

图 6.11　例 6.7 图

解：开关闭合前电路处于稳态，$u_C(0_-)= U_S$=2V，由换路定律有

$$u_C(0_+)=u_C(0_-)=2\text{V}$$

换路后达到新的稳态时，电容视为开路，故有

$$u_C(\infty)=\frac{R_2}{R_1+R_2}U_S=\frac{2}{1+2}\times 1\text{V}=\frac{2}{3}\text{V}$$

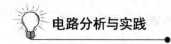

开关闭合后电压源置零，从电容两端看进去的等效电阻 R 为 R_1 与 R_2 的并联电阻值，所以

$$\tau=RC=(R_1//R_2)C=\frac{1\times 2}{1+2}\times 300\times 10^{-6}\text{ s}=2\times 10^{-4}\text{ s}$$

根据三要素公式有

$$\begin{aligned}u_C(t)&=u_C(\infty)+[u_C(0_+)-u_C(\infty)]\text{e}^{-\frac{t}{\tau}}\\&=\frac{2}{3}+(2-\frac{2}{3})\text{e}^{-\frac{t}{2\times 10^{-4}}}\text{ V}\\&=(\frac{2}{3}+\frac{4}{3}\text{e}^{-500t})\text{ V}\quad (t\geqslant 0)\end{aligned}$$

由电容储能产生的零输入响应为

$$u_C^{(1)}(t)=u_C(0_+)\ \text{e}^{-\frac{t}{\tau}}=2\text{e}^{-500t}\text{ V}\qquad (t\geqslant 0)$$

由激励电源产生的零状态响应为

$$u_C^{(2)}(t)=u_C(\infty)(1-\text{e}^{-\frac{t}{\tau}})=\frac{2}{3}(1-\text{e}^{-500t})\text{ V}\qquad (t\geqslant 0)$$

特别提示

在电路分析中，把电路中产生电压和电流的起因称为激励，由激励产生的电压和电流称为响应。动态电路中起激励作用的元件有两种：一是外加独立电源；二是储能元件（电容元件或电感元件）的非零初始状态。仅由外加独立电源激励产生的响应为零状态响应，仅由储能元件的非零初始状态引起的响应为零输入响应，由外加独立电源和储能元件的非零初始状态共同激励产生的响应为全响应。

一阶电路动态过程持续时间长短由时间常数 τ 决定，τ 值取决于一阶电路的结构和电路参数。τ 值越大，持续时间越长，τ 值越小，持续时间越短。工程实践中一般认为，经过 5τ 时间，动态过程基本结束。

想一想

避雷器

避雷器是变电站保护设备免遭雷电冲击波袭击的设备。当沿线路传入变电站的雷电冲击波超过避雷器保护水平时，避雷器首先放电，并将雷电流流过导体安全地引入大地，利用接地装置使雷电压幅值限制在被保护设备雷电冲击水平之下，使电气设备受到保护。

避雷器通常接于带电导线和地之间，与被保护设备并联。当过电压值达到规定的动作电压时，避雷器立即动作，流过电荷，限制过电压幅值，保护设备绝缘；当电压值正常后，

避雷器又迅速恢复原状，以保障系统正常供电。

避雷器按其发展的先后可分为：保护间隙，是简单的避雷器；管型避雷器，也是一个保护间隙，但它能在放电后自行灭弧；阀型避雷器，是将单个放电间隙分成许多短的间隙，同时增加了非线性电阻，提高了保护性能；磁吹避雷器，利用磁吹式火花间隙，提高了灭弧能力，同时还具有限制内部过电压能力；氧化锌避雷器，利用氧化锌阀片理想的伏安特性（非线性极高，即在大电流时呈低阻特性，在正常工频电压下呈高电阻特性），具有无间隙、无续流、残压低等优点，也能限制内部过电压，被广泛使用。

练一练

1. 当电路的初始状态为__________时，仅由__________在电路产生的响应称为电路的零状态响应。

2. 当电路的外施电源为__________时，仅由__________的初始储能在电路中产生的响应称为电路的零输入响应。

3. 由外施激励__________和储能元件__________共同作用在电路中产生的响应称为电路的全响应。

4. 全响应可以分解为__________响应和__________响应之和。

任务三十二　认识 *RC* 微分与积分电路

学一学

在电子技术中常利用 *RC* 电路实现不同的功能，*RC* 微分电路与 *RC* 积分电路就是 *RC* 电路的两个重要应用。下面分别介绍这两种电路的工作原理。

一、*RC* 微分电路

微分电路是指输出电压与输入电压之间成微分关系的电路。微分电路用于脉冲电路、计算机和测量仪器等。

RC 微分电路如图 6.12（a）所示，其**电路特点**是输出电压从 *RC* 串联的电阻 *R* 端输出。该电路要求电路的时间常数 $\tau=RC$ 比输入矩形脉冲宽度 T_W 小得多，即 $\tau \ll T_W$，也就是在矩形脉冲作用期间，电路动态过程已经结束。

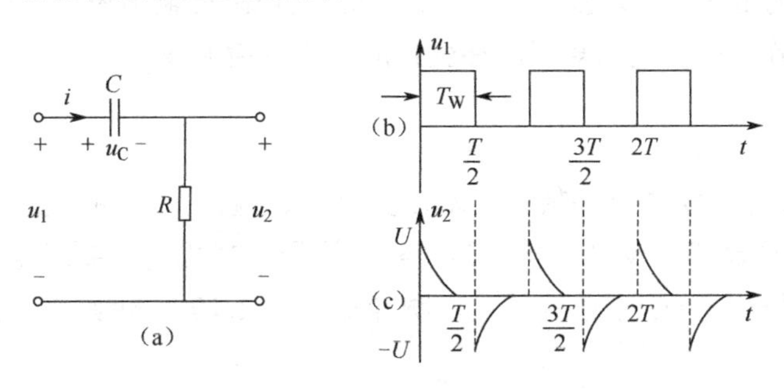

图 6.12　*RC* 微分电路

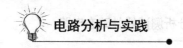

由于电路时间常数 τ 很小，因而电容器充放电进行得很快，动态过程持续时间很短，所以电容上电压 u_C 近似等于输入电压 u_1，这时输出电压 u_2 为

$$u_2 = iR = RC\frac{du_C}{dt} \approx RC\frac{du_1}{dt} \tag{6.11}$$

由式（6.11）可知，**输出电压近似与输入电压对时间的微分成正比，故称微分电路。**

图 6.12（b）为电路的输入波形，图 6.12（c）为电路的输出波形。从波形图可以看出，RC 微分电路主要作用是将输入矩形脉冲变换成输出正、负交替的尖脉冲。常用于触发电路的触发信号。

二、RC 积分电路

积分电路是指输出电压与输入电压之间成积分关系的电路。积分电路常用于延时、定时、移相等。

RC 积分电路如图 6.13（a）所示，其**电路特点**是输出电压从 RC 串联的电容 C 端输出。该电路要求电路的时间常数 $\tau=RC$ 比输入矩形脉冲宽度 T_W 大得多，即 $\tau \gg T_W$。也就是在矩形脉冲作用期间，电路动态过程远还没结束。

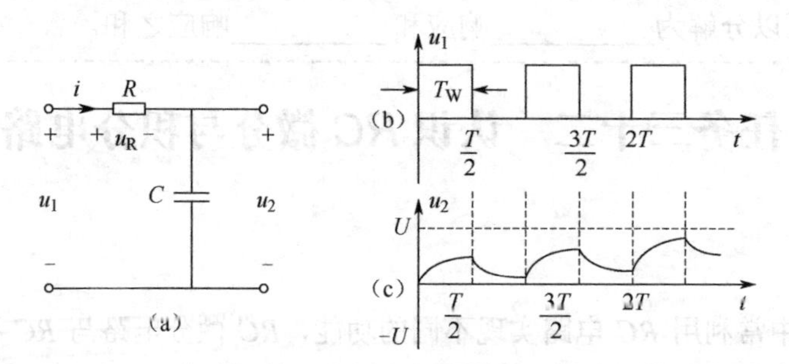

图 6.13　RC 积分电路

由于电路时间常数 τ 很大，因而电容器充放电进行得很慢，动态过程持续时间很长，所以电阻上的电压 u_R 近似等于输入电压 u_1，这时输出电压 u_2 为

$$u_2 = u_C = \frac{1}{C}\int i\mathrm{d}t = \frac{1}{C}\int \frac{u_R}{R}\mathrm{d}t \approx \frac{1}{RC}\int u_1\mathrm{d}t \tag{6.12}$$

由式（6.12）可知，**输出电压近似与输入电压对时间的积分成正比，故称积分电路。**

图 6.13（b）为电路的输入波形，图 6.13（c）为电路的输出波形。从波形图可以看出，RC 积分电路主要作用是将输入矩形脉冲变换成输出锯齿波或三角波。

特别提示

微分电路可将输入矩形脉冲转换为输出尖脉冲，输出尖脉冲宽度与时间常数 τ 有关，τ 越小，尖脉冲波形越尖，反之则宽。为了实现波形变换作用，要求电路的 τ 必须远远少于输入脉冲宽度（一般 τ 少于或等于输入脉冲宽度的 1/10），否则就成为一般的 RC 耦合电路了。

想一想

延时器

在实际生活中，如楼道上自动熄灭的照明灯，道路施工处常见的闪烁警示灯等就是延时器应用的例子。

延时器可以产生混响或回声的效果。有模拟延时器、数字延时器、混响器等，广泛用于舞台音响、卡拉 OK。延时器的延迟时间由时间常数 $\tau=RC$ 决定，改变 R 或 C 的数值可以改变延迟时间的长短。延迟时间可以从 50ms 到 1s 以上，电吉他用的延时器一般为 20ms～476ms 之间。时间短产生混响效果（大厅效应），时间长则产生回声（山谷效应）。电吉他通过延时器之后声音丰富、饱满、有空间感。回声则常用于电吉他演奏最高潮时最末一个音符加入，以便出现几个反射回声，情似对山谷呼喊。

练一练

1．构成 *RC* 微分电路的条件：一是输出电压从__________输出，二是输入脉冲宽度比电路的时间常数__________。

2．构成 *RC* 积分电路的条件：一是输出电压从__________输出，二是输入脉冲宽度比电路的时间常数__________。

3．*RC* 微分电路可以将输入矩形脉冲变换为输出__________；*RC* 积分电路可以将输入矩形脉冲变换为__________。

技能训练十一　一阶电路动态过程的仿真分析

一、训练目标

1．加深理解电路的零状态响应、零输入响应及完全响应。

2．理解电路时间常数对动态过程的影响。

3．学会 Multisim 软件的使用方法。

二、仪器、设备

Multisim 虚拟仿真实训平台

三、训练内容

1. 利用 Multisim 11 软件创建出如图 6.14 所示的一阶电路，并设置好电路元件的参数。

2．观测电路的零状态响应。按空格键使开关 S 置于位置“1”，开启仿真电源开关，直流电压表指示电容电压值要递增；双击示波器，调整适当的时基及 A 通道的灵敏度，观察电容电压响应的输出波形。

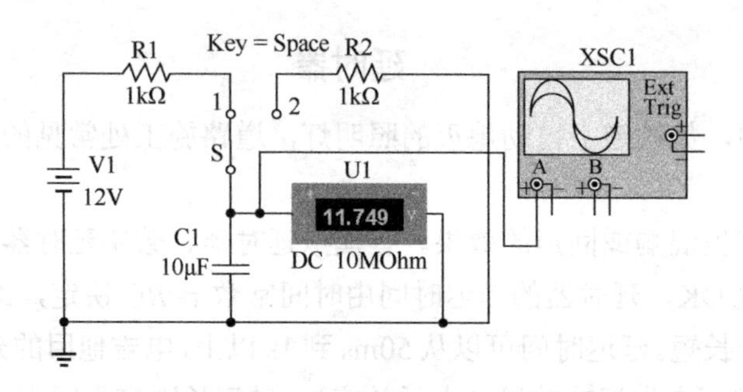

图 6.14 一阶电路的仿真测试电路

3．观测电路的零输入响应。按空格键使开关 S 由位置“1”接到位置“2”，开启仿真电源开关，直流电压表指示电容电压值要衰减；双击示波器，调整适当的时基及 A 通道的灵敏度，观察电容电压响应的输出波形。

4．观测电路的全响应。按空格键使开关 S 由位置“2”接到位置“1”，双击示波器，调整适当的时基及 A 通道的灵敏度，观察电容电压响应的输出波形。

5．改变电路参数 R 或 C 值，重新观测电路响应，并得出结论。

四、考核评价

学生技能训练的考核评价如表 6.1 所示。

表 6.1 技能训练十一考核评价表

考核项目	评分标准	配分	扣分	得分
电路创建	元件选取正确	10		
	电路连接正确	10		
	电路图规范	5		
元器件参数设置	参数设置熟练、正确	10		
仿真仪表使用	仪表选择正确	5		
	仪表连接正确	5		
	仪表使用熟练	5		
电路仿真测试	测试方法正确	10		
	测试结果正确	20		
	操作测试熟练	10		
安全文明操作	有不文明操作行为，或违规、违纪出现安全事故，工作台上脏乱，酌情扣 3～10 分	10		
合计		100		

技能训练十二　RC 微分与积分电路的测试

一、训练目标

1．测定电路的零状态响应、零输入响应及完全响应。
2．学会电路时间常数的测量方法。
3．熟悉微分电路和积分电路的作用。

二、仪器、设备及元器件

1．信号发生器。
2．动态电路实验板。
3．双踪示波器。

三、训练内容

实验电路如图 6.15 所示。图中，电路输入端接信号发生器，输入方波信号，电路输出端接示波器，观察测量输出电压响应波形。

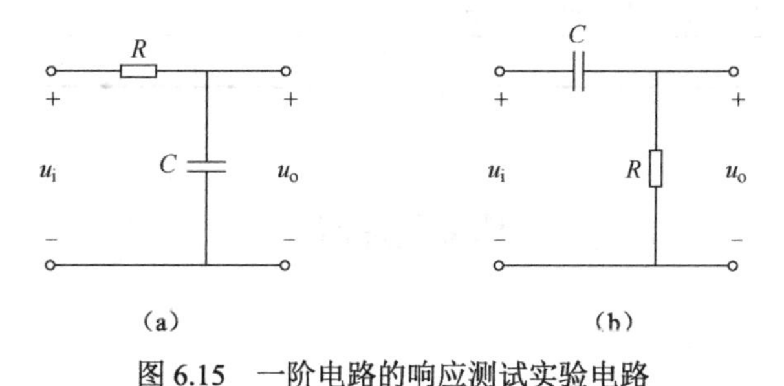

图 6.15　一阶电路的响应测试实验电路

1．积分电路的响应测试

（1）从动态电路板上选 R=10kΩ，C=6800pF，组成如图 6.15（a）所示的 RC 积分电路。从信号发生器输出 U_m=3V、频率 f=1kHz 的方波电压信号，并通过两根同轴电缆线，将激励源和响应分别连接到示波器的 CH1 和 CH2。这时可在示波器屏幕上观察到激励和响应的变化规律，测算出时间常数，并描绘出波形。

（2）令 R=10kΩ，C=0.01μF，观察并描绘响应的波形。继续增大 C 的值，定性观察对响应的影响。

2．微分电路的响应测试

（1）从动态电路板上选 R=100Ω，C=0.01μF，组成如图 6.15（b）所示的 RC 微分电路。在同样的激励信号（U_m=3V、频率 f=1kHz 的方波信号）作用下，观察并描绘激励和响应的波形。

（2）增减 R 的值，定性观察对响应的影响，并作记录。当 R 增至 1MΩ 时，观察输入与输出波形有何本质上的区别。

四、考核评价

学生技能训练的考核评价如表 6.2 所示。

表 6.2　技能训练十二考核评价表

考核项目	评分标准	配分	扣分	得分
电路连接	元件选择正确	10		
	电路连接正确	10		
信号发生器的使用	连接正确	5		
	读数准确	10		
	操作熟练	10		
示波器的使用	连接正确	5		
	波形观察	10		
	波形测试	15		
	操作熟练	15		
安全文明操作	有不文明操作行为，或违规、违纪出现安全事故，工作台上脏乱，酌情扣 3～10 分	10		
合计		100		

巩固练习六

一、填空题

1．动态过程是指电路从一种__________变化到另一种__________所经历的过程。

2．利用换路定律可以求解电感__________初始值和电容__________的初始值。

3．作 t=0₊的等效电路时，若 $u_C(0_+)$和 $i_L(0_+)$不为零，则电容元件用电压值等于 $u_C(0_+)$的__________替代，电感元件用电流值等于 $i_L(0_+)$的__________替代。

4．全响应等于零输入响应和__________之和或全响应等于稳态响应和__________之和。

5．一阶电路的时间常数 τ 取决于电路结构和电路__________，时间常数越大，则动态过程持续时间__________。

6. 求解一阶直流电路的稳态值时，电容元件视为__________，电感元件视为__________。

7．RC 微分电路的输出电压与输入电压成__________关系，RC 积分电路的输出电压与输入电压成__________关系。

二、单项选择题

1．动态过程的实质是__________。

A．储能元件的能量不能跃变

B．电路结构发生变化

C．电路参数发生变化

2．如图 6.16 所示电路换路前已达稳态，在 t=0 时断开开关 S，则该电路________。

A．电路有储能元件 L 要产生过渡过程

B．电路有储能元件且发生换路，要产生过渡过程

C．因为换路时元件 L 的电流储能不发生变化，所以该电路不产生过渡过程

3．如图 6.17 所示电路已达稳态，现增大 R 值，则该电路________。

A．因为发生换路要产生过渡过程

B．因为电容 C 的储能值没有变，所以不产生过渡过程

C．因为有储能元件且发生换路，要产生过渡过程

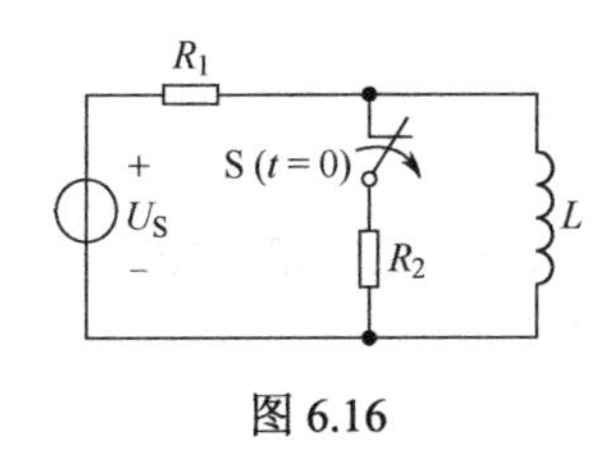

图 6.16

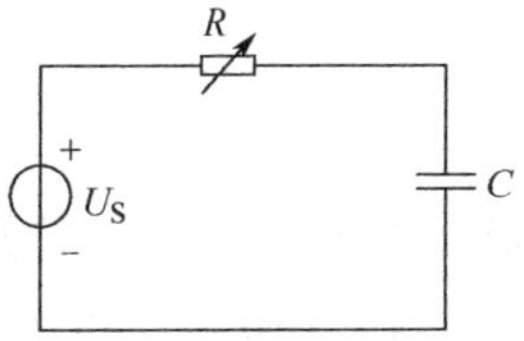

R

+

U_S

−

C

图 6.17

4．在换路瞬间，下列说法正确的是________。

A．电感电流不能跃变

B．电感电压必然跃变

C．电容电流必然跃变

5．图 6.18 所示电路在开关 S 断开之前电路已达稳态，若在 t=0 时开关断开则电路中 L 上通过的电流 $i_L(0_+)$为________。

A．2A　　B．0A　　C．-2A

6．RC 电路的初始储能为零，仅由外加电源所激发的响应称为________。

A．零输入响应　B．零状态响应　C．全响应

7．分析动态过程的三要素法只适用于________。

A．一阶电路　B．一阶直流电路　C．一阶交流电路

8．图 6.19 电路在“1”和“2”位置的时间常数分别为________。

A．0.1ms，0.04ms

B．0.1ms，0.02ms

C．0.2ms，0.04ms

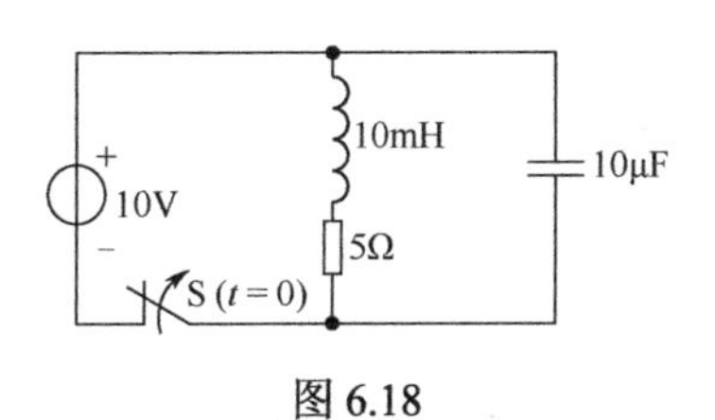

图 6.18

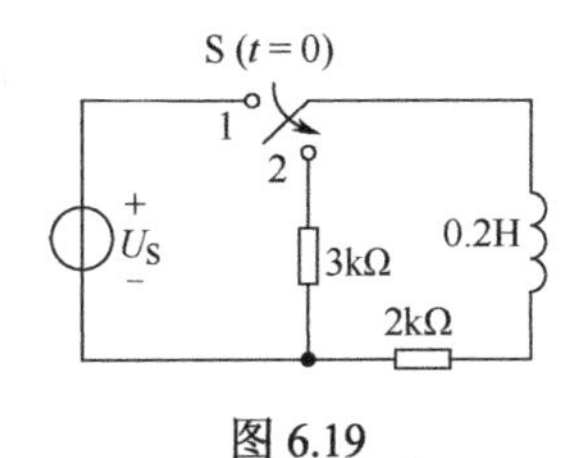

图 6.19

9．RC 微分电路构成条件之一是________。

A．从电阻端输出电压

B．从电阻端输入电压

C．电路时间常数要大

三、分析与计算题

1．电路如图 6.20 所示，已知 U_S=60V，R_1=20Ω，R_2=30Ω，电路原已稳定，t=0 时合上开关。试求电流的初始值 $i_C(0_+)$、$i(0_+)$和 $i_1(0_+)$。

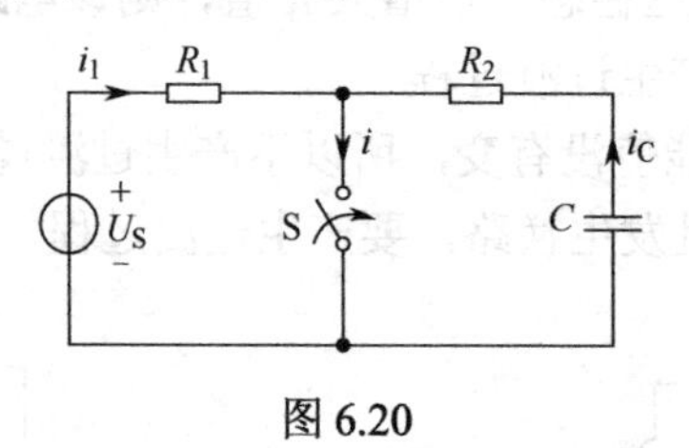

图 6.20

2．电路如图 6.21 所示，已知 U_S=20V，R_1=15Ω，R_2=5Ω，电路原已稳定，t=0 时合上开关。试求初始值 $i_1(0_+)$、$i_2(0_+)$和 $u_L(0_+)$。

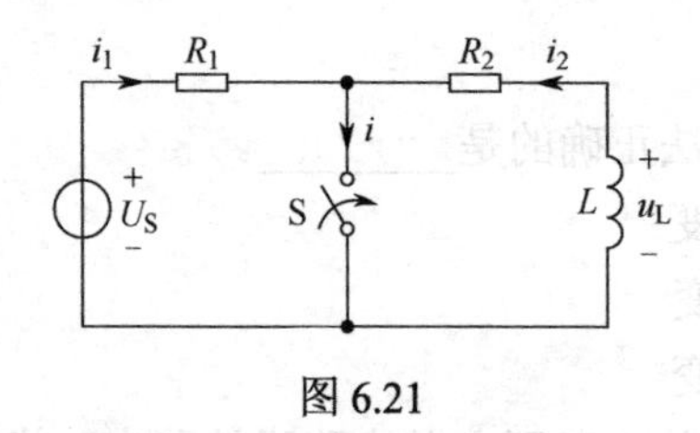

图 6.21

3．电路如图 6.22 所示，试求换路后电路的时间常数。

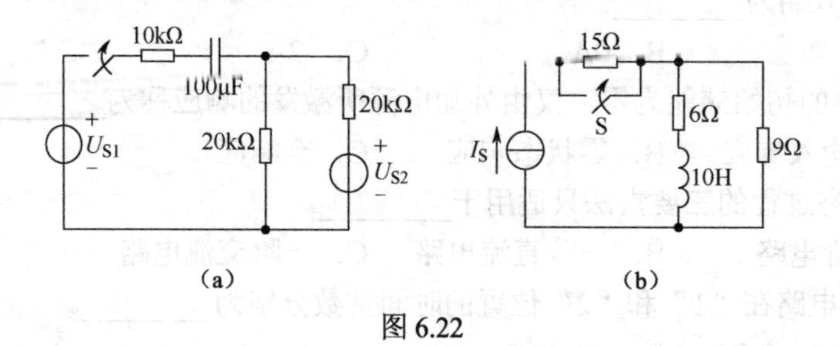

图 6.22

4．电路如图 6.23 所示，电路原已稳定，t=0 时合上开关。试求初始值 $i_L(0_+)$、$u_L(0_+)$和稳态值 $i_L(\infty)$、$u_L(\infty)$。

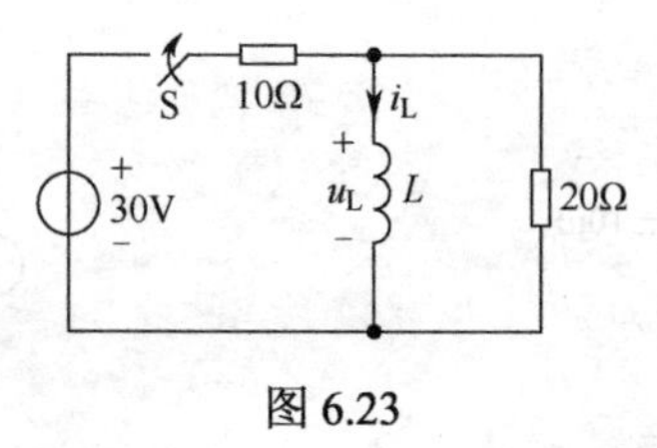

图 6.23

5．电路如图 6.24 所示，开关闭合前电路处于稳态，t=0 时开关 S 闭合。试求电路初始值 $u_C(0_+)$、稳态值 $u_C(\infty)$和时间常数 τ。

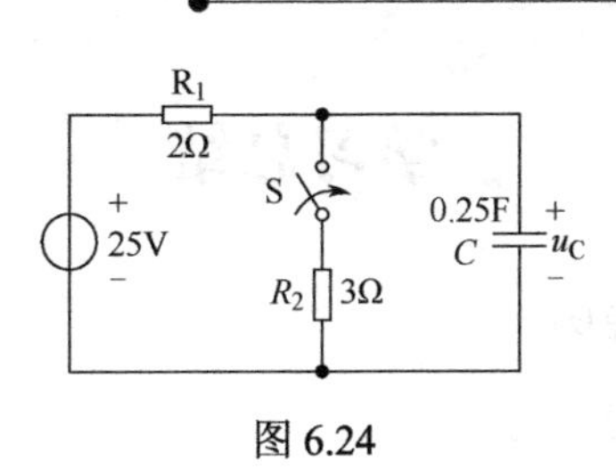

图 6.24

6．电路如图 6.25 所示，开关闭合前电路处于稳态，t=0 时开关 S 闭合。试用三要素法求 t≥0 时电感电流 i_L 和电压 u_L。

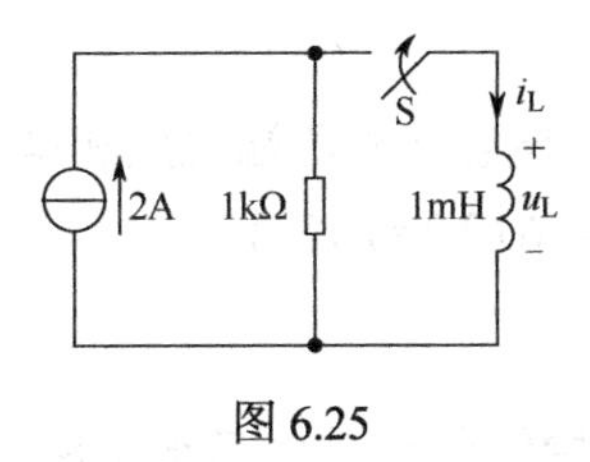

图 6.25

7．电路如图 6.26 所示，已知 U_S=180V，R_1=30Ω，R_2=60Ω，C=0.1F，电容无初始储能，试用三要素法求开关 S 闭合后 $u_C(t)$、$i_1(t)$的响应。

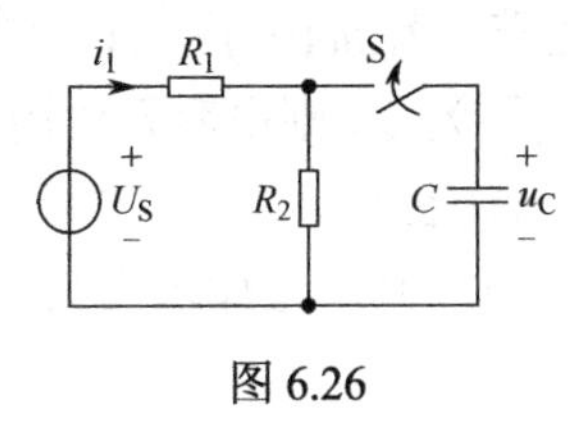

图 6.26

8．电路如图 6.27 所示，开关在位置“1”时电路处于稳态，t=0 时开关 S 由“1”指向“2”位置，试用三要素法求 t≥0 时电容电压 u_C。

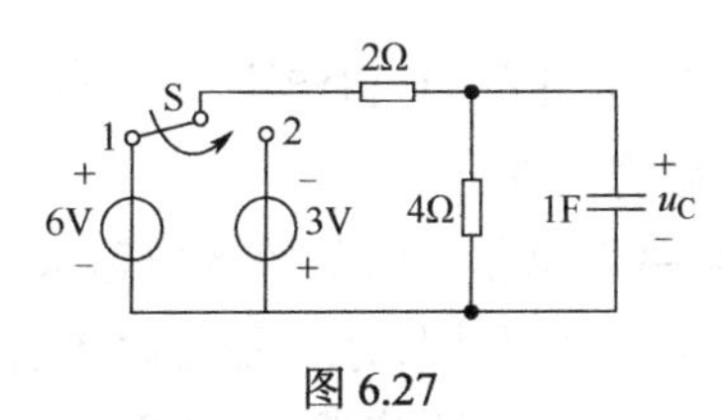

图 6.27

9．电路如图 6.28 所示，开关闭合前电路处于稳态，t=0 时开关 S 闭合，试用三要素法求 t≥0 时电感电流 i_L。

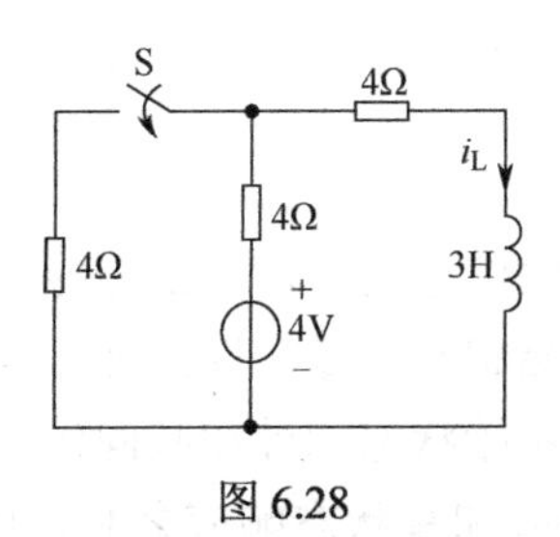

图 6.28

学习总结

1．电路动态过程产生的原因

（1）内因是电路含有储能元件。

（2）外因是换路。

（3）实质是储能元件的能量不能跃变。

2．换路定律

（1）内容。电路在换路瞬间，电容元件两端电压和电感元件中的电流都不能发生跃变。

（2）表示式。$u_C(0_+)=u_C(0_-)$，$i_L(0_+)=i_L(0_-)$。

3．电路初始值的确定

确定电路中电流、电压的初始值通常用0_+等效电路法，其具体步骤如下：

（1）由换路前（t=0_-）的稳态电路确定电容电压0_-值$u_C(0_-)$和电感电流0_-值$i_L(0_-)$。

（2）由换路定律确定电容电压初始值$u_C(0_+)$和电感电流初始值$i_L(0_+)$。

（3）画出换路后t=0_+的等效电路。若$u_C(0_+)$和$i_L(0_+)$为零，则把电容元件视为短路，电感元件视为开路；若$u_C(0_+)$和$i_L(0_+)$不为零，则电容元件用电压值等于$u_C(0_+)$的电压源替代，电感元件用电流值等于$i_L(0_+)$的电流源替代。

（4）按t=0_+的等效电路图，由电路基本定律求出其他电流和电压的初始值。

4．一阶电路的三要素法

（1）直流一阶电路的三要素公式。一阶电路的三要素是初始值、稳态值和时间常数。直流激励下的三要素公式为

$$f(t)=f(\infty)+[f(0_+)-f(\infty)]\mathrm{e}^{-\frac{t}{\tau}} \quad (t\geqslant 0)$$

（2）三要素法求解一阶电路的步骤。

① 求初始值$f(0_+)$。利用换路定律和t=0_+的等效电路求。

② 求稳态值$f(\infty)$。由$t=\infty$的等效电路求。稳态时电容视为开路，电感视为短路。

③ 求时间常数τ。RC电路$\tau=RC$，RL电路 $\tau=L/R$。其中电阻R是将换路后的电路所有独立电源置零，从动态元件L或C看进去的等效电阻。如果电路中有多个电阻，则此时R为换路后元件L或C两端电阻网络的等效电阻。

④ 求响应。应用三要素公式求。

5．一阶电路的响应

（1）零输入响应是指输入激励信号为零，仅由储能元件的初始储能所激励的响应。

（2）零状态响应是指输入初始状态为零，仅由外加电源所激励的响应。

（3）全响应是指储能元件的初始状态和外加共同作用所激励的响应。

全响应可以分解为零输入响应和零状态响应之和，即全响应=零输入响应＋零状态响应。全响应也可以分解为稳态响应和暂态响应之和，即全响应=稳态响应＋暂态响应。

6. *RC* 微分与积分电路

（1）微分电路是指输出电压与输入电压之间成微分关系的电路，其主要作用是将输入矩形脉冲变换为输出尖脉冲。

微分电路的构成条件是：

① 输出电压从 *RC* 串联的电阻 *R* 端输出。

② 电路的时间常数 $\tau=RC$ 比输入矩形脉冲宽度 T_W 小得多，即 $\tau \ll T_W$。

（2）积分电路是指输出电压与输入电压之间成积分关系的电路。

积分电路的构成条件是：

① 输出电压从 *RC* 串联的电容 *C* 端输出。

② 电路的时间常数 $\tau=RC$ 比输入矩形脉冲宽度 T_W 大得多，即 $\tau \gg T_W$。

自我评价

学生通过项目六的学习，按表 6.3 所示内容，实现学习过程的自我评价。

表 6.3　项目六自评表

序号	自评项目	自评标准	项目配分	项目得分	自评成绩
1	计算动态电路的初始值	动态电路及其动态过程	4		
		动态过程产生原因及其实质	4		
		换路定律及其表达式	8		
		电路初始值求解	12		
2	求解一阶电路的三要素法	一阶电路三要素及其公式	6		
		三要素的求解	12		
		三要素法求解一阶直流电路	18		
3	分析一阶电路的动态响应	零状态响应	8		
		零输入响应	8		
		全响应	8		
4	认识 RC 微分与积分电路	微分电路构成条件与主要作用	3		
		微分电路工作原理	3		
		积分电路构成条件与主要作用	3		
		积分电路工作原理	3		
能力缺失					
弥补措施					

参考答案

巩固练习一

一、填空题

1. 电压，闭合
2. 正，负
3. 低 5V，高 4V，-9V
4. 正，负，关联参考方向
5. 220V，60W
6. 吸收，负载；发出，电源
7. 1，1，1
8. 理想电压源，理想电源源
9. 短路，开路
10. 支路电流，节点；电压，回路

二、单项选择题

1. D　2. B　3. C　4. B　5. A
6. B　7. B　8. A　9. C　10. C
11. B　12. A　13. C　14. A

三、分析计算题

1. （1）a 点为高电位，b 点为低电位；（2）I=-4mA，方向由 a 点指向 b 点
2. -5V，-5V
3. P_A=18W（吸收功率），P_B=-12W（发出功率），P_C=4W（吸收功率）
4. （1）每盏白炽灯电流 0.27A，每个电炉电流 5.45A；（2）3kW；（3）9kW·h
5. I=1A，$P_{20\Omega}$=20W，P_{10V}=10W，P_{1A}=-30W
6. 3V，5 A
7. I_1=1A，I_2=-4A，I_3=-2A，R=3.5Ω
8. U_{ab}=4V
9. P=-5W（发出功率）
10. I_1=6A，I_2=4A，I_3=10A
11. I_1=-3.6A，I_2=1.64A，I_3=2A

巩固练习二

一、填空题

1. 电压
2. 电流
3. 该理想电压源
4. 该理想电流源
5. 伏安特性（VCR）
6. 网孔
7. 已知网孔电流
8. 已知节点电压
9. 线性
10. 短路，开路
11. 开路电压，内阻 R_o

二、单项选择题

1. A，B　　2. C　3. B
4. A　　5. B，A
6. C　　7. B，C　　8. B
9. B，A，B，A，C，C。

三、分析与计算题

1. （1）7kΩ；（2）$\frac{4}{3}$A，$\frac{2}{3}$A，2A
2. （1）24V，3A；（2）18V，4A
3. 12.5V
4. 2A
5. 2.5A
6. 2.79A
7. 2.2143A，0.2857A
8. 1.0667A，3.1667A
9. 12.5V
10. 9V
11. 4V，1A，3 A

12．14V，12 V，4 V

13．4V

14．0.58A

15．3.53A

16．（1）50mA，15mA，60mA；

（2）电压源发出的功率为-1.25W

17．略

18．10A

19．（1）3A；（2）6Ω，24W

巩固练习三

一、填空题

1．有效，开方根，有效，热效应

2．50V

3．有，无，交换，消耗

4．$Z=\sqrt{R^2+X_L^2}$，$Z=\sqrt{R^2+(X_L-X_C)^2}$

5．有效，初相，数量，相位

6．感，阻，同相，谐振

7．容，感，阻，同相，谐振

8．5，感

9．310V，220V，314rad/s，$50H_Z$，0.02T，-45°

10．$\frac{1}{2\pi\sqrt{LC}}$，电阻，电感，电容

二、单项选择题

1．C　2．B　3．C　4．C　5．A

6．B　7．B　8．C　9．B　10．C

11．B　12．C　13．C　14．C　15．B

三、分析与计算题

1．40.3Ω，0.128H

2．100V

3．2.6A，6.4A，5A

4．$10\sqrt{2}\sin(314t+120^\circ)$A，$10\sqrt{2}\sin(314t-120^\circ)$A，$10\sqrt{2}\sin(314t+180^\circ)$A

5．$42.75\angle 69.3^\circ$

6．2.828A，$8.34\angle 135^\circ$

7．0.001Ω，$14.7\sqrt{2}\sin(10^7t-17^\circ)$mV

8．0.5A，$U_L=U_C\approx 241.5$V，Q=48.3

9．容性

巩固练习四

一、填空题

1．零，正序

2．三相四线制，三相三线制

3．220，380

4．单相，三相

5．等于，三相

6．1，$\sqrt{3}$，零

7．2，$2\sqrt{3}$

8．△形、Y形

9．不对称，对称

10．两功率表，代数和

二、单项选择题

1．C　2．B　3．A　4．A　5．A

6．C　7．B　8．C　9．A　10．A

11．A　12．B　13．B　14．B　15．C

三、分析与计算题

1．$\dot{U}_{UV}=380\angle 70^\circ$ V，$\dot{U}_{VW}=380\angle -50^\circ$ V，$\dot{U}_{WU}=380\angle 190^\circ$ V

2．$\dot{U}_U=220\angle 40^\circ$ V，$\dot{U}_V=220\angle -80^\circ$ V，$\dot{U}_U=220\angle 160^\circ$ V

3．$\dot{I}_U=10\angle -20^\circ$A，$\dot{I}_V=10\angle -140^\circ$A，$\dot{I}_W=10\angle 100^\circ$A

4．$\dot{I}_U=46.19\angle -30^\circ$A，$\dot{I}_V=34.64\angle -210^\circ$A，$\dot{I}_W=27.71\angle 0^\circ$A，$\dot{I}_N=38.15\angle -8.71^\circ$A

5．中线电流不为零，中线不能去掉

6．设$\dot{U}_U=220\angle 0^\circ$ V，$\dot{U}_V=220\angle -120^\circ$ V，$\dot{U}_W=220\angle 0^\circ$ V

（1）$\dot{I}_U=20\angle 0^\circ$ A，$\dot{I}_V=10\angle -120^\circ$ A，$\dot{I}_W=10\angle 120^\circ$ A，$\dot{I}_N=10\angle 0^\circ$ A

（2）$\dot{U}_{\mathrm{U}}=176\angle 0^\circ\ \mathrm{V}$，$\dot{U}_{\mathrm{V}}=245\angle -129^\circ\ \mathrm{V}$，
$\dot{U}_{\mathrm{W}}=245\angle 129^\circ\ \mathrm{V}$

（3）$\dot{U}_{\mathrm{U}}=0\mathrm{V}$，$\dot{U}_{\mathrm{V}}=30\angle 0^\circ\ \mathrm{V}$，
$\dot{U}_{\mathrm{W}}=380\angle 210^\circ\ \mathrm{V}$，$\dot{I}_{\mathrm{U}}=17.3\angle 210^\circ\ \mathrm{A}$，
$\dot{I}_{\mathrm{V}}=380\angle 150^\circ\ \mathrm{A}$，$\dot{I}_{\mathrm{W}}=17.3\angle 150^\circ\ \mathrm{A}$

（4）$\dot{U}_{\mathrm{U}}=126.7\angle 30^\circ\ \mathrm{V}$，$\dot{I}_{\mathrm{U}}=11.5\angle 30^\circ\ \mathrm{A}$，
$\dot{U}_{\mathrm{V}}=253.3\angle -150^\circ\ \mathrm{V}$，
$\dot{I}_{\mathrm{V}}=11.5\angle -150^\circ\ \mathrm{A}$

7．$\dot{I}_{\mathrm{UV}}=38\angle -45^\circ\ \mathrm{A}$，$\dot{I}_{\mathrm{VW}}=38\angle -165^\circ\ \mathrm{A}$，
$\dot{I}_{\mathrm{WU}}=38\angle 75^\circ\ \mathrm{A}$
$\dot{I}_{\mathrm{U}}=38\sqrt{3}\angle -75^\circ\ \mathrm{A}$，$\dot{I}_{\mathrm{V}}=38\sqrt{3}\angle 165^\circ\ \mathrm{A}$，
$\dot{I}_{\mathrm{W}}=38\sqrt{3}\angle 45^\circ\ \mathrm{A}$

8．设$\dot{U}_{\mathrm{UV}}=300\angle 0^\circ\ \mathrm{V}$，$\dot{I}_{\mathrm{UV}}=30\angle -25^\circ\ \mathrm{A}$，
$\dot{I}_{\mathrm{VW}}=15\angle -180^\circ\ \mathrm{A}$，$\dot{I}_{\mathrm{WU}}=20\angle 120^\circ\ \mathrm{A}$

9．三角形联结，I_{P}=38A，I_{L}=65.8A

10．I_{P}=10A，I_{L}=17.32A，P=11400W

11．P=52kW，Q=69.5var，S=86.9VA

12．λ=0.346，Z=65.7Ω

巩固练习五

一、填空题

1．自感，互感
2．关联，非关联
3．方向，同名端
4．$L=L_1+L_2+2M$，$L=L_1+L_2-2M$
5．$(L_1L_2-M^2)/(L_1+L_2-2M)$，
$(L_1L_2-M^2)/(L_1+L_2+2M)$
6．损耗，1，自感，互感
7．U_1/U_2
8．n^2Z_{L}

二、单项选择题

1．B　2.C　3.B　4.A　5.C

三、分析与计算题

1．$u_1=L_1\dfrac{\mathrm{d}i_1}{\mathrm{d}t}-M\dfrac{\mathrm{d}i_2}{\mathrm{d}t}$，$u_2=-L_2\dfrac{\mathrm{d}i_2}{\mathrm{d}t}+M\dfrac{\mathrm{d}i_1}{\mathrm{d}t}$

2．u_{21}=31.4sin(314t−120°)V

3．$X_{\mathrm{L}}=\omega\dfrac{L_1L_2-M^2}{L_1+L_2+2M}$

4．（1）I=0.61A；（2）P=73.8W

5．n=12

6．（1）n=100；（2）P=0.25W

巩固练习六

一、填空题

1．稳态，稳态
2．电流，电压
3．电压源，电流源
4．零状态响应，暂态响应
5．参数，越长
6．开路，短路
7．微分，积分

二、单项选择题

1．A　2．B　3．C　4．A　5．A
6．B　7．A　8．B　9．A

三、分析与计算题

1．$i_{\mathrm{C}}(0_+)$=2A，$i(0_+)$=5A，$i_1(0_+)$=3A

2．$i_1(0_+)=\dfrac{4}{3}$A，$i_2(0_+)$=−1A，$u_{\mathrm{L}}(0_+)$=−5V

3．（a）τ=2s，（b）τ=3/2s

4．$i_{\mathrm{L}}(0_+)$=0，$u_{\mathrm{L}}(0_+)$=20V，$i_{\mathrm{L}}(\infty)$=3A，$u_{\mathrm{L}}(\infty)$=0

5．$u_{\mathrm{C}}(0_+)$= 25V，$u_{\mathrm{C}}(\infty)$=25V，τ=0.3s

6．$u_{\mathrm{L}}(t)=2\mathrm{e}^{-t}\ \mathrm{kV}$，$i_{\mathrm{L}}(t)=2(1-\mathrm{e}^{-t})\mathrm{A}$，其中$t$的单位μs

7．$u_{\mathrm{C}}(t)=120(1-\mathrm{e}^{-0.5t})\mathrm{V}$，
$i_1(t)=[2+(6-2\mathrm{e}^{-0.5t})\mathrm{A}$

8．$u_{\mathrm{C}}(t)=(-2+6\mathrm{e}^{-\frac{3}{4}t})\mathrm{V}$

9．$\mathrm{i}_{\mathrm{L}}(t)=(\dfrac{1}{3}+\dfrac{1}{6}\mathrm{e}^{-2t})$ A

参考文献

[1] 王慧玲．电路分析基础（第 3 版）[M]．北京：高等教育出版社，2013．
[2] 田丽洁．电路分析基础（第 2 版）[M]．北京：电子工业出版社，2010．
[3] 石生．电路基本分析[M]．北京：高等教育出版社，2000．
[4] 李翰荪．电路分析基础（第四版）[M]．北京：高等教育出版社，2014．
[5] 周茜．电路分析基础[M]．北京：电子工业出版社，2010．
[6] 佟亮．电路分析基础[M]．北京：清华大学出版社，2010．